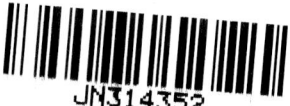

納得しながら学べる
物理シリーズ
1

納得しながら
量子力学

岸野正剛
［著］

朝倉書店

まえがき

量子力学はいまでこそ，比較的やさしく書かれた本も出版されていますが，昔はひどかったように思います．1～2ページ読むとギブアップはざらでした．対策を伺うと，先生は「解析力学くらいは勉強しとかんと」とおっしゃる．

では……と解析力学の本を開いてみますと，Euler-Lagrange の方程式とかと，見たこともない，わけのわからない妙な式が出てくるのです．こりゃ無理だ！　これをマスターしてからとなると，何時の事やら？　前準備がこれでは絶望だわ！と折角の勉学意欲が削がれてしまった苦い経験があります．

量子力学の本が難しいのには隠れた事情もあります．(初学者にとっては) 不幸なことに，数学や物理が高度に発展して頂点に達した時代 (19 世紀末) に，量子力学は誕生したのです．初期の学者先生たちは，最高度に発展した数学，そして物理学の知識を縦横無尽に駆使して，量子力学の本をスマートに執筆されました．その後もこの風潮は続いています．これでは量子力学の本が難しいわけです．

本の難しい状況は基本的には現在も変わっていません！　というのは，ごく初歩的なシュレーディンガー方程式くらいまでならやさしく解説した本も増えましたが，こうした本では，第二量子化とか場の量子論，電子の相対論的波動方程式などとなりますと，その痕跡すら見当たらないのです．こうした状況を何とかしたいという切なる思いを抱いて書いてみたのが本書です．

実際に書いてみると，量子力学の本が難しい理由にはもう一つあることがわかりました．それは，人々の「常識」という言葉に託した，とんでもない思い違いです．高邁な著者が執筆されたこれまでの量子力学の本では，(高度な数学や物理学を熟知された) 著者の「常識」は決して読者 (初学者＝素人) の常識ではないのです！　著者と読者の常識の内容には天地の差があるようです．

両者の常識は大きく乖離しているのです．たとえば，著者が「常識」と考えて書かれなかったり，説明を控えられた事柄が読者にとっては，常識どころか，しばしば「全く知らないこと！」であったりするのです．これでは，著者がやさしく書いたつもりの量子力学の本であっても，読者にとっては難解になるのは当然ではないでしょうか？

その点，本書は読者の常識からかけ離れたような，高邁な「常識」を持ち合わせていない著者が書きましたので，この心配はなさそうです．ですから，読者の方は安心して量子力学に取り組んで頂けます．

量子力学に対しては夢を抱いている人も多いと聞きます．初歩だけでなしに，この機会に量子力学の具体的な計算方法 (近似計算法) や第二量子化なども，さわりだけでも知っておきたい，それに反粒子の話も出てきて面白いという話もあるので，この機会に電子の相対論的波動方程式も覗いてみたいと考えている人も多いと思われます．本書ではこうした人々にも多少の満足感を味わってもらえるように，シュレーディンガー方程式から相対論的波動方程式を扱うディラック方程式までをわかりやすくやさしくまとめてみました．

内容的には，シュレーディンガー方程式やその適用方法など基礎的な領域は具体的な事項を詳しく，近似法からディラック方程式までのややアドバンストな領域については，具体的な事項よりも物理的な意味の説明にポイントを置いて執筆しました．読者の皆様のご批判を仰ぎたいと思います．

2013 年 5 月

岸 野 正 剛

目　　次

Chapter 1

シュレーディンガー方程式と量子力学の基本概念

量子力学は現実のニーズによって生まれ，そして発展して現在はその実用面でも適用範囲を拡大させています．このことをまず学び，知ることによって量子力学が私たちの生活に深く関わっていることを認識したいと思います．

しかし，量子力学には私たちの常識では理解できない不思議なことがいくつも含まれていることも事実です．この原因は量子力学の基本概念にあるが，その中に量子力学で初めて現れたプランクの定数 h があります．この定数 h の値を 0 に近似すると古典物理学になるからです．量子力学と古典物理学の違いが基本概念によることをまず明らかにし，その上で波動関数や，波動関数を使ったシュレーディンガー方程式がどのようにして誕生し，波動方程式やその解がどのような性質を持つようになったかをわかりやすく説明していきます．

1.1 ニーズから生まれ実際の課題へと拡がって発展する量子力学

1.1.1 量子論誕生の時代背景と発端

▶現実の必要性から生まれた量子論，そもそも最初の科学の天文学もそうでした

量子力学の先駆けになったのは前期量子論だが，量子論は現実のニーズ，つまり現実の必要性から生まれています．科学は人間の好奇心や探究心から生まれるものだと説く人もいます．古代から発展した天文学なども，最初の天体観察は好奇心から行われたかもしれないが，天体観測が本格的に行われるようになったのはそれが人間の生活に必要だということがわかったからです．

すなわち，人々は天空に浮かぶ月の満ち欠けや星の動きと，海の潮の満ち干や季節の変化には何らかの関係があることを見出し，天体観測からえられる情報を使って，潮の満ち干や，季節の移り変わりが予想できることを知ったのです．季節の変化が詳細にわかることによって，季節や天候の情報を工夫して人々は日々の天候の予想もするようになってきました．

古代の人々は農耕や狩猟，漁業によって生活を支えていたので，季節の変化や天候の予想，そして，潮の満ち干の予想は，彼らの仕事の農業，狩猟，漁業にとって極めて重要な事柄です．ですから，天体観測は大きな恵みを人々に与えるものでした.

さらに進んで日々の正確な暦を作るニーズが出てきて，天体観測は本格的になってきました．天体観測は人々にとって，なくてはならないものになったのです．こうして天体観測は一層進展して，一つの学問分野の天文学として発展したのではないでしょうか.

▶量子論誕生の発端は鉄の製造現場だった

本題の量子論の誕生だが，量子論はプランクの「とびとびのエネルギー」の提唱によって始まったと言われています．プランクのこの重大な発見は，発見の直接の端緒こそプランク研究室のメンバーによってもたらされているが，発見につながる研究は製造現場の現実のニーズが原因で始まっています.

発見のいきさつは次のとおりです．時は 19 世紀の末，場所はドイツの前身のバルト海に面した国，プロイセンでした．当時プロイセンではフランスとの普仏戦争 (普仏の普はプロイセンを指す) に勝利し，軍国主義が高揚していました．戦争に勝って軍備の重要性を認識したプロイセンは国を挙げて軍備増強に力を注いでいました.

軍備の増強には，兵器の材料として優れた鉄鋼が必要でした．優れた鉄鋼を製造するには溶鉱炉の温度を 1300℃ 以上という高温にし，かつ温度を正確に制御する必要がありました．当時は 1300℃ もの高温を計測する技術は発達していなかったので，製鉄所では熟練工が溶鉱炉から発する光の色を観測して，その色から温度を測定していました.

しかし，この方法では温度測定の精度が悪く溶鉱炉の技術者は不満足でした．そこで，技術者たちは光の振動数と光のエネルギー強度の関係式を使って温度測定および温度制御を始めました．溶鉱炉の温度が 1300℃ (1573 K) よりずっと低い場合には，次に示す光の振動数 ν と光のエネルギー強度 $U(\nu)$ についてのレイリー-ジーンズの関係式 (1.1) が温度の実測データをよく説明していました.

$$U(\nu) = \frac{8\pi\nu^2}{c^3} k_{\mathrm{B}} T \tag{1.1}$$

この式 (1.1) において c は光の速度，k_{B} はボルツマン定数，T は絶対温度を表しています．この式は古典物理学から導かれます.

▶高温領域では古典論の式では実験データが説明できなくなっていた

ところが，溶鉱炉の温度が高くなって 1300℃ に近づくようになると，式 (1.1) のレイリー-ジーンズの関係式は，図 1.1 に示すように，実測データとは合わなくなっていました．図 1.1 では，縦軸に光の強度を表すエネルギー強度 $U(\nu)$

を，横軸に光の振動数 ν をとり，$T = 1500\,\mathrm{K}$ における様子を表しています．そして，実測値は黒丸で結んだ実線の曲線で示し，レイリー-ジーンズの関係式 (1.1) は細い破線で示しているので，高温の振動数 ν が大きい領域では二つの曲線は大きく離れています．これでは溶鉱炉の温度の解釈にレイリー-ジーンズの関係式 (1.1) が使えないことになります．それまでこの式 (1.1) の関係を唯一の頼りにしていた技術者たちは困惑してしまいました．

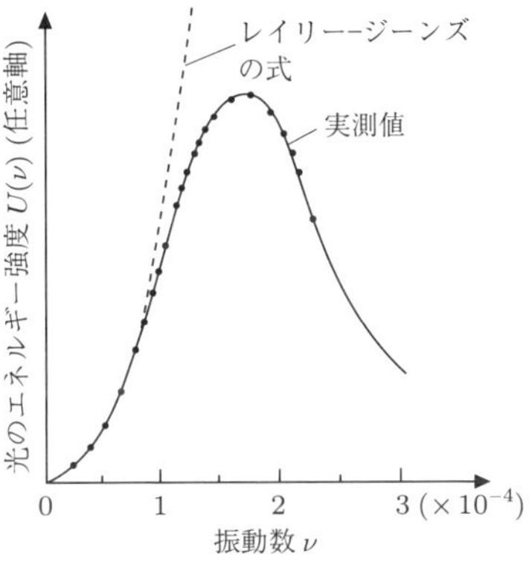

図 1.1　溶鉱炉の光の振動数とエネルギー強度の関係 (温度 $T = 1500\,\mathrm{K}$)

▶**熱力学の大家プランク教授の登場**

困った技術者たちは，当時熱 (力) 学の大家としてヨーロッパでも有名であった，ベルリン大学のプランク教授 (M.Planck, 1858～1947) に相談に行ったのです．溶鉱炉の技術者たちから提供されたこの難問にはさすがのプランクもすぐには答えることができませんでした．プランクはこの難問を研究室の総力を挙げて検討し，悪戦苦闘の末「光のエネルギーはとびとびの値をとって変化する」という，それまでの古典物理学では考えられない革命的な説を提唱したのです．

それと同時に，技術者たちが持ち込んだ難問も，このプランクの革新的なアイデア (説) によって解決したのです．これらの詳しい経緯は次の 1.2 節で述べることにします．こののち，プランクがこのとき提唱したとびとびのエネルギー説は，量子論の始まりであると言われるようになるのでした．

1.1.2　低温領域での古典物理学の破たん

▶**古典物理学では説明できない 0℃ 以下の低温比熱**

古典物理学の破たんはセルシウス温度で零度 (0℃) 以下の低温領域でも起こりました．その代表例が低温領域での物質の比熱です．ここでは 1 mol あたりの定積比熱を考えるが，比熱は熱の問題の基本になる重要な物理量です．

古典物理学には，「比熱は温度によらず常に一定である」という比熱一定の法則があります．しかし，低温の現象を詳しく調べるために零度 (℃) 以下で比熱を測ってみると，この法則は零度 (℃) 以下の低温領域では成立しないことがわかったのです．この原因の解明もなかなかの難問だったが，アインシュタイン (A.Einstein, 1879～1955) がこの問題を解決しました．

▶低温比熱へ挑戦し，難問を解決したアインシュタイン

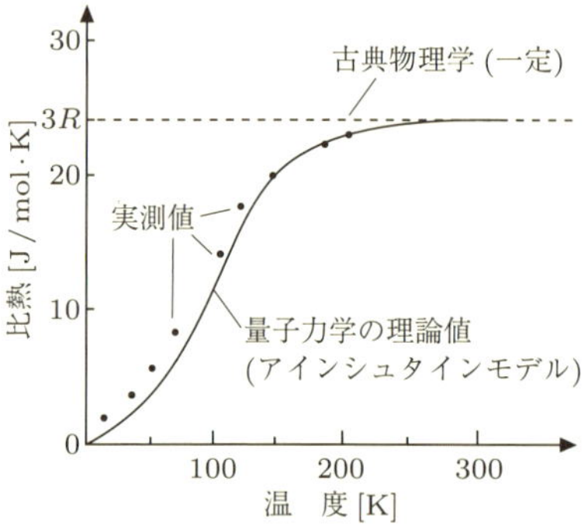

図 1.2　低温比熱

アインシュタインは，ボースと共に確立した，光に対する統計法則であるボース-アインシュタイン統計を用いて，低温における比熱の理論を検討しました．そして，図 1.2 に示すように，低温における実測値と比較的よく合う比熱の理論を作り上げたのでした．図 1.2 において，古典物理学の比熱は破線の直線で，実測値は黒丸，アインシュタインの理論は実線で表しています．

実線と測定値はかなりよく合っているのがわかると思います．このような結果が得られた理由は次のとおりです．後で 2.5 節において説明するように，温度はフォノンという量子が関係します．フォノンはフォトン (光の粒子 = フォトン) と同じくボソン (ボース粒子) という量子なので，ボース-アインシュタイン統計を使う必要があります．アインシュタインの理論は実測値からわずかにずれているが，この後，デバイ (P. Debye, 1884～1966) はアインシュタインの理論を修正して，実測結果と全く一致する理論を完成させました．

低温において古典物理学の「比熱一定の法則」が成立しないのは，低温領域では古典統計の「エネルギー等分配則」が成立しないからです．そもそも，セルシウス温度で零度以下の低温領域では古典統計が成立しないのです．このほかに低温領域では超伝導という有名な物理現象があります．超伝導は次期の新幹線でも使われる重要な技術ですが，超伝導など低温物理学に関係する先端技術を学ぶには量子力学は不可欠なのです．

1.1.3 量子論発展における高エネルギーと量子力学の関係

▶高電圧も高温と同じように高エネルギーを生み出す

温度の高い高温度は大きいエネルギー，いわゆる高エネルギーを生むと言われるが，電気の電圧を高く上げた高電圧も高エネルギーになります．量子論が高温領域で発生する光のエネルギーの解釈から生まれたことは 1.1.1 項で述べたが，光は振動数が高くなるとエネルギーが大きくなるので，温度が高温でなくても光の問題では量子論や量子力学が関わる場合が多いのです．光通信に使われるレーザはその代表例です．

前期量子論はボーア (N. Bohr, 1885〜1962) によって華々しく発展したが，ボーアの研究テーマは水素スペクトルでした．水素スペクトルは水素ガスが燃えたときに発生する光のスペクトルだが，ボーアは水素スペクトルの解釈に量子論を用いることを通して水素原子の電子構造をみごとに説明しました．

▶量子力学で主役を果たす電子は高電圧の物理現象で発見された！

考えてみると，電子の発見は 1897 年だから，量子論の始まり (1900 年) の少し前のことだが，電子は，真空状態のガラス管 (ガイスラー管など) の中で起こる放電現象の観察において，J.J. トムソン (J.J. Thomson, 1856〜1940) によって発見されました．放電現象は高い電圧を加えないと起こらない高エネルギーで起こる現象です．電子は量子論や量子力学においてなくてはならない非常に重要な粒子だが，高電圧の物理現象で発見されているのです．

電子は前期量子論においても中心的な役割を果たしたし，量子力学において最も頻繁に登場する粒子 (量子) です．というよりも，電子に関わる物理の問題では，量子力学を用いないと解決できない実用的な問題はきわめて多いのです．次の 1.1.4 項で触れる半導体などの材料の性質についての学問などはその代表例になっています．

1.1.4 最先端の微細加工技術における量子力学

▶携帯の電気製品が安くなったのは微細加工技術のおかげ！

最近は半導体製品の値段が驚異的に安くなり，製造メーカは利益が出なくて困っているが，私たち一般の人々は，これによって電気製品の値段が大幅に下がり恩恵を受けています．パソコンでは処理速度が速くなり，メモリ容量が増えたのにパソコンの値段が下がっているし，携帯電話，iPad などの便利な携帯の電気製品が手ごろな値段で使えるようになっています．これらが実現したのは微細加工技術の発展によって，高精度で超微細な半導体製品が容易に製造できるようになったからです．

▶ナノメートル領域の微細加工技術や製品では量子効果が現れる！

微細加工技術は目覚ましい発展をしていて，いまや最小加工寸法はナノメートル (1 メートルの 10 億分の 1 の長さ，1×10^{-9} m) の領域に入っています．こうした状況では量子効果 (量子力学的な物理現象が現れる効果) が出てきます．たとえば，製造する半導体製品の性能にも量子効果が現れ，この量子現象にきちんと対応しなければ優れた半導体製品は製造できなくなっています．

製品を製造する途中の工程において，微細加工がきちんとできているのかどうか検査する必要があるが，この目的に量子力学で有名な，後でも説明する量子のトンネル現象が使われるようになっています．製品の特性についての量子効果の説明は専門的になるので，製造工程途中の検査で使われる，トンネル現象を使った，トンネル顕微鏡について簡単に触れておきましょう．

▶トンネル顕微鏡ではナノメートルサイズの計測だけでなく個々の原子も観察できる！

図 1.3(a) と (b) に，トンネル顕微鏡の測定配置図と測定結果をポンチ絵で示しました．トンネル顕微鏡では，観察する試料は真空とか空気中に置かれるので，これら，(真空とか空気という) 絶縁物をはさんだ探針と試料との距離 (図 1.3(a) では d の値) をナノメートルまで近づけ，ここをトンネルする電子を使っています．すなわち，距離 d を一定に保ったままで物質の表面を走査しながら，トンネル現象によって真空をトンネルする電子を測定 (実際には電流を測定) して，微細加工した製品の表面の凹凸を計測しています．

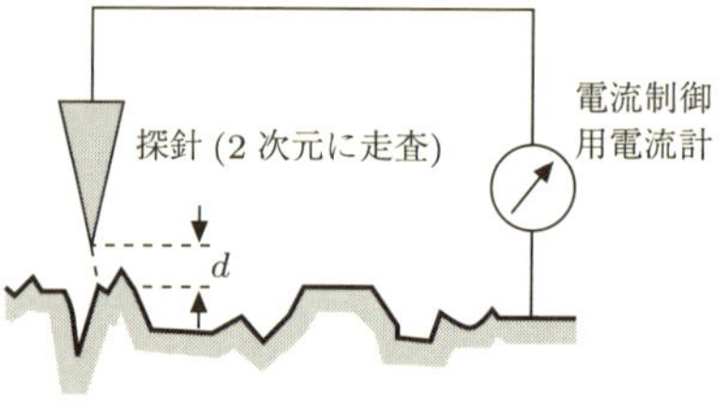

(a) 測定配置

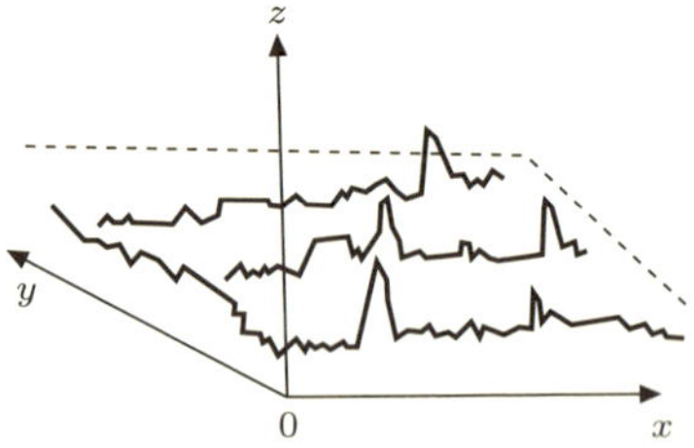

(b) 測定結果 (2 次元に走査結果)

図 1.3　トンネル顕微鏡

トンネル顕微鏡を使うと，表面の凹凸はナノメートルの単位まで測定できます．そして，今や，トンネル顕微鏡を用いると，原子を 1 個 1 個見ることもできるようになっています．微細加工の製造工程や微細加工技術で製造された製品の特性の検査には，量子力学は今後ますます重要になると思われます．

1.1.5 物性領域は量子力学の独壇場，宇宙物理学でも重要

▶銅線になぜ電気が流れるかは量子力学によらなければ説明できない！

私たちの身の回りには，各家庭においても多くの電気配線や電気製品があふれています．これら電気配線に電気が流れ，セラミックスに電気が流れないのがなぜかも，量子力学の知識なしには理解することはできません．というのは，セラ

ミックスが絶縁物で，銅線などの金属が電気をよく通す導体であることを知るには量子力学の知識が不可欠だからです．

このような物質の電気的な性質を明らかにする学問は物性とか，電子物性と呼ばれるが，物性の学問には量子力学が不可欠なのです．物性に関する学問の一つとして，半導体などの性質を学び始めると，(量子力学から生まれたが，必ずしも説明されていないので) フェルミ分布とかフェルミ準位という言葉に出くわして戸惑う人がいます．

実は，電子はフェルミオン (フェルミ粒子) で，フェルミオンに分類される電子などの量子 (粒子) は古典統計には従いません．量子力学のフェルミ統計に従うのです．このためフェルミ分布とかフェルミ準位が出てくるのです．

そして，私たちの身の回りの物質の性質はすべて，多くの電子の分布と密度，および電子の動きなどの電子の状態で決まります．物質の性質を知るには，多くの電子で作られる波動関数を用いてシュレーディンガー方程式を解く必要があります．ですから，物質の性質を知るには，また，物質の性質を知ることによってさらに優れた物質を作り出すには量子力学が不可欠なのです．

▶今はやりの宇宙物理学でも量子力学が有用になっている

最近宇宙のことが話題になることが多いが，驚いたことに，宇宙物理では量子力学のさらに進んだ素粒子論が深く関わっています．たとえば，宇宙の啓蒙書を読むと「宇宙で一番多く存在する粒子はニュートリノである」という話が出てきます．ニュートリノは量子力学の「パウリの排他律」で有名なパウリ (W. Pauli, 1900～1958) が，この粒子の影も形もないときに，その存在を予言した粒子なのです．さらに驚くことは，宇宙のビッグバン直後の状態は，加速器 (素粒子を作りだすこともできる装置) を使って創りだすことができるという話まで載っているのです．

以上，量子力学が深く関わる実際の舞台や関連する学問分野を簡単に列挙したが，これからの私たちの生活においては，量子力学はますます重要になってくるでしょう．

1.2 革命的なとびとびのエネルギーと不確定性原理

1.2.1 プランクの「とびとびのエネルギー」を納得する！

▶プランク研究室のメンバーが見つけた奇妙な式が「とびとびのエネルギー」の発端

プランクは光の「とびとびのエネルギー説」をどのようにして発見したのでしょうか？　この問題について少し細かいところまで立ち入って調べてみましょう．ここでは 1.1.1 項の話の続きを述べることにします．

溶鉱炉の技術者たちから難問を持ちこまれて即答できなかったプランクが，これを研究室の重要研究テーマにして何日かが過ぎたある日，研究メンバーの一人(助手であったとか，大学院の院生であったとか言われていて確かでないのでメンバーとしておきます) がプランクの下に，実測データをうまく説明できる式が見つかったと言って，次のような奇妙な数式を持ってきました．

$$U(\nu) = \frac{8\pi\nu^2}{c^3} H\nu \frac{1}{e^{H\nu/k_{\mathrm{B}}T} - 1} \tag{1.2}$$

この式において H は，研究メンバーが勝手に適当に選んで使った定数 (非常に小さい値) だと説明しました．

プランクが早速チェックしてみると，確かに，この式 (1.2) は 1300℃ 近傍の高温状態の溶鉱炉において光の振動数 ν と光のエネルギー強度 $U(\nu)$ の関係についての実測データとよく一致していました．感心すると共に非常に驚いたプランクは，この式が得られた経緯を研究メンバーに詳しく話すように言いました．

すると，その研究メンバーは「とにかく測定データの描く曲線とできるだけ合うような数式を探しました．すなわち，ウイーンの公式を参考にして，式 (1.1) をいじりまわして実測値に合う式を探している内に，この式が見つかったのです」と答えるではありませんか．

研究メンバーのこの説明は奇妙に聞こえるが，参考にしたという，当時評判になっていたウイーンの公式も実測データに合うように工夫された式でした．ウイーンが提唱していた公式は次のようなものでした．

$$U(\nu) = \frac{8\pi\nu^2}{c^3} e^{-\alpha\nu/T} \tag{1.3}$$

ここで，α は定数です．

ウイーンの公式は定数 α の値を適当に決めてやれば，振動数 ν と温度 T の比

◆ 補足 1.1　指数関数 $e^{H\nu/k_\mathrm{B}T}$ のテイラー展開

まず，テイラー展開について簡単に説明すると，関数を $f(x)$ とし，$f(x)$ をテイラー展開すると次のようになります．

$$f(x) = f(0) + \frac{1}{1!}f'(0)\,x + \frac{1}{2!}f''(0)\,x^2 + \frac{1}{3!}f''(0)\,x^3 + \cdots + \frac{1}{n!}f^n(0)\,x^n \quad \text{(S1.1)}$$

ここで，$f'(0), f''(0), \ldots, f^n(0)$ などは $f(x)$ を 1 階，2 階 $\cdots n$ 階微分して $x=0$ とおいたものです．

指数関数 e^x は何度微分しても e^x のままなので，いま，$x = H\nu/k_\mathrm{B}T$ とおくと，$e^{H\nu/k_\mathrm{B}T}$ のテイラー展開は次のようになります．

$$e^{H\nu/k_\mathrm{B}T} = 1 + \frac{H\nu}{k_\mathrm{B}T} + \frac{1}{2!}\left(\frac{H\nu}{k_\mathrm{B}T}\right)^2 + \frac{1}{3!}\left(\frac{H\nu}{k_\mathrm{B}T}\right)^3 + \cdots \quad \text{(S1.2)}$$

ここで，$H\nu/k_\mathrm{B}T$ の値が 1 より非常に小さい，つまり，$(H\nu/k_\mathrm{B}T) \ll 1$ のときには指数関数 $e^{H\nu/k_\mathrm{B}T}$ は次の式に近似できます．

$$e^{H\nu/k_\mathrm{B}T} \doteqdot 1 + \frac{H\nu}{k_\mathrm{B}T} \quad \text{(S1.3)}$$

ν/T の値がある範囲では実測データをよく説明できる式でした．しかし，温度の全領域で実測データに合うような定数 α の値は見つかっていませんでした．それに，ウイーンはこの公式を作るために理論も使っているが，この理論ではマクスウェルの電磁気学が無視されているという大きな欠点もありました．

▶奇妙な式は根拠がありそうだと睨んだプランクの炯眼と博識

研究メンバーの持ってきた式 (1.2) に戻りましょう．プランクは式 (1.2) の係数の後ろにある指数関数 $e^{H\nu/k_\mathrm{B}T}$ をテイラー展開すると，補足 1.1 に示すように，無限級数に展開でき，$(H\nu/k_\mathrm{B}T) \ll 1$ の条件が成立するときには，指数関数は次のような近似式で表すことができることに気づきました．

$$e^{H\nu/k_\mathrm{B}T} \doteqdot 1 + \frac{H\nu}{k_\mathrm{B}T} \quad (1.4)$$

そして，プランクは式 (1.2) において，指数関数 $e^{H\nu/k_\mathrm{B}T}$ を近似式 (1.4) に置き換えれば，研究メンバーが持ってきた式 (1.2) は，式 (1.1) のレイリー-ジーンズの式に一致することを確認しました．プランクはこうして研究メンバーが持ってきた式が，いいかげんな式ではなく，ちゃんとした根拠のある式になっていることに気づいたのでした．

そこで，プランクはまず，レイリー-ジーンズの式とウイーンの公式をつなぐ式 (内挿法的な式) を考えました．そして，プランクはこの二つの式をつなぐ式の分母は，研究メンバーが持ってきた式 (1.2) と同じように $e^{H\nu/k_\mathrm{B}T} - 1$ になることを確かめました．詳しいことはここでは省略しますが，こうした検討の後，プランクは光のエネルギーが級数の和の形にならなければならないと結論づけたのです．

プランクは，すべての物体が連続体ではなく，これ以上分割できない小さい粒子である原子からできているように，エネルギーもこれ以上分割できない微小な粒子のような，とびとびの状態になっているのではないかという考えにたどり着いたのです．そして，このエネルギーの小さい粒をプランクはエネルギー量子と考えました．そして，エネルギーの大きさはエネルギー量子の単位ごとに変化するのではないかと考えるようになりました．

▶プランクのたどり着いた驚くべき革命的な新提案

一方，式 (1.2) の係数 $(8\pi\nu^2/c^3)$ を除いた式 $H\nu/(e^{H\nu/k_\mathrm{B}T}-1)$ の単位を調べてみると，これに相当する項はレイリー-ジーンズの式では $k_\mathrm{B}T$ となっているので，この単位もエネルギーになっているはずです．また，この式の分母 $(e^{H\nu/k_\mathrm{B}T}-1)$ は単位のない数字になるので，研究メンバーの持ってきた式に出てくる $H\nu$ はエネルギーの単位になる，つまり，$H\nu$ の単位はエネルギーになることがわかります．

以上のことから，プランクはエネルギー量子の単位の大きさは $H\nu$ であり，光のエネルギーは次のように，粒子の数のようにとびとびに変化するのではないかと考えたのです．

$$H\nu, 2H\nu, 3H\nu, 4H\nu, \ldots$$

ここで，今後の混乱を防ぐために，これまで使ってきた記号 H に，量子力学において通常使われているように小文字の h の記号を使うことにします．プランクは光のエネルギーを E とし，エネルギー量子 $h\nu$ の増加の仕方を表すと E は次のように変化すると考えるようになりました．

$$E = nh\nu \quad (n = 1, 2, 3, \ldots) \tag{1.5}$$

こうして，プランクは，光のエネルギー E はこれまで考えられていたように，連続して変化するのではなく，とびとびの値を持って変化すると提唱したのです．それまでの古典物理学では，エネルギーは常に連続に変化するものと考えられていたので，プランクのこの提案はこれまでにない全く新しい革命的な提案でした．

以上の結果，研究メンバーの見つけた式 (1.2) は，プランクの革命的な解釈によって，「石ころではなく，ダイヤモンドである」ことが判明したのでした．この後この式は，名前が付けられて，プランクの式として世の中に広まることになりました．プランクのこの提案によって物理学に新しい時代が始まったと言えるのです．式 (1.2) において H を h に改めてプランクの式として書いておきますと，次のようになります．

$$U(\nu) = \frac{8\pi\nu^2}{c^3}\frac{h\nu}{e^{h\nu/k_{\mathrm{B}}T} - 1} \tag{1.6}$$

▶**無限級数の和を積分に (h を 0 に近似) するとプランクの式は古典物理学の式に里帰りする！**

光のエネルギーが不連続であることは，ちょっと聞くと不自然に思えるので，ここでボルツマンらの確立した古典統計力学を使ってこのようなことが起こる条件を調べてみましょう．ボルツマンによると，多くの粒子の中の一つの粒子のエネルギー E を考えるときには，統計的に考える必要があるが，それは平均エネルギー $\langle E\rangle$ になります．そして，粒子の平均エネルギー $\langle E\rangle$ は，補足 1.2 に示した説明からわかるように，次の式で計算できるとしています．

$$\langle E\rangle = \frac{\sum_0^\infty nEe^{-nE\beta}}{\sum_0^\infty e^{-nE\beta}} \tag{1.7}$$

ここで，β は次の式で表された定数です．

$$\beta = \frac{1}{k_{\mathrm{B}}T} \tag{1.8}$$

式 (1.7) の分子と分母は無限級数になっているので，これらを無限級数の和として素直に演算すると，補足 1.2 に示すように，次の式になります．

$$\langle E\rangle = \frac{E}{e^{E\beta} - 1} \tag{1.9}$$

ところが，無限級の和は級数の間隔を無限小に近似すれば積分に置き換えることができるので，式 (1.7) の分子と分母を，それぞれ積分に変換して演算すると，エネルギーの平均値 $\langle E\rangle$ は次の式に変わります．

$$\langle E\rangle = k_{\mathrm{B}}T \tag{1.10}$$

式 (1.9) は，これに係数として $(8\pi\nu^2/c^3)$ を掛け，エネルギー E を $h\nu$ に置き換えるとプランクの式 (1.6) と一致します．また，積分して得られた結果の式 (1.10) に，係数として $(8\pi\nu^2/c^3)$ を掛けると，式 (1.1) のレイリー-ジーンズの式に一致します．

ですから，問題を解く場合に，最初にエネルギーがとびとびに変化すると考えて立てた式を使っても，演算の途中でエネルギー E のとびの間隔 $h\nu$ の値が非常に小さいとして，エネルギーのとびの間隔をゼロに漸近させて (つまり，プランクの定数 h を 0 として)，エネルギーが連続に変わるとして計算すると，エネル

ギーの平均値 $\langle E\rangle$ を表す式は，古典物理学の式になってしまうのです．

すなわち，エネルギー E の値がとびとびに変化することは，演算の途中においても厳守しなくてはならなくて，とびの値が小さいからといってこれをゼロ (すなわち，プランクの定数 h を 0) として，エネルギーの変化を連続変化に近似することは許されないことを示しています．

このことは，エネルギーがとびとびであることが，すなわち，プランクの定数 h が有限の値を持つことが変更できない自然の真理であり，このことは量子力学にとって基本的に重要であることを示していると思われます．

1.2.2 ハイゼンベルクの不確定性原理とその働き

▶神は果たしてサイコロを振らないだろうか？

量子力学で使われる波動関数は，古典物理学の常識で考えると，「科学的でない！」とも思える不思議な性質を持っています．詳しくは次の 1.3 節で説明するが，波動関数の値はサイコロを振って決まるような面があります．

図 1.4　神はサイコロを振らない！

だから，こうした波動関数の確率解釈に生涯納得することがなかった，アインシュタインは「神はサイコロを振らない！」(図 1.4) と言って，ボーアとの論争で対抗しました．アインシュタインは古典物理学にあまりにも精通していたために，量子力学の確率的な解釈にどうしてもなじめなかったようです．

▶電子には生まれながらにして，ある種の曖昧さが伴っている

アインシュタインの逸話はこれくらいにして，本論に入りましょう．ハイゼンベルク (W.Heisenberg, 1901〜1976) の提唱した不確定性原理は量子力学の重要な基本概念ですが，この原理の内容は簡単にいえば，電子などの粒子 (量子力学では，後で説明するようにこれは量子と言う) の存在する位置 (座標) x と運動量 p の値には，常に一定の曖昧さが伴っていて，粒子の厳密な存在位置 x や運動量 p を (だから，運動速度 v も) 同時に決めることはできない，というものです．

確かに，この考えは私たちの常識では理解できません．しかし，こうした曖昧さ (というか，いい加減さ) が古典物理学には全くないかというと，よく調べてみるとそうでもありません．実は，昔から存在する波束という波にはこの種の曖昧さが伴っているのです．

◆ **補足 1.2** 平均エネルギーの計算の仕方と計算の処理方法の違いによって生じる計算結果の著しい差

多くの粒子の集団の中にいる粒子のエネルギーを考えるときには，古典統計力学によると，平均エネルギー $\langle E\rangle$ を考えなければなりません．そして平均エネルギー $\langle E\rangle$ は，各粒子の持つエネルギーを $E, 2E, 3E, \ldots, nE, \ldots$ とすると，粒子が持つエネルギー nE に，これが見つかる確率を掛けたものの和を，見つかる確率の和で割ったもので与えられます．

エネルギーの値として $E, 2E, 3E, \ldots, nE, \ldots$ を持つ粒子が見つかる確率ですが，これは古典統計力学によると，次の式で与えられます．

$$\exp(-nE) \tag{S1.4}$$

ですから，上の議論に従って，粒子のエネルギーの平均値 $\langle E\rangle$ は次で表されます．

$$\langle E\rangle = \frac{\sum_0^\infty nEe^{-nE\beta}}{\sum_0^\infty e^{-nE\beta}} \tag{S1.5}$$

式 (S1.5) を計算するために，$e^{-E\beta}$ を x と置く ($x = e^{-E\beta}$) と，式 (S1.5) の分子と分母は

$$\sum_{n=0}^{\infty} nEx^n = E\left(x + 2x^2 + 3x^3 + 4x^4 + \cdots + nx^n \cdots\right) \tag{S1.6}$$

$$\sum_{n=0}^{\infty} x^n = 1 + x + x^2 + x^3 + \cdots + x^n + \cdots \tag{S1.7}$$

となります．また，式 (S1.6) のカッコ (　) の中の和の計算は次の式になることがわかっています．

$$x + 2x^2 + 3x^3 + \cdots + nx^n + \cdots = \left(1 + x + x^2 + \cdots\right)\left(x + x^2 + x^3 + \cdots\right) \tag{S1.8}$$

したがって，式 (S1.8) を使って，式 (S1.6) と式 (S1.7) を式 (S1.5) に代入して計算すると，粒子のエネルギーの平均値 $\langle E\rangle$ は，x の値が 1 より十分小さいという条件で，無限級数の和として，次の式で表されます．

$$\langle E\rangle = E\left(x + x^2 + x^3 + \cdots\right) \tag{S1.9a}$$

$$= \frac{Ex}{1-x} \tag{S1.9b}$$

なぜなら，$(x + x^2 + x^3 + \cdots)$ は無限級数で，x の値が 1 より十分小さければ，この無限級数の和は $x/(1-x)$ となるからです．

ここで，ある粒子を光の粒子 (光子) として，エネルギー E を $h\nu$，x の記号を $x = e^{-E\beta}$

と元に戻すと，式 (S1.9b) から次の式が得られます．

$$\langle E\rangle = \frac{h\nu e^{-h\nu\beta}}{1-e^{-h\nu\beta}} \tag{S1.10a}$$

$$= \frac{h\nu}{e^{h\nu\beta}-1} \tag{S1.10b}$$

なお，式 (S1.10a) から式 (S1.10b) への演算では，式 (S1.10a) の分母と分子を $e^{-h\nu\beta}$ で割っています．

ところが，式 (S1.5) の分子と分母は，次のように積分に置き換えることができるが，これを実行すると，以下のように全く違った結果になります．

$$\sum_{n=0}^{\infty} nEe^{-nE\beta} = \int_0^{\infty} Ee^{-E\beta}\mathrm{d}E = \left[-\frac{Ee^{-E\beta}}{\beta}\right]_0^{\infty} + \int_0^{\infty}\frac{e^{-E\beta}}{\beta}\mathrm{d}E = \left[-\frac{e^{-E\beta}}{\beta^2}\right]_0^{\infty} = \frac{1}{\beta^2} \tag{S1.11a}$$

$$\sum_{n=0}^{\infty} e^{-nE\beta} = \int_0^{\infty} Ee^{-E\beta}\mathrm{d}E = \left[-\frac{e^{-E\beta}}{\beta}\right]_0^{\infty} = \frac{1}{\beta} \tag{S1.11b}$$

すなわち，式 (S1.11a,b) を式 (S1.5) の分子と分母に代入すると，式 (S1.5) の値は $1/\beta$，すなわち，これは式 (1.8) の関係を使って $k_{\mathrm{B}}T$ になります．

▶古典物理学にも不確定性関係は存在する！

すなわち，古典物理学においても波束を作る波の，波束の幅 x の曖昧さ Δx と波数 k (波数 k は波長 λ の逆数で $2\pi/\lambda$ で表されます) の曖昧さ Δk の間には，次の不確定性関係が成り立っています．

$$\Delta x \cdot \Delta k \sim 1 \tag{1.11}$$

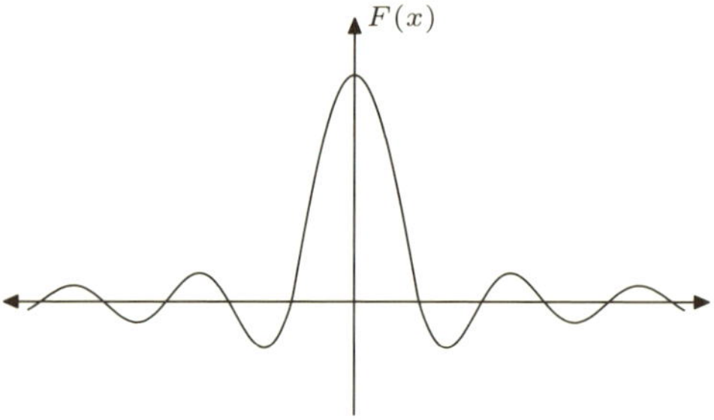

図 1.5　波束と拡がり

波束というのは図 1.5 に示すような，一塊の波が集って束を作っている波です．実は，このような波 (波束) はいくつかの無限に拡がった平面波 (三角関数の sin や cos 曲線で表される波) を重ね合わせて作られています．実際に存在する，波束になっている波としては，たとえば，ドカン！とか，ガチャンという，不意に聞くとビックリするような音を構成する波があります．

式 (1.11) に示す式では，波の波束の幅 x の曖昧さ Δx と，この波 (波束) の波数 Δk の積の値は 1 程度になって，波束の幅 x の曖昧さ Δx の値が大きくなると，

波数 k の曖昧さ Δk の値は小さくなることを示しています．また，逆の関係も成り立ち，波束の幅 x と波数 k の両方の値を同時に厳密に決めることはできないことを示しています．これが古典物理学にもある不確定性関係です．

▶古典物理学の不確定性関係を使って不確定性原理の関係式を導く

波束の幅の曖昧さ Δx と (波束の) 波数の曖昧さ Δk の関係を表す，式 (1.11) の不確定性関係を使うと，量子力学の不確定性原理の数式を比較的楽に導くことができるので，ここでやってみましょう．実は，ある粒子 (量子) の運動量を p とし，この量子をこの後示すド・ブロイの物質波でもあるとみなしたときの波数を k とすると，運動量 p と波数 k の間には，次の関係が成り立ちます．

$$p = \hbar k \tag{1.12}$$

ここで，$\hbar$ はエイチバーと読み，次の式で表すように，プランクの定数 h を 2π で割ったもの (定数) です．

$$\hbar = \frac{h}{2\pi} \tag{1.13}$$

式 (1.12) の関係を使うと，運動量 p の曖昧さ Δp は (この量子をド・ブロイの物質波とみなしたときの) 波数 k の曖昧さ Δk を使って，次の関係が成り立つことがわかります．

$$\Delta p = \hbar \Delta k \tag{1.14}$$

この関係式 (1.14) の Δk を使うと，式 (1.11) の波数の曖昧さ Δk と波束の幅の曖昧さ Δx の積は次のようになります．

$$\Delta x \cdot \Delta k = \frac{\Delta p}{\hbar} \cdot \Delta x = \frac{\Delta x \cdot \Delta p}{\hbar} \tag{1.15a}$$

したがって，この式 (1.15a) から，式 (1.11) の関係を使うと，次の関係が成り立ちます．

$$\frac{\Delta x \cdot \Delta p}{\hbar} \sim 1 \tag{1.15b}$$

この式 (1.15b) の両辺に $\hbar$ を掛ければ，量子の運動量 p の不確かさ Δp と量子の存在する位置 (座標) x の不確かさ Δx の間には，次の関係式が成立することがわかります．

$$\Delta p \cdot \Delta x \sim \hbar \tag{1.16a}$$

Δp と Δx の間の不確定性原理を表す式としては，次の関係式

$$\Delta p \cdot \Delta x \gtrsim \frac{1}{2}\hbar \tag{1.16b}$$

$$\Delta p \cdot \Delta x \gtrsim h \tag{1.16c}$$

もよく使われます．式 (1.16a)，式 (1.16b) および式 (1.16c) では右辺の値が 1～(1/4)π だけ異なりますが，h は次のように

$$h = 6.6256 \times 10^{-34}\,\mathrm{J \cdot s} \tag{1.17}$$

非常に小さい値で，式 (1.16a)，式 (1.16b) および式 (1.16c) の間の違いは無視できるほどわずかです．これらの式はほぼ同じ式とみなして，不確定性原理を表す式として同じように使われます．

▶電子などの量子の位置やその速度の値は厳密には決まらない

量子力学で扱う電子などの量子では，運動量 p や位置 (座標) x の値には不確定性原理によって，それぞれに常に曖昧さ Δp と Δx が伴っていると考えられています．だから，量子やその複合粒子 (原子など) の運動量 p や位置 (座標) x の厳密な値は常に決めることはできないのです．

運動量 p は質量 m と運動速度 v の積で表されるから，量子の運動速度 v も厳密には決まらないことになります．だから，量子は存在位置 x もその運動速度 v も，これらの値を厳密に決めることは常にできないということになります．

この不確定性原理は，例外なしで，条件が付くことなく，あらゆる状態の量子 (やその複合粒子) において成り立つので，絶対零度における原子にも適用されます．すると，奇妙なことに原子は絶対零度においても静止することなく，図 1.6(b) に示すように，原子は常に動き続けている，つまり，原子は絶対零度においても振動し続けているということになります．なぜなら，原子が完全に静止してしまうと，$\Delta x = 0$ となって不確定性原理が成立しなくなるからです．

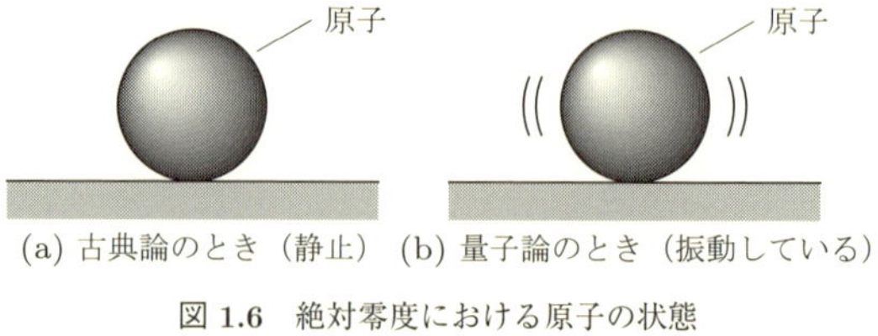

(a) 古典論のとき（静止）
(b) 量子論のとき（振動している）

図 1.6　絶対零度における原子の状態

▶エネルギーの供給なしに振動を続ける不思議な原子

原子の絶対零度における振動は零点振動 (または，ゼロ点振動) と呼ばれています．そして，この零点振動の運動エネルギーは特殊な性質を持つものなので，ゼロ点エネルギーと呼ばれています．と言うのは，絶対零度の雰囲気においては，

少しでもエネルギーが持ち込まれると，絶対零点の状態は保てないので，零点振動はエネルギーの供給なしに振動していることになり，エネルギー保存則に違反しています．しかし，不確定性原理はエネルギー保存則に優先して成立すると考えられているのです．

古典物理学の不確定性関係と量子力学の不確定性原理の間には違いがあります．古典物理学において不確定性関係が成り立つのは，波束を形成している波に対してだけであって，一般の波にはこの関係は適用されません．しかし，量子力学における不確定性原理は，波動関数で表される，あらゆる量子に対して適用される原理です．もちろん，波束を作っている物質波の量子に対しても不確定性原理は成り立ちます．

▶とびとびのエネルギーと不確定性原理が量子力学の波動方程式の性質を決めている

量子力学で使われる波動関数には，この後1.3節で詳しく説明するように，エネルギーがとびとびになるという思想と不確定性原理の概念が入っています．シュレーディンガーはこれらのことを意図しなかったのですが，波動関数を作る過程で入り込んでいます．

このため，波動関数の波は確率振幅の波と呼ばれ，波動関数は確率で決まる性質を持っています．

だから，波動方程式を解いて得られるエネルギーの値がとびとびになるのは，電子の存在範囲に制限が加えられるからだと思っている人がいるようだが，電子の存在範囲に制限が加わるとエネルギーのとびの値が拡大するだけです．エネルギーの値がとびとびになること自体は，問題を量子力学の波動方程式を使って解く限り，基本的に出てくる性質であって，電子の存在範囲に制限があるなしには無関係なことです．

1.3 物質波，波動関数，そして確率振幅の波

1.3.1 ド・ブロイの物質波の提案

▶ド・ブロイの物質波の提案の前にはアインシュタインの光の光量子説あり

プランクが光のエネルギーがとびとびに変わるというエネルギー量子説を提唱して始まった量子論は，周辺国の科学者の心を刺激し，まず，ボーアがプランクの量子論を使って水素スペクトルをみごとに説明しました．このボーアの成功はやがてヨーロッパ中に拡がり，多くの科学者たちに量子論の価値を認識させました．

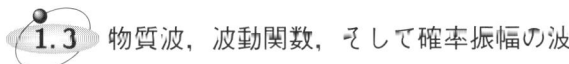

図 **1.7**　ドブロイ (1892〜1987)

当時フランスでただ独り量子論を研究し始めていたド・ブロイ (De Broglie, 1892〜1987, 図 1.7) も，こうした量子論に強く心を動かされた科学者の一人でした．ド・ブロイは，ボーアが水素原子スペクトルの説明において，定常状態を仮定して成功したことに注目しました．

そして，ボーアの検討した水素原子の電子軌道を周回する電子のように，軌道を回転する電子に，もしも波の性質が備わっていればこの波の定常波は，波が軌道に沿って 1 周してちょうど閉じる条件で充たされる，つまり円周軌道の長さが波長の整数倍のときに定常状態の条件が充たされることに注目しました．このように考えたド・ブロイは，電子は波動性を持っているのではないかと思い始めていました．

▶アインシュタインの光量子仮説にヒントを得て生まれたド・ブロイの物質波

一方，アインシュタインはプランクのエネルギー量子説のアイデアを使って，補足 1.3 に示すように，光電効果の量子論的解釈に成功していました．そして，アインシュタインは，光のエネルギー E が $h\nu$ で表されると共に，光量子 (光の粒子をアインシュタインはこう呼んだ) の運動量 p が次の式で表されるとしました．

$$p = \frac{h\nu}{c} \tag{1.18}$$

ここで，ν は光の振動数，c は光の速度です．

光の波長 λ は，$\lambda\nu = c$ の関係から，$\lambda = c/\nu$ と求めることができるので，この式の c/ν に式 (1.18) の関係を使うと，(光量子の波長は光の波長と同じと考えて) 光量子の波長 λ は次の式で与えられます．

$$\lambda = \frac{h}{p} \tag{1.19a}$$

▶逆の発想を使って電子が波であると考えたド・ブロイ

それまで電子が波である可能性について漠然と考えていたド・ブロイはアインシュタインの光電効果の論文を読み返して，「波であるはずの光が粒子でもあるならば，粒子である電子も波であってもよいはずだ！」と確信しました．そしてアインシュタインの提案している光量子の運動量 p の考えは，電子にも適用できるはずだと考えました．

というのは，当時は，光はもっぱら波と考えられていたからです．なぜなら，

◆ 補足 1.3 光電効果とアインシュタインの説明

電子は金属など物質の中に閉じ込められているので，普通の状態では電子が物質の外に飛び出すことはありません．温度が少々上がってもこの状況は変わりません．しかし，金属 (物質) に光を照射すると金属表面から電子が飛び出すことがあります．この現象は光電効果と呼ばれます．

電子が金属の表面に出てくるためには，電子のエネルギーが金属の表面にあるエネルギー障壁を越えなければなりません．この障壁のエネルギーは，図 S1.1 に示す，フェルミ準位 E_F と表面の真空準位の差で表され，これは仕事関数 ϕ_W と呼ばれています．金属を照射する光のエネルギー $h\nu$ が仕事関数 ϕ_W よりも大きくなると，つまり，光の波長 λ が短くなって振動数 ν が大きくなると，金属内部にある電子が外に飛び出すようになります．この現象をアインシュタインは光が粒子であるとする光量子仮説を用いてみごとに説明しました．

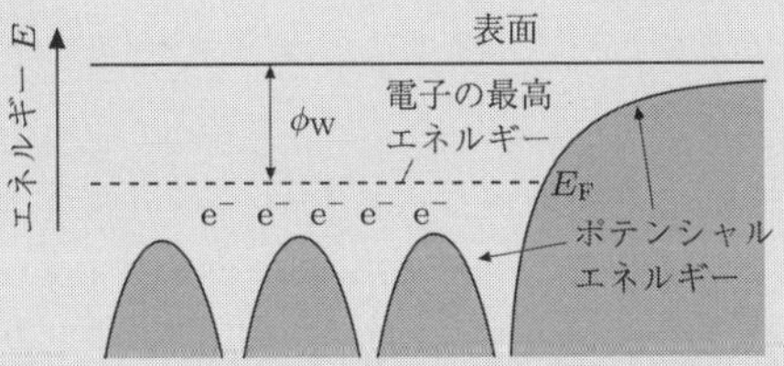

図 **S1.1** アインシュタインによる光電効果の説明

すなわち，アインシュタインは振動数が ν の光のエネルギーは $h\nu$ だから，これが仕事関数 ϕ_W よりも大きいならば，光が金属表面を照射すると，エネルギーの値として ε_e を持つ電子が，次の式

$$\varepsilon_e = h\nu - \phi_W \tag{S1.12}$$

に従って金属表面から飛び出すと考えました．この電子は光電子と呼ばれます．実際には，電子は金属の内部から外に出るときに散乱などを受けてエネルギーを失うので，ε_e は光電子の最大のエネルギーになります．

また，照射する光のエネルギー $h\nu$ が仕事関数 ϕ_W よりも小さければ，いくら多くの光で金属を強く照射しても電子は金属の外へは飛び出さないし，光の振動数 ν が一定，つまり光のエネルギー $h\nu$ が一定ならば光の強度をいくら強くしても，飛び出してくる電子のエネルギー ε_e は大きくならないとしました．これらの説明は当時の物理学 (古典物理学) の常識には反していたが，このアインシュタインの理論は実験事実をみごとに説明しました．アインシュタインはこの功績によってノーベル賞を受賞しています．

光は干渉や回折などの，波に備わった特有の性質を持っています．このもっぱら波と考えられていた光が粒子でもあるならば，逆に，これまで粒子であると考えられていた電子に，波の性質があっても不思議ではないと考えられるからです．

こうして，ド・ブロイは運動量が p の電子の波長 λ は，次の式で与えられるとしました．

$$\lambda = \frac{h}{p} \tag{1.19b}$$

この式 (1.19b) は $\hbar = h/2\pi$ と $k = 2\pi/\lambda$ の関係を使うと次のようになります．

$$p = \hbar k \tag{1.19c}$$

ド・ブロイはこの考えをさらに進めて，波の性質を持つ粒子 (量子) は電子ばかりではなく，陽子や中性子などの物質の元になる原子を構成する物質粒子はすべて波の性質を持つと考えました．そして，これらの物質粒子の波をド・ブロイは物質波と名づけたのでした．

また，ド・ブロイは電子や陽子などの物質波のエネルギーにも，同じように逆の発想が適用できるとし，振動数 ν の物質波とみなせる量子のエネルギー ε は，光の場合と同じように次の式で表すことができるとしました．

$$\varepsilon = h\nu \tag{1.20}$$

だから，物質波の性質を持つ電子などの量子は，光のエネルギーと同じように，とびとびのエネルギーを持つと結論づけたのでした．

▶電子の波長は果たしていくらか？　波長は非常に短かった！

ド・ブロイのアイデアが正しいことは，彼のこの提案後しばらくして，ダビソン (C. Davisson) とジャーマー (L. Germer) によって行われた実験によって実証されました．このダビソンとジャーマーの実験によって電子が光と同じように回折現象を起こし，電子が波の性質を持つことが示されたのです．

電子が波だとして波長がどれくらいになるのでしょうか？　興味が湧きますので調べてみましょう．いま，電子を発生させるために加える電圧を 100 V とすると，電子の持つことになるエネルギーは 100 eV ということになります．このエネルギーによって電子の運動速度が v[m/s] になったとすると，電子の質量を m として，電子の運動エネルギーは $(1/2)mv^2$ となるので，次の式が成り立ちます．

$$100\,\mathrm{eV} = \frac{1}{2}mv^2 \tag{1.21}$$

また，式 (1.19b) を使うと，次の式が成り立ちます．

$$mv = \frac{h}{\lambda} \tag{1.22}$$

だから，電子の波長 λ は式 (1.21) と式 (1.22) を使って，次の式で与えられます．

$$\lambda = \frac{h}{\sqrt{2m \times 100\,\mathrm{eV}}} \tag{1.23}$$

式 (1.23) に電子の質量 m として $m = 9.1 \times 10^{-31}\,\mathrm{kg}$，プランクの定数 h として，$h = 6.6156 \times 10^{-34}\,\mathrm{J \cdot s}$ を使うと，$1\,\mathrm{eV} = 1.6 \times 10^{-19}\,\mathrm{J}$ だから，電子の波長 λ の値は 1.23 Å (0.123 nm) となります．可視光の波長は数千 Å だから，電子の波長は非常に短いことがわかります．

1.3.2 シュレーディンガーの波動関数

▶シュレーディンガーはド・ブロイの提案した関係式を使って電子の波動関数を創った

こうした状況の中で，スイスにおいて量子論に惹かれて，これも一人で研究していた科学者にシュレーディンガーがいました．当時，ボーアたちが使っていた前期量子論では，この量子論はきちんとした数式で組み立てられていたわけではないので，前期量子論の論理の組み立てにシュレーディンガーは不満足でした．そして，前期量子論を何とかして数式に載せられないかと考えていました．

ちょうどこのとき，ド・ブロイの「電子が波でもある」という物質波の提案をシュレーディンガーは知ったのでした．彼は，このド・ブロイの提案にとびつきました．シュレーディンガーの頭に「物質波を使えば電子の波動方程式を作れるのでは？」というアイデアが閃いたのです．

そして，シュレーディンガーは電子の波の式を作ることを考えました．波は一般に三角関数の sin 関数の式，または cos 関数の式を使って，図 1.8 に示すように表すことができます．ここでは，波の関数を $f(x,t)$ とし，後の都合を考えて，波を cos 関数の式を使って表すことにします．すると，波の関数 $f(x,t)$ は，波の波長 λ と振動数 ν を使って，次の式で表すことができます．

$$f\,(x,t) = A\cos\left\{2\pi\left(\frac{x}{\lambda} - \nu t\right)\right\} \tag{1.24}$$

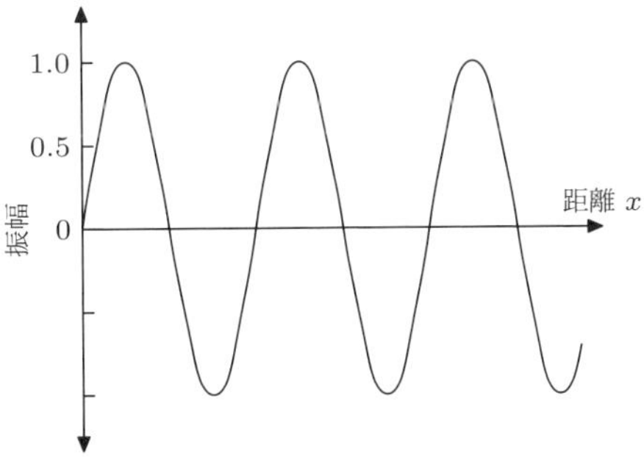

図 1.8　波を表す sin 曲線

シュレーディンガーは電子の波を

表すには，ド・ブロイの物質波を使うべきだと考えたので，波長 λ や振動数 ν に，ド・ブロイの提案した式 (1.19b) と式 (1.20) を使いました．そして，波長には式 (1.19b) をそのまま使い，振動数 ν については式 (1.20) より，$\nu = \varepsilon/h$ の関係が得られるので，この関係を使うと，式 (1.24) は次のようになります．

$$f(x,t) = A\cos\left\{2\pi\left(\frac{px}{h} - \frac{\varepsilon t}{h}\right)\right\}$$
$$= A\cos\left\{\frac{2\pi}{h}(px - \varepsilon t)\right\} = A\cos\left(\frac{px - \varepsilon t}{\hbar}\right) \tag{1.25}$$

次に，シュレーディンガーは昔からの慣例に従って，波の式を数式の演算で使うときの便利さを考えて，電子の波の式を指数関数で表しました．このためには，次に示すように，式 (1.25) の波動関数の cos 関数に，虚数単位 i を掛けた sin 関数を加える必要があります．

$$f(x,t) = A\cos\left(\frac{px - \varepsilon t}{\hbar}\right) + iA\sin\left(\frac{px - \varepsilon t}{\hbar}\right)$$
$$= Ae^{i(px - \varepsilon t)/\hbar} \tag{1.26a}$$

以上でド・ブロイの物質波を用いた電子の波動関数はできたが，電子の波動関数は量子力学では，ギリシャ文字のプサイ Ψ を使って表すのが慣例なので，ここで $f(x,t)$ を $\Psi(x,t)$ と書き変えて改めて，次に示しておきましょう．

$$\Psi(x,t) = Ae^{i(px - \varepsilon t)/\hbar} \tag{1.26b}$$

シュレーディンガーは，新しく創った電子の波動関数 $\Psi(x,t)$ は，当然のこととして，実在する電子の波を表す式であると考えていました．波動関数で表される電子の波は波束でできていて，図 1.9(a) に示すように，電子の電荷の雲の塊，つまり電子雲のようなものであると考えていました．しかし，次に説明するように，波動関数はこのようなものではないことが後でわかります．それでもシュレーディンガーは，基本的には，この考えを終生変えなかったと言われています．

1.3.3 確率振幅の波という量子力学の不思議な波

▶波動関数はシュレーディンガーの思いもよらぬ道をたどって変身する

ところが，その後，量子力学が本格的に確立する時期になると，波動関数はシュレーディンガーの思いもよらぬ方向へ進むのです．すなわち，波動関数はシュレーディンガーが考えた，図 1.9(a) に示すような，実在の電子を表す電子雲のようなものではなく，波動関数は電子の存在の割合を表す点の集まりだと解釈されるようになるのです．

だから，図にあえて描くと電子の波動関数は，図 1.9(b) に示すような，電子の存在確率を表す点の群れのようなものになります．この原因の根本は，波動関数がド・ブロイの提案した物質波を使って創られたことによります．つまり，粒子でもあり波でもあるようなごく微小な量子には，不確定性原理が必然的に伴い，こうした性質を持つ粒子をとり入れた波動関数は，確率的な性質を持たざるをえないものになっていたのです．

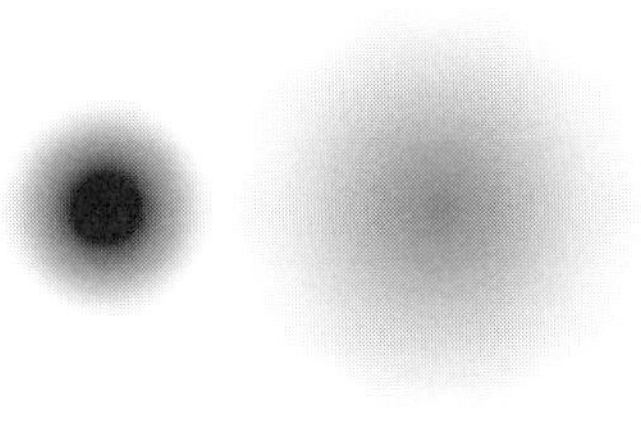

(a) 電子雲　(b) 確率で決まる点群

図 1.9　波動関数の実態

「波動関数が何を表すか？」については，著名な科学者たち (たとえば，アインシュタインとボーアなど) によって厳しい論争も行われたが，最後はボルン (Max Born, 1882～1970) による確率解釈が妥当であるということになり，この考えが現在も続いています．

ボルンの考えというのは次のようなものです．すなわち，シュレーディンガー方程式を解いて得られる波動関数は，確率振幅を与えるもので，ある時刻 t の時点において，波動関数が表す粒子を測定すると，この粒子が点座標 r を含む微小体積 $\mathrm{d}r$ の内に見出される確率が，波動関数の $\Psi(x,t)$ を使って，次の式に比例するというものです．

$$|\Psi\,(x,t)\,|^2\mathrm{d}r \tag{1.27}$$

だから，波動関数の値が大きい場所では，(波動関数によって存在確率が表されている) 物理量の見出される確率が高いことになります．そして，この確率は，その物理量が存在しうる全空間で積分すると，次に示すように 1 になります．

$$\int |\Psi\,(x,t)\,|^2\mathrm{d}r = 1 \tag{1.28}$$

このために，波動関数の波は確率の波とか，確率振幅の波と言われています．だから，波動関数の創造者であるシュレーディンガーが考えたように，波動関数は実在の電子そのものを表す数式ではないということです．

1.4　一般の演算子，量子力学独特の演算子，および交換関係

1.4.1　演算子とはなにか？

▶誰でもが知っている演算子！？

演算子の話を始めると，これは「難しいぞ！」と顔をしかめる人も出てきます．

しかし，演算子は決して難しいものではありません．簡単な演算子なら，誰でも知っています．というのは，四則演算に使う $+$，$-$，$\times$，$\div$ の符号はすべて演算子だからです．

どういうことかというと，たとえば，$+$ 符号ならば，$A+B$ というふうに使われるが，この式において $+$ 符号は，A に B を加える作用をしています．ですから，$+$ 符号は A に B を加えよ，と命令していると解釈できます．このように符号の後ろに置かれている数や関数に対して，演算の指示を出している (と解釈できる) 符号は，数学では演算子と呼ばれます．

微分記号の $\mathrm{d}/\mathrm{d}x$，$\mathrm{d}/\mathrm{d}y$ や偏微分記号の $\partial/\partial x$ や $\partial/\partial y$ も演算子です．量子力学で演算子と呼ばれているものは，主にこれらの偏微分記号，微分記号やこれらを組み合わせた演算子です．ただ，量子力学には，このほかに次に説明するように物理量から作られた特殊な演算子があります．

1.4.2 量子力学に特有な，波動関数を使った演算子

▶量子力学では物理量が演算子に変身する

演算子には，量子力学が難しいとかわかりにくいと言われる原因もあります．というのは，量子力学では独特で奇妙な演算子が使われているからです．これらの演算子は，驚いたことに，運動量やエネルギーなどのような物理量から作られた演算子なのです．これらの演算子はどのようにして作られるのか？　この疑問に対して以下のように答えることができます．

答える前に準備として，量子力学において使われる運動量の表記法について簡単な説明をしておきましょう．運動量は古典物理学の力学では，物の質量 m とこの物が動く速度 v の積 mv で表されるとされています．運動量 mv は記号 p を用いても表されるが，量子力学では p の方が主に使われます．

そして，量子力学では，この記号 p の使用にこだわる面があります．この理由は，運動量が，ここで説明している演算子と関わるからです．このために運動エネルギーなども $mv^2/2$ と書かないで，次のように表される場合が多いのです．

$$\text{運動エネルギー} = \frac{p^2}{2m} \tag{1.29}$$

なぜなら $p^2 = m^2v^2$ だから $m^2v^2/2m$ は $mv^2/2$ となるからです．

▶量子力学の演算子を作るためには波動関数が使われている！

演算子が波動関数を使って作られ，波動関数は頻繁に使われるので，前節の 1.3 節で示した波動関数 (1.26b) をもう一度，次に再掲しておきます．

$$\Psi(x,t) = Ae^{i(px-\varepsilon t)/\hbar} \tag{1.30}$$

まず，運動量の演算子ですが，運動量の演算子を作るには，この式 (1.30) で表される波動関数 $\Psi(x,t)$ を x で偏微分します．偏微分は，波動関数のような複数 (x, t などのような) の変数を持つ関数を微分するときに，一つの変数 (たとえば x) のみに着目して実行する微分です．微分記号 $\mathrm{d}/\mathrm{d}x$ の代りに，$\partial/\partial x$ などの偏微分記号が使われますが，微分とほとんど同じ意味を表すので，決して難しいものではありません．

ということで，式 (1.30) を x で偏微分すると，次のようになります．

$$\frac{\partial\Psi(x,t)}{\partial x} = A\frac{ip}{\hbar}e^{i(px-\varepsilon t)/\hbar} = \frac{ip}{\hbar}Ae^{i(px-\varepsilon t)/\hbar} \tag{1.31}$$

次に，この式を式 (1.30) の関係を使って書き直すと，次のようになります．

$$\frac{\partial}{\partial x}\Psi(x,t) = \frac{ip}{\hbar}\Psi(x,t) \tag{1.32}$$

式 (1.32) の両辺から，波動関数 $\Psi(x,t)$ を省略すると，次の式が得られます．

$$\frac{\partial}{\partial x} = \frac{ip}{\hbar} \tag{1.33}$$

この式 (1.33) から $p = (\hbar/i)(\partial/\partial x)$ の関係が得られ，この関係から運動量の演算子 p は，次のように求められます．

$$p \to \frac{\hbar}{i}\frac{\partial}{\partial x} \tag{1.34}$$

この式 (1.34) の左辺は物理量で，運動量 p を表しているが，右辺の $\hbar$ や i は定数で，$\partial/\partial x$ が偏微分の演算子だから，右辺は，結局演算子を表しています．すなわち，この式は運動量 p の演算子を表していることがわかります．こうして物理量の演算子が作られます．このように物理量を使って演算子を作る操作は「演算子化」と呼ばれています．

量子力学では，式 (1.34) の右辺の記号式が運動量の演算子として使われるだけでなく，普通には物理量を表す記号の p も，しばしば演算子として使われます．しかも，量子力学の本では，これが説明なしにやられるので，初心者は注意する必要があります．p が物理量を表すか，演算子を表すかは，文章の前後に書いてある内容から判断するほかないようです．

▶運動量の二乗の演算子やエネルギーの演算子も物理量から作られる

次に，運動量の二乗の演算子を作りましょう．このためには，式 (1.31) をもう一度 x で偏微分します．すると次の式が得られます．

$$\frac{\partial^2\Psi(x,t)}{\partial x^2} = A\left(\frac{ip}{\hbar}\right)^2 e^{i(px-\varepsilon t)/\hbar} = -\left(\frac{p}{\hbar}\right)^2\Psi(x,t) \tag{1.35}$$

運動量の p の場合と同様な方法で演算処理を行うと，$p^2 = -\hbar^2\partial^2/\partial x^2$ となるので，運動量の二乗 p^2 の演算子は，次の式で表されることがわかります．

$$p^2 \to -\hbar^2 \frac{\partial^2}{\partial x^2} \tag{1.36}$$

続いてエネルギーの演算子を作っておきましょう．これには式 (1.30) で表される波動関数を時間 t で偏微分します．すると，次の式が得られます．

$$\frac{\partial \Psi(x,t)}{\partial t} = -A\frac{i\varepsilon}{\hbar}e^{i(px-\varepsilon t)/\hbar} = -\frac{i\varepsilon}{\hbar}\Psi(x,t) \tag{1.37}$$

この式の両辺には同じ波動関数 $\Psi(x,t)$ があるので，これを両辺から省略して，両辺に $i\hbar$ を掛けると，次の式が得られます．

$$i\hbar\frac{\partial}{\partial t} = \varepsilon \tag{1.38a}$$

この式 (1.38a) を使うと，エネルギー ε の演算子は次のように求めることができます．

$$\varepsilon \to i\hbar\frac{\partial}{\partial t} \tag{1.38b}$$

▶ハミルトニアンは古典論のエネルギーで，量子力学では演算子として使われる

量子力学で使われる有名な演算子にハミルトニアンがあります．ハミルトニアンは古典物理学の一つの解析力学において古くから使われていた専門用語で，一つの物理系の全エネルギーを意味していて，記号 H で表されます．全エネルギーのハミルトニアン H は運動エネルギーと位置のエネルギーの和で与えられるので，ハミルトニアン H (エネルギー) は次のように書くことができます．

$$H = \frac{1}{2}mv^2 + V(x,t) \tag{1.39a}$$

ハミルトニアン H を演算子化するには，式 (1.39a) を運動量の符号 p を使い，$p^2 = (mv)^2$ の関係を使って，ハミルトニアン H をまず次のように書き変えます．

$$H = \frac{p^2}{2m} + V(x,t) \tag{1.39b}$$

そして，運動量の二乗 p^2 の演算子に式 (1.36) を使えば，ハミルトニアン H の演算子は次のように求めることができます．

$$H \to -\frac{\hbar^2}{2m}\frac{\partial^2}{\partial x^2} + V(x,t) \tag{1.40a}$$

または，p の記号をそのまま演算子として使い，式 (1.39b) と同じ式の，次の式もハミルトニアン (演算子) としてよく使われます．

$$H = \frac{p^2}{2m} + V(x,t) \tag{1.40b}$$

◆ **補足 1.4　運動量 p とハミルトニアン H の演算子の 3 次元表示**

演算子の 3 次元表示では，次のナブラ記号 ∇ やナブラ二乗の記号 ∇^2 を使うので，これらをまず次に示しておきます．∇^2 はラプラシアン (ラプラス演算子) とも呼ばれます．

$$\nabla = \frac{\partial}{\partial x}i + \frac{\partial}{\partial y}j + \frac{\partial}{\partial z}k \tag{S1.13}$$

$$\nabla^2 = \frac{\partial^2}{\partial x^2} + \frac{\partial^2}{\partial y^2} + \frac{\partial^2}{\partial z^2} \tag{S1.14}$$

運動量と運動量の二乗およびハミルトニアンの演算子の 3 次元表示は，ナブラ記号 ∇ やナブラ二乗の記号 ∇^2 を使って表すと，次のようになります．

$$p = -i\hbar\nabla \tag{S1.15}$$

$$p^2 = -\hbar^2\nabla^2 \tag{S1.16}$$

$$H = -\frac{\hbar^2}{2m}\nabla^2 + V(r, t) \tag{S1.17}$$

なお，運動量やハミルトニアンの演算子の 3 次元表示は補足 1.4 に示しておきました．

▶行列も量子力学で使われる重要な演算子

量子力学で使われる演算子には，このほかに図 1.10 に示す行列があります．行列は，この図 1.10 に示すように，数字や文字を縦横に並べて両側にカッコ [　] の枠を付けたものです．行列はあるベクトルに演算子として作用して，このベクトルを別のベクトルに変換する作用をします．行列を演算子として使った場合の行列の演算方法 (乗法) については，後で 3 章において説明します．

ここで，当然のことですが注意すべき事柄を老婆心ながら述べておきます．量子力学では，A を演算子とし，f と g が共に x の関数だとしたとき，$\int fAg\mathrm{d}x$ という積分がしばしば出てきます．すると，戸惑う人が多いようです．しかし，戸惑う必要はないのです．この積分の演算では，まず Ag を計算します．すると g は演算子 A の作用で変化し異なった関数 g' に変わります．次に，関数 f と，演算子の作用で変化した関数 g' とを掛けて得られる関数を x で積分すればよいの

$$\begin{bmatrix} 1 & 2 & 3 \\ 1 & 0 & 0 \\ 0 & 1 & 2 \end{bmatrix} \qquad \begin{bmatrix} H_{11} & H_{12} & H_{13} & \cdots & H_{1n} \\ H_{21} & H_{22} & H_{23} & \cdots & H_{2n} \\ \vdots & \vdots & \vdots & \ddots & \vdots \\ H_{n1} & H_{n2} & H_{n3} & \cdots & H_{nn} \end{bmatrix}$$

図 1.10　行列

です．

1.4.3 演算子の交換関係

量子力学で使われる演算子について重要な事柄に，演算子の交換関係があります．演算子の交換関係というのは次のように説明できます．いま，A, B 二つの演算子があるとします．すると，演算子 A と B の積には AB と BA の二通りあるが，これら二つの演算子の積の差

$$AB - BA \tag{1.41}$$

は演算子の交換関係と呼ばれます．

式 (1.41) の交換関係は，しばしば交換子と呼ばれる記号 $[A, B]$ を使っても表されます．そして，$AB - BA$ は $[A, B]$ を使うと次のように表されます．

$$[A, B] = AB - BA \tag{1.42}$$

A，B が普通の数や関数の場合には，二つの積 AB と BA の値は同じになるが，A，B が演算子の場合には AB と BA は必ずしも等しくなりません．だから，AB と BA には等しい場合と等しくない場合があります．二つが等しい場合は AB と BA は交換可能または可換と言われます．

演算子の演算規則ですが，上に述べた，AB，BA などの乗法の交換則以外については代数四則 (加法の交換則や分配則など) が成り立ちます．乗法の交換則の場合でも，二つの演算子の片方が K などの定数の場合には，AK と KA は次の式で表すように交換可能です．

$$AK - KA = 0 \tag{1.43}$$

演算子の交換関係の概念は初心者にはわかりにくい面があるので，ここで漫画的な説明図を使って説明しておきます．いま，A が「雪ダルマを作る」という作用をする演算子であり，B が「壊す」という演算子だとします．すると，AB は，壊した雪ダルマ (B) が再び作られたことを意味するから，図 1.11 の AB に示すように，雪ダルマが立った状態になります．ところが，BA だと，作られた雪ダルマ (A) が壊されるので，この状態は，図 1.11 の BA に示すように，眼と口の材料に使った，木炭のかけ

図 1.11　演算子の交換関係を説明する雪ダルマの漫画

らがくずれた雪の中に残るだけです．ですから，AB と BA は大きく異なるのです．

1.4.4 位置 (座標) と運動量の間の交換関係

▶位置 (座標) x と運動量 p の二つの積 xp と px は等しくない！

ここでは，位置 (座標) の演算子に一般化座標を使って，これを q で表すことにすると，この位置 (座標) の演算子 q と運動量の演算子 p の間には，次の有名な交換関係が成り立ちます．

$$qp - pq = i\hbar \tag{1.44}$$

ここで，q と p はベクトル表示で，共に 3 次元の位置 (座標) や運動量の演算子を表しているが，これらの q や p も物理量の位置や運動量そのものを表すこともあるので要注意です．

式 (1.44) の位置と運動量の (演算子の) 交換関係を x, y, z の各成分の場合について書いておくと，これらの演算子の間の交換関係は次のようになります．

$$xp_x - p_x x = i\hbar \tag{1.45a}$$

$$yp_y - p_y y = i\hbar \tag{1.45b}$$

$$zp_z - p_z z = i\hbar \tag{1.45c}$$

一般には，x を位置 (座標) の演算子，p を運動量の演算子として，共に太字で書き，ベクトル表示にして次のように書かれる場合も多いことを追記しておきます．

$$\boldsymbol{xp} - \boldsymbol{px} = i\hbar \tag{1.46}$$

この位置 (座標) $\boldsymbol{x}$ と運動量 $\boldsymbol{p}$ の演算子の間の交換関係は，ハイゼンベルクによって発見されたものですが，この発見は最初の量子力学 (行列力学) 誕生のきっかけとなった重要な関係なのです．

ここで注意しておきたいことがあります．異なる座標成分の演算子の間では，位置 (座標) と運動量の演算子の積は常に等しくなり，式 (1.44) で代表されるような演算子の交換関係は成立しません．したがって，一例を示しておくと次のようになります．

$$yp_x - p_x y = 0 \tag{1.47}$$

つまり，位置 (標準) の y 成分の演算子 y と運動量 x 成分の演算子 p_x の交換関係は可換になります．

1.5 シュレーディンガーによる新しい波動方程式の発見

1.5.1 古典論の波動方程式から電子の波動方程式を作る試み

▶電子の波動関数は古典論の波動方程式には従わない！

図 1.12　シュレーディンガー (1887〜1961)

シュレーディンガー (図 1.12) は量子力学の波動方程式を創ったが，波動方程式は古典物理学の時代から存在していました．だから，ここでは古くからある波動方程式を古典物理学の波動方程式と呼ぶことにします．古典物理学の波動方程式は慣例に従って偏微分方程式で書くと，次のようになっています．

$$\frac{\partial^2 U\left(x,t\right)}{\partial x^2} = \frac{1}{v^2}\frac{\partial^2 U\left(x,t\right)}{\partial t^2} \tag{1.48}$$

ここで，$U(x,t)$ は普通の波の波動関数です．また，v は波の進む速度です．

シュレーディンガーの創った量子力学の波動方程式 (シュレーディンガー方程式) は古典物理学の波動方程式とはかなり異なっています．この原因を調べることは量子力学の波動方程式を理解する上でも有益なので，まずこれをやってみることにします．

そこで電子の波動関数の式 (1.26b) を使って，式 (1.48) と同じような関係式が成り立つかどうか調べてみましょう．そのためには，式 (1.26b) を x で 2 階偏微分する必要があります．x の 2 階偏微分はこれまでにすでに式 (1.35) に求めているので，これを再掲して式 (1.49) とすると，次のとおりです．

$$\frac{\partial^2 \Psi\left(x,t\right)}{\partial x^2} = -\frac{p^2}{\hbar^2}\Psi\left(x,t\right) \tag{1.49}$$

古典物理学と比較するには，波動関数を時間 t で 2 階偏微分したものも必要です．波動関数を時間 t で 1 階偏微分したものは，これもすでに式 (1.37) に求めているので，この式 (1.37) をもう一度偏微分すると，次の式が得られます．

$$\frac{\partial^2 \Psi\left(x,t\right)}{\partial t^2} = -\frac{\varepsilon^2}{\hbar^2}\Psi\left(x,t\right) \tag{1.50}$$

古典物理学の波動方程式では，式 (1.48) を見ればわかるように，式 (1.48) の左辺の $\partial^2 U(x,t)/\partial x^2$ と右辺の $\partial^2 U(x,t)/\partial t^2$ とは定数倍 $(1/v^2)$ の関係になって

います．このことを頭において式 (1.49) と式 (1.50) を見てみましょう．これらの二つの式の右辺を見ると，波動関数 $\Psi(x,t)$ は同じだから，係数の $-(p^2/\hbar^2)$ と $-(\varepsilon^2/\hbar^2)$ を比較することになるが，二つの係数で異なるのは p^2 と ε^2 だけです．だから，p^2 と ε^2 の関係が定数倍の関係になるならば，古典物理学とよく似た波動方程式を作ることができます．

p^2 と ε^2 の関係が定数倍の関係になるかどうか調べてみましょう．まず，p^2 は次のように書き変えることができます．

$$p^2 = (mv)^2 = m \cdot mv^2 = 2m \cdot \frac{1}{2}mv^2 = 2m \cdot \varepsilon \tag{1.51}$$

この式 (1.51) を見るとわかるように，p^2 は質量 m の 2 倍を係数として ε とは比例関係になるので，p^2 は ε^2 とでは定数倍の関係にはならないことがわかります．したがって，ド・ブロイの関係を用いて創った電子の波動関数 $\Psi(x,t)$ を使うと，古典物理学と同じような波動方程式を作ることはできないのです．

▶シュレーディンガーの作った古典物理学の波動方程式とは違う波動方程式

ここで，少し発想を変えて波動関数 $\Psi(x,t)$ を位置 (座標) x で偏微分したものと，$\Psi(x,t)$ を時間 t で偏微分したものが等しくなる条件があるかどうか調べることにしましょう．時間 t で偏微分したものに ε^2 の項が生じたのは，波動関数を 2 階偏微分したからです．時間 t による 1 階の偏微分ならば ε^2 ではなしに ε しか出てきません．だから，波動関数 $\Psi(x,t)$ を x で 2 階偏微分したものと波動関数 $\Psi(x,t)$ を時間 t で 1 階偏微分したものは等しくなる可能性があります．

そこでこれを見てみましょう．波動関数 $\Psi(x,t)$ を時間 t で 1 階偏微分したものは，前出の式 (1.37) で，次の式になります (ここでは式番号を変えて示しました)．

$$\frac{\partial \Psi(x,t)}{\partial t} = -\frac{i\varepsilon}{\hbar}\Psi(x,t) \tag{1.52}$$

ここで，ε と p^2 の関係式 (1.51) を使うと，ε は次の式で表されます．

$$\varepsilon = \frac{p^2}{2m} \tag{1.53}$$

ですから，式 (1.52) の右辺と式 (1.49) の右辺の関係は定数倍の関係になることがわかります．

式 (1.49) と式 (1.52) を使って波動方程式をつくることもできるが，ここで少し発想を変えて，式 (1.53) を用いて波動方程式を作ってみましょう．式 (1.53) の両辺に右から波動関数 $\Psi(x,t)$ を掛けると次の式ができます．

$$\varepsilon\Psi(x,t) = \frac{p^2}{2m}\Psi(x,t) \tag{1.54}$$

次に，ε と p^2 を，偏微分記号を使った，それぞれの演算子の式 (1.38b) と式 (1.36)

を使って式 (1.54) の両辺を書き変えると，次の式ができます．

$$i\hbar\frac{\partial\Psi(x,t)}{\partial t}=-\frac{\hbar^2}{2m}\frac{\partial^2\Psi(x,t)}{\partial x^2} \tag{1.55a}$$

形式だけの問題だが，この式 (1.55a) の左辺と右辺を逆にすると，次の式が得られます．

$$-\frac{\hbar^2}{2m}\frac{\partial^2\Psi(x,t)}{\partial x^2}=i\hbar\frac{\partial\Psi(x,t)}{\partial t} \tag{1.55b}$$

この式は古典物理学の波動方程式の式 (1.48) とは異なっているが，ともかく波動関数 $\Psi(x,t)$ を位置 (座標) x で偏微分したものと，波動関数 $\Psi(x,t)$ を時間 t で偏微分したものの関係が得られています．だから，この式が電子の従う波動方程式の可能性があります．しかし，この波動方程式 (1.55b) は古典物理学の波動方程式とは大きく異なっています．

というのは，すでに見てきたように古典物理学の波動方程式では，波動関数 $\Psi(x,t)$ を x で 2 階偏微分したものが，波動関数 $\Psi(x,t)$ を時間 t で 2 階偏微分したものと等しいのに対して，いま作った電子の波動方程式 (1.55b) では，左辺は古典物理学の式と同じように x で 2 階偏微分したものだが，右辺は時間 t では 1 階しか偏微分されていません．

▶新しく発見された電子の波動方程式とシュレーディンガー方程式

電子の波動関数を使った場合に，古典論の波動方程式と同じような関係式がなぜ得られなかったかを考えてみると，その原因は電子の波動関数として，ド・ブロイの提案した物質波のアイデアを使ったからであることがわかります．

というのは，エネルギー ε と運動量 p の関係式 (1.53) のために，ド・ブロイの提案した物質波の波動関数を使うと波動関数 $\Psi(x,t)$ の x の 2 階 (偏) 微分と t の 2 階 (偏) 微分の間の関係は定数倍の関係にはならないからです．両者の間に定数倍の関係が得られるのは，x の 2 階 (偏) 微分と t の 1 階 (偏) 微分の関係の場合だけだからです．

シュレーディンガーの電子の波動方程式の創り方は，以上に述べた方法とは異なるようだが，結論は同じ式 (1.55b) になります．新しく創った波動方程式は古典物理学の波動方程式とは大幅に異なるので，シュレーディンガーは彼の創った波動方程式 (1.55b) が正しいかどうか確信が持てませんでした．そこでシュレーディンガーは実際に起こる自然現象の説明に，新しく創った波動方程式 (1.55b) を適用してみることにしました．

シュレーディンガーは，当時ボーアたちが量子論を適用してみごとな解釈を得ていた水素原子の問題に，この新しく作った電子の波動方程式を適用してみました．その結果は素晴らしいもので，式 (1.55b) で表される電子の波動方程式を使って水素原子の問題を解いた結果は，実験結果をみごとに説明したのでした．それと同時に計算結果はボーアたちの水素原子についての解釈とも一致しました．こうしてシュレーディンガーは彼の新しく創った電子の波動方程式が量子論の正しい波動方程式であると確信したのです．

以上の結果シュレーディンガーはめでたく電子の波動方程式を創ることができたのだが，この新しい電子の波動方程式は，この後シュレーディンガー方程式と呼ばれるようになったのです．式 (1.55b) がシュレーディンガー方程式ですが，これは一般式なのでよく見かけるシュレーディンガー方程式の形にはなっていません．そこで，式 (1.55b) を使って一般によく見なれたシュレーディンガー方程式をここで導いておくことにしましょう．

式 (1.55b) の左辺の $-(\hbar^2/2m)\partial^2/\partial x^2$ はエネルギーの演算子だが，これは運動エネルギー $p^2/2m$ の演算子になっています．だから，これに位置のエネルギー $V(x,t)$ の演算子 $V(x,t)$ (位置のエネルギー $V(x,t)$ は演算子化しても $V(x,t)$ と同じものになる) を加えた全エネルギーを使って，電子の波動方程式を作ると，次のようになります．

$$\left\{-\frac{\hbar^2}{2m}\frac{\partial^2}{\partial x^2}+V\left(x,t\right)\right\}\Psi\left(x,t\right)=i\hbar\frac{\partial\Psi\left(x,t\right)}{\partial t} \tag{1.56a}$$

この式の波動関数 $\Psi(x,t)$ に掛かる左辺の係数は，式 (1.40a) に示したハミルトニアン H になっています．だから，ハミルトニアン H の記号を使って，式 (1.56a) を書き変えると次のようになります．

$$H\Psi\left(x,t\right)=i\hbar\frac{\partial\Psi\left(x,t\right)}{\partial t} \tag{1.56b}$$

ここで，3 次元表示のシュレーディンガー方程式も示しておくことにしましょう．ハミルトニアン H の 3 次元表示は，補足 1.4 を参考にして次のように表されます．

$$\begin{aligned} H&=-\frac{\hbar^2}{2m}\left(\frac{\partial^2}{\partial x^2}+\frac{\partial^2}{\partial y^2}+\frac{\partial^2}{\partial z^2}\right)+V\left(\boldsymbol{r},t\right)\\ &=-\frac{\hbar^2}{2m}\nabla^2+V\left(\boldsymbol{r},t\right) \end{aligned} \tag{1.57}$$

この式 (1.57) で，記号 ∇^2 は補足 1.4 に示したナブラ二乗の記号です．この記号を用いて表すと，3 次元表示の電子の波動方程式は次の式で与えられます．

$$\left\{-\frac{\hbar^2}{2m}\nabla^2+V\left(\boldsymbol{r},t\right)\right\}\Psi\left(\boldsymbol{r},t\right)=i\hbar\frac{\partial\Psi\left(\boldsymbol{r},t\right)}{\partial t} \tag{1.58}$$

この式では $\boldsymbol{r}$ は 3 次元の位置 (座標) を表す一般化座標です．

なお，これは後で明らかになるのだが，式 (1.55b) や式 (1.58) で表されるシュレーディンガー方程式は，確率の要素を持つ電子などの，量子の波を波動関数とする波動方程式であって，実在の波の波動方程式ではありません．これは波動関数にド・ブロイの物質波のアイデアをとり入れているからですが，これについて次に説明したいと思います．

1.6 波動関数とシュレーディンガー方程式の物理的な意味

1.6.1 定常状態の波動方程式

▶**2 種類のシュレーディンガー方程式がある**

シュレーディンガー方程式には 2 種類あります．一つは式 (1.55b) や式 (1.58) に示した時間 t を含むシュレーディンガー方程式です．もう一つは時間 t を含まないシュレーディンガー方程式で，これは次のようにして作ることができます．ここでは波動関数を位置 (座標) として 3 次元の一般化座標 $\boldsymbol{r}$ を用いて $\Psi(\boldsymbol{r},t)$ で表すことにします．そして，この波動関数 $\Psi(\boldsymbol{r},t)$ が，次の式のように位置のみの関数 $\psi(\boldsymbol{r})$ と時間のみの関数 $e^{-i\omega t}$ の積で表されるものとします．

$$\Psi(\boldsymbol{r},t)=\psi(\boldsymbol{r})\,e^{-i\omega t} \tag{1.59}$$

ここで，ω は角振動数で，振動数 ν との間に $\omega=2\pi\nu$ の関係があります．

次に，式 (1.59) を式 (1.58) の時間を含むシュレーディンガー方程式に代入します．このとき，位置のエネルギー $V(\boldsymbol{r},t)$ も位置 (座標) $\boldsymbol{r}$ のみの関数として $V(\boldsymbol{r})$ とします．すると，時間 t を含むシュレーディンガー方程式 (1.58) の左辺は，次のようになります．

$$\left\{-\frac{\hbar^2}{2m}\nabla^2+V(\boldsymbol{r},t)\right\}\Psi(\boldsymbol{r},t)=\left\{-\frac{\hbar^2}{2m}\nabla^2+V(\boldsymbol{r})\right\}\psi(r)\,e^{-i\omega t} \tag{1.60a}$$

また，式 (1.58) の右辺は次のようになります．

$$i\hbar\frac{\partial\Psi(\boldsymbol{r},t)}{\partial t}=\hbar\omega\psi(\boldsymbol{r})\,e^{-i\omega t} \tag{1.60b}$$

ここで，$\hbar=h/2\pi$, $h\nu=\varepsilon$ および $\omega=2\pi\nu$ の関係を使うと，$\hbar\omega=\varepsilon$ の関係が成り立つので，式 (1.60b) は次の式になります．

$$i\hbar\frac{\partial\Psi(\boldsymbol{r},t)}{\partial t}=\varepsilon\psi(\boldsymbol{r})\,e^{-i\omega t} \tag{1.60c}$$

時間 t を含むシュレーディンガー方程式 (1.58) の関係を見ると，式 (1.60a) の

左辺と (1.60c) の左辺を等しいので，これらの式 (1.60a) と式 (1.60c) の右辺同士が等しいとおくと，$e^{-i\omega t}$ の項を通分して，次の時間 t を含まないシュレーディンガー方程式が得られます．

$$\left\{-\frac{\hbar^2}{2m}\nabla^2 + V(\boldsymbol{r})\right\}\psi(\boldsymbol{r}) = \varepsilon\psi(\boldsymbol{r}) \tag{1.61}$$

この式 (1.61) は時間によらず常に成立するので，定常状態を表すシュレーディンガーの波動方程式になっています．2 章で説明するような量子力学の基礎的な例題では，定常状態の物理現象を解く問題がほとんどなので，もっぱらこの時間 t を含まないシュレーディンガー方程式 (1.61) を使って問題を解くことになります．

1.6.2 固有値方程式

▶固有値方程式は古典物理学の時代から存在する方程式

ある関数を $g(r)$ とし，この関数 $g(r)$ に演算子 (たとえば A) を作用させたときに，この関数 $g(r)$ が，元の関数 $g(r)$ の定数 (たとえば ε_0) 倍になったとすると，次の式が成り立ちます．

$$Ag(r) = \varepsilon_0 g(r) \tag{1.62}$$

この式 (1.62) の関係は，古くから固有値方程式と呼ばれていて，よく知られている関係式です．

そして，固有値方程式である式 (1.62) の関数 $g(r)$ は固有関数と呼ばれ，この式の右辺の定数 ε_0 は固有値と呼ばれます．だから，式 (1.61) で表される定常状態のシュレーディンガー方程式は固有値方程式になっていることがわかります．量子力学においてもこれら同じ単語の固有関数や固有値が，そのままの呼び名で使われています．そして，定数の固有値がエネルギー ε を表すときは，これは特にエネルギー固有値と呼ばれます．

このため波動関数は固有関数とも呼ばれます．また，物理量の波動関数が多くの状態の波動関数の重ね合わせ (つまり，足し算) で表されるときには，全体を表す波動関数が波動関数 $\Psi(r,t)$ と呼ばれ，個々の状態の波動関数には記号 $u(r)$ などが使われて，これが固有関数と呼ばれる場合が多いようです．

1.6.3 シュレーディンガー方程式の物理的な意味

▶シュレーディンガー方程式は物理状態を直接記述する式ではない！？

シュレーディンガー方程式は，奇妙に聞こえるかもしれないが，物理現象を直接的に記述する方程式になっていません．使われている波動関数が物理現象を直接的に表す関数にはなっていないからです．たとえば，古典物理学の波動方程式の場合には，波動方程式で使われる波動関数 $U(r,t)$ は，当然のこととして，実在する波を表しています．

ところが，シュレーディンガー方程式では，波動関数 $\Psi(r,t)$ は実在する波を表すものではなく，波の存在確率を表すものなのです．このようなことになっている原因は，シュレーディンガーが波動関数を創るときにド・ブロイの物質波のアイデアを採用したことにあります．

また，物理量も直接的な形では波動方程式で使われていません．使われているのは物理量の演算子です．シュレーディンガー方程式は量子力学の概念に従って確率的な性格を持つ式になっていて，実在する物理現象の状態を，古典物理学のように直接的に記述する方程式にはなっていないのです．

逆にいえば，だからこそ，シュレーディンガー方程式を使って現実の物理現象の問題を解くと，量子力学の理念にかなった答えを得ることができるのです．たとえば，電子のエネルギーの答えとして，とびとびの値が得られるとか，古典物理学ではありえない物理現象 (たとえば，電子のトンネル現象) が起こるなどの結果が得られるのです．つまり，シュレーディンガー方程式は量子力学の問題を解くことができる波動方程式になっていると言えると思います．

シュレーディンガー方程式には，このような事情が隠れているために，「量子力学の問題が与えられたらシュレーディンガー方程式を立てさえすれば，何も考えなくても，この波動方程式を解くだけで問題は解決する」とうそぶく人もいるが，これにはそれなりのカラクリがあるわけです．その意味では，シュレーディンガー方程式は便利で都合のよい波動方程式になっているといえます．

演 習 問 題

1.1 波長が 400 nm の紫色の光と，波長 700 nm の赤色の光のエネルギー ε を計算し，ジュール [J] 単位で示せ．

1.2 光のエネルギーを級数で表したとき，級数間のエネルギー差 ΔE が非常に小さいとして，補足 1.2 の式 (S1.5) の級数の和を積分に変更して計算すると，平均のエネルギーの $\langle E\rangle$ が kT になることを示し，光の強度がレイリー-ジーンズの式に戻ることを説明せよ．

1.3 位置 (座標) x と運動量 p_x の間の次の不確定性関係

$$\Delta x \cdot \Delta p_x \gtrsim h \tag{M1.1}$$

を使ってエネルギー ε と時間 t の間に成り立つ不確定性関係を導け．

1.4 仕事関数 ϕ_{W} が 5.02 eV の金属がある．この金属の表面に波長が 150 nm の紫外線を照射した．光電効果により金属表面から放出される電子の最大エネルギーを計算せよ．

1.5 電圧 (差) 150 V を使って加速された電子のド・ブロイ波長 (物質波の波長) を計算せよ．

1.6 演算子 A を $A = \mathrm{d}^2/\mathrm{d}x^2$，関数とその複素共役を $f(x)$ と $f^*(x)$ として，次の積分を実行せよ．

$$\int f^*(x)\, Af(x)\, \mathrm{d}x, \quad \int f^*(x)\, Af(x)\, \mathrm{d}x \qquad \text{(M1.2)}$$

ただし，$f(x) = e^{ix+x}, f^* = e^{-ix+x}$ である．

1.7 古典物理学の波動関数 $U(x,t)$ を $U(x,t) = e^{i2\pi(x/\lambda - \nu t)}$ として，古典物理学の波動方程式を求め，次の量子論の波動方程式との違いを議論せよ．

$$-\frac{\hbar^2}{2m}\frac{\partial^2 \Psi(x,t)}{\partial x^2} = i\hbar\frac{\partial \Psi(x,t)}{\partial t} \qquad (1.55\mathrm{b})$$

1.8 ある粒子の波動関数 $\Phi(x)$ が $\Phi(x) = e^{ipx/\hbar}$ で表されるとき，ハミルトニアン H が $H = p^2/2m$ (p は演算子) で表されるとして，波動関数にハミルトニアンを作用させて，この粒子の波動方程式を作り，できあがった波動方程式が粒子のどのような状態を表しているかについて議論せよ．

1.9 波動関数 $\psi(x)$ を $\psi(x) = e^{kx}$ (k は定数) とし，ハミルトニアン H を $H = \mathrm{d}^2/\mathrm{d}x^2$ として波動方程式を作り，この波動方程式が固有値方程式になっていることを示せ．また，波動関数が固有値方程式になった理由を説明せよ．

Chapter 2

シュレーディンガー方程式の具体的な物理現象への適用

この章では，量子力学は本当に有益なのか，また実際にどのように役に立っているのかを，比較的簡単な物理現象の例題を通して具体的に示しておくことにします．具体的な計算例としては，一般的に例題としてよく使われる，井戸型ポテンシャル，トンネル現象，水素原子モデル，および調和振動子とすることにします．

これらの現象は実際に私たちの身の回りで起こる物理現象と極めて深い関係があるものばかりです．このことをまず説明するので，現実に起こる物理現象との関連を理解した上で，計算例に込められた重要で，深い意味を理解していきたいと思います．

2.1 波動方程式を解くための波動関数の条件と境界条件

2.1.1 波動関数が備えていなければならない性質

▶波動関数は常に有限の値で存在しなければならない

波動関数は，その存在範囲で有限の値をとらなければなりません．こんな言い方をすると奇妙に思われるかもしれないが，関数には，変数がある値をとるときに，無限大に発散する関数もあるからです．波動関数は，1 章で説明したように，確率振幅の波を表す関数であって，実在する波を表す関数ではありません．

しかし，波動関数が確率振幅の波の関数だとはいっても，波動関数は実在する(物質) 波の粒子に対応する関数ですから，関数の存在が許される許容範囲内では，波動関数は有限の値をとらなければなりません．そして，存在範囲を決める変数の値は無限大に近く大きくなるときもあるが，そのときでも，関数が限りなく大きな値になって無限大に発散することは許されません．この条件は，個々の課題(例題) に対して具体的に波動関数を作るときに重要な条件になります．

▶波動関数は演算子を作ることが可能な関数でなくてはならない

シュレーディンガー方程式では演算子が使われているが，1 章の 1.4 節で説明したように，シュレーディンガー方程式には一風変わった特別な演算子があります．この特別な演算子は，前に説明したように，波動関数を使って作られるものです．だから，シュレーディンガー方程式で使われる波動関数には，演算子を作ることのできる関数が使われなければなりません.

シュレーディンガー方程式で使われる特殊な演算子とは，運動量の演算子とか，運動エネルギーの演算子です．これらの演算子は，すでに説明したように，波動関数を，1 階または 2 階微分または偏微分して作られます．1 階偏微分したものは運動量の演算子で，2 階偏微分したものは，運動エネルギーを求めるときに使う運動量の二乗の演算子です．だから，波動関数は 2 階まで (偏) 微分可能な関数でなくてはならないことがわかります.

2.1.2 波動方程式を解くために必要な境界条件と物理

▶境界条件という名の規則

一般に微分方程式を解くために必要な規則として境界条件という名の規則があります．境界条件というのは次のようなものです．解こうとしている微分方程式で使われている関数には，関数の存在する範囲があるから，存在範囲の端は一つの境界です．また，関数の存在範囲が複数の領域にわたることもあります．このような場合には，複数の存在領域には単数または複数の境界があります．これらの境界で関数に要請される規則が境界条件というものです.

▶シュレーディンガー方程式に対して要求される境界条件

シュレーディンガー方程式も一つの微分方程式だから，これを解くには当然境界条件を充たさなければなりません．境界条件としてシュレーディンガー方程式が充たさなければならない規則は二つあります．一つは ① 波動関数は境界で連続でなければならないので，関数の 1 階微分 (1 次微分) が可能でなければならない，もう一つは ② 波動関数は同じく境界で 2 階微分 (2 次微分) も存在しなければならない，というものです.

▶波動関数や波動関数を 1 階微分した関数はなめらかにつながった連続関数でなければならない

数学の定義によると，関数が微分可能であるためには，関数が存在する変数の存在範囲において，連続につながっていなくてはなりません．関数が途中で不連続になっていたり，ある位置で関数の値が非常に大きくなって無限大に発散していると，そうした関数は存在する全範囲で微分可能ではなくなるからです．だから途中で不連続になったり，無限大に発散する関数は波動関数として使うことはできません.

波動関数が 2 階偏微分可能なためには，1 階偏微分した関数 (導関数) も，また関数の存在範囲でなめらかな連続関数でなくてはなりません．なぜなら，1 階偏微分した関数が途中で不連続になると，この導関数は微分可能な関数ではなくなるからです．だから，結局波動関数は，波動関数自体もその導関数も，関数の存在範囲でなめらかに連続につながった連続関数でなくてはならないのです．

2.2 箱の中に閉じ込められた電子—井戸型ポテンシャルの中の電子—

2.2.1 井戸型ポテンシャル

▶井戸の形をした位置のエネルギー

ポテンシャルエネルギーという言葉が物理学で使われると，この言葉は多くの場合，位置のエネルギーを表します．井戸型ポテンシャルの場合も，ポテンシャルという言葉はポテンシャル (位置) のエネルギーのことです．

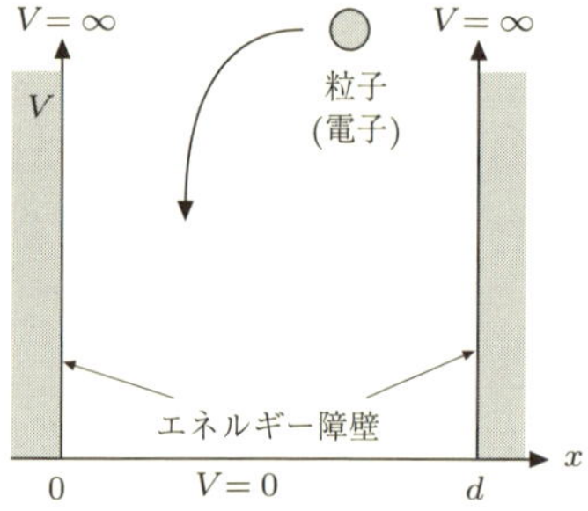

図 2.1　井戸型ポテンシャル

井戸型ポテンシャルは，図 2.1 に示すように，両辺にエネルギーの壁 (エネルギー障壁という) がある井戸の断面の形をしたポテンシャルエネルギーの分布を表しています．そして，井戸型ポテンシャルの問題とは，井戸型をしたポテンシャルエネルギーの中に閉じ込められた (電子などの) 粒子の，物理的な状態を調べる課題のことです．

井戸型ポテンシャルが量子力学の基本的な問題として，よく例に挙げられるのには理由があって，私たちのまわりに存在している基本的な物理の問題と関わっているからです．その一つには水素原子の問題もあります．実は，水素原子の中の電子も井戸型ポテンシャルの中にあると言えるし，私たちの周りにある物質の中の無数に近い多くの電子も，この後説明するように，井戸型ポテンシャルの中にいるのです．

2.2.2 井戸型ポテンシャルに囲まれた原子の中の電子

▶水素原子の中では電子に働く引力が位置のエネルギーの源になる！

この後 2.4 節で詳しく扱うが，水素原子モデルの問題というのは，水素原子の中にある電子の物理状態を調べて水素原子の性質などを明らかにすることです．だから，この問題を解くには水素原子の中の電子がどのようなエネルギー環境に置かれているかを把握することが最初に必要になってきます．

2.4 節の課題の一部を先取りすることにもなるが，水素原子の中の電子が本当に井戸型ポテンシャルの中に閉じ込められているかどうか調べてみましょう．水素原子は，図 2.2 に示すように，1 個のプラス電荷 q を持った陽子と 1 個のマイナス電荷 $-q$ を持った電子で構成されています．だから，電子には陽子との間でクーロン力 (引力) が働くが，電子に働く力はこの引力だけです．

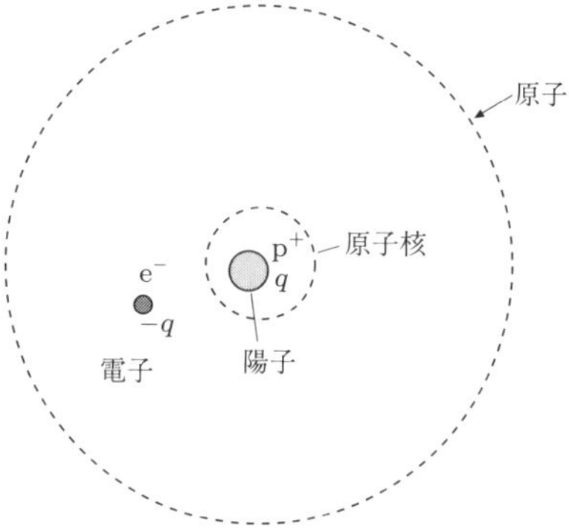

図 **2.2** 水素原子の中の電子と陽子

電子に働く陽子から受けるクーロン引力 F は，電子と陽子の電荷の絶対値を q，電子と陽子の間の距離を r，そして原子の中の (雰囲気の) 誘電率を ϵ_0 (ギリシャ文字でイプシロンゼロと読む) とすると，次の式で表されます．

$$F(r) = -\frac{q^2}{4\pi\epsilon_0 r^2} \tag{2.1}$$

次に，この式 (2.1) を使って，水素原子の中の電子の位置のエネルギーを求めましょう．よく知られているように，ある人が F の力で物を距離 r だけ動かすと，その人は Fr の仕事をしたことになり，Fr の単位はエネルギーになります．だから，クーロン力 $F(r)$ に微小距離 $\mathrm{d}r_n$ を掛けた $F(r)\mathrm{d}r_n$ もエネルギーになります．

この $F(r)\mathrm{d}r_n$ の (単位で表される) 多くの仕事を加えた，仕事の総量は次の式で表されます．

$$\text{仕事の総量} = F(r)\,\mathrm{d}r_1 + F(r)\,\mathrm{d}r_2 + F(r)\,\mathrm{d}r_3 + \cdots + F(r)\,\mathrm{d}r_n + \cdots \tag{2.2}$$

この式 (2.2) は，次のように積分記号を使って表すことができます．

$$\int F(r)\,\mathrm{d}r \tag{2.3}$$

▶電子の位置のエネルギーを作るのはクーロン力が行う仕事！

実は式 (2.3) の積分において，積分範囲を無限大の遠方から，原点からの距離が r の位置まで積分したものは，力 F が位置 r にあるものに対して作る位置のエネルギーになります．そこで，位置のエネルギー $V(r)$ を，次のようにおくことにします．

$$V(r) = \int_{\infty}^{r} F(r)\,\mathrm{d}r \tag{2.4}$$

さて，水素原子の中の電子の位置のエネルギーですが，電子の位置のエネルギーは，式 (2.1) で表される力 (絶対値) のクーロン力 (引力とは逆方向の力 $-F$ になる) が働いている電子を，無限大の遠方から，原子核からの距離が r の位置まで，運ぶための仕事量になります．そこで，式 (2.4) の $F(r)$ に式 (2.1) で表される力の絶対値を使って，電子の位置のエネルギーを計算すると，次のように演算できます．

$$V(r) = \int_{\infty}^{r} \{-F(r)\} \mathrm{d}r = \left[-\frac{q^2}{4\pi\epsilon_0 r} \right]_{\infty}^{r} = -\frac{q^2}{4\pi\epsilon_0 r} \qquad (2.5)$$

▶電子に働く位置のエネルギーは朝顔型になる

以上の結果，水素原子の中にある電子には式 (2.5) で表される位置のエネルギーが働いていることがわかるが，この位置のエネルギーがどんな形をしているかを見るために，式 (2.5) を図に描いてみると，図 2.3 に示すようになります．

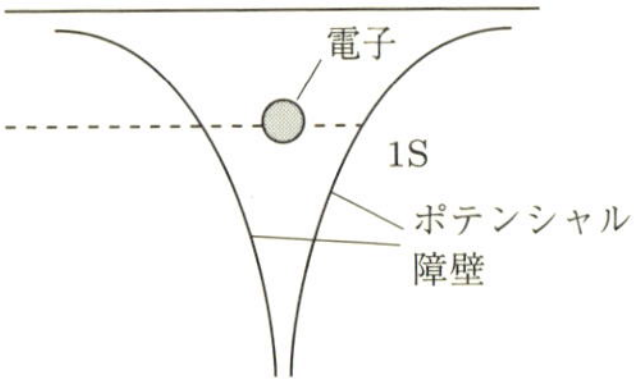

図 **2.3**　水素原子のポテンシャル

だから，電子の位置のエネルギーは両側にエネルギーの壁があり，原子核の存在する底は無限に深い谷 (負符号のエネルギーを持つ谷) になるような形になっていることがわかります．この形は朝顔の花びらに似ています．そこで，この形を朝顔型と呼ぶことにします．

図 2.3 に示す朝顔型の位置のエネルギーの左右の花弁に当たるある位置のエネルギーの壁は急激な崖のようになっていて，両側はエネルギー障壁になっているといえます．だから，図 2.3 に示す朝顔型のエネルギー分布の位置のエネルギーは，井戸型ポテンシャルといえるのです．以上の考察から，水素原子の中の電子は井戸型ポテンシャルの中に閉じ込められた電子であることがわかります．

2.2.3　分子や物質の中の電子の位置のエネルギー ―幅の広い井戸型ポテンシャル―

▶2 個の原子で作られる分子の中の電子の位置のエネルギー

次に，2 個の原子が近寄ってきて 1 個の分子を作る場合のポテンシャルエネルギーを考えてみましょう．ここでは最も簡単な例として A，B 2 個の水素原子が近寄ってできた水素分子を想定してポテンシャル分布を考えることにします．

いま，2 個の水素原子 A と B が接近して，二つの水素原子の原子核の距離が R になったとします．このときの水素分子の中の電子の位置のエネルギー $V(r)$ は，

原子核から r の距離にある電子の，式 (2.5) で表される位置のエネルギーと，その電子から R 離れた原子核に基づく位置のエネルギーの和になるので，水素分子の中の電子の位置のエネルギー $V(r)$ は次の式で表されます．

$$V(r) = -\frac{q^2}{4\pi\epsilon_0 r} - \frac{q^2}{4\pi\epsilon_0 (R+r)} \tag{2.6}$$

この計算は少し複雑なので，図に描いて考えてみると，その様子は図 2.4 に示すようになります．ここで，図 2.4(a) には式 (2.6) を演算する前の様子を破線で表しています．一方，図 2.4(b) は式 (2.6) を演算した後の様子を表しています．

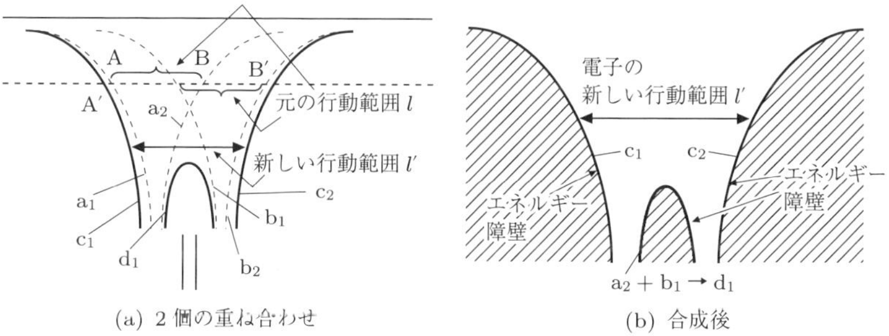

図 **2.4** 2 個の原子の中の電子のポテンシャル分布図

図 2.4(a) において，左側の朝顔の左右の花弁に相当する曲線 a_1 と a_2 は水素原子 A の位置のエネルギーを表す曲線の両翼であり，右側の朝顔の左右の花弁 b_1 と b_2 の曲線は水素原子 B の位置のエネルギーの両翼を表す曲線です．また，図 2.4(b) においては，ほぼ R の間隔で左右に離れた左右の花弁の位置にある c_1 と c_2 の曲線は，2 個の水素原子を合成して作られた，水素分子の位置のエネルギーの両翼を表しています．

そして，中央にある d_1 で示される，上に凸の小さい山形のポテンシャルは，水素原子 A の右翼の a_2 と水素原子 B の左翼の b_1 を合成することにより，新たに生まれた位置のエネルギーの一部です．したがって，水素原子 A と B を合成して作った水素分子の中にある，2 個の電子の位置のエネルギーは，c_1 と c_2 で示される両翼の位置のエネルギーと下部に位置する d_1 で示される位置のエネルギーに囲まれることになります．

そして，両翼の位置のエネルギーは深い谷底まで切り立った形をした，エネルギーの壁 (ポテンシャル障壁) になっているので，水素分子の中の電子は井戸型ポテンシャルの中にあると言えます．

▶多くの原子で構成される物質の中にある多数の電子も井戸型ポテンシャルの中にある

では，2 個以上のさらに多くの原子で構成されている構造の中にある多数の電子のポテンシャルエネルギーはどのようになっているでしょうか？　私たちの身の回りにある物は，どんな物も原子でできているが，物を構成している原子の数は無数といえるほど多数です．

身の回りの製品には金属でできているものが多いので，ここでは金属材料を例にとって，金属の中の電子のポテンシャルエネルギーを見てみましょう．多くの原子で構成される場合にはポテンシャルエネルギーを数式で書くのは簡単ではありません．水素原子の場合のように，1 個の陽子と 1 個の電子しか持っていない原子で構成される場合でも，多くの原子の場合には大変煩雑な式になります．

さらに，鉄や銅のような金属原子は原子番号の大きな原子でできているので，1 個の原子が多くの陽子や多くの電子を含んでいます．だから，こうした複雑な原子が多数集まった金属材料のポテンシャルエネルギーの式は途方もなく複雑になり，簡単に式で表すことは不可能なのです．

そこで，ここでは図だけを使って金属材料の中の電子のポテンシャルエネルギーを説明することにします．水素分子のポテンシャルエネルギーが，二つの原子のポテンシャルエネルギーの足し算で得られたように，金属の場合にも多くの原子のポテンシャルエネルギーを足し合わせることによってポテンシャルエネルギーが得られることがわかっています．

金属材料の中の電子のポテンシャルエネルギーは，図 2.4 に示した水素分子の図の延長線上にあり，図 2.5 に示すようになっています．すなわち，金属の場合には，朝顔型のポテンシャルエネルギーが，横に非常に拡大されていて，両翼にある花弁の形をしたポテンシャルエネルギーの曲線はずいぶん離れています．そして，両翼のポテンシャルエネルギー (エネルギー障壁) の曲線の間に，無数といえるほど多数の上に凸のポテンシャルエネルギーの小さい山ができます．

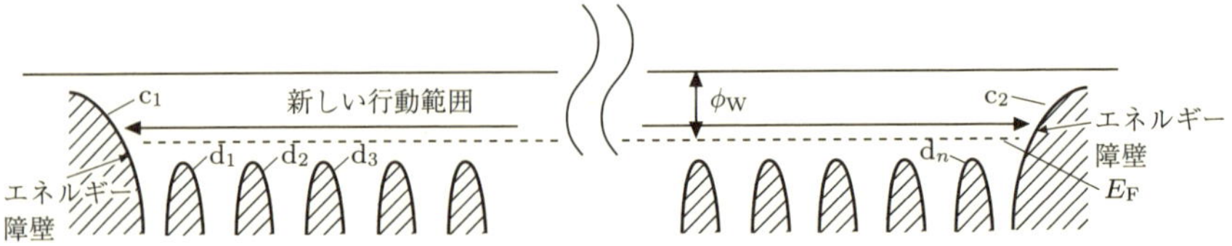

図 2.5　多数の原子で構成される物質の中の電子のポテンシャル分布図

だから，金属の中の多数の電子は，これら両翼のポテンシャルエネルギーと底にある小さい山型のポテンシャルエネルギーに囲まれた空間に存在することになります．実は金属の中の電子のエネルギーの値には制限があります．電子の持つことができる最も大きいエネルギーはフェルミエネルギーと呼ばれ，そのエネルギーの高さ位置はフェルミ準位 (E_F) と呼ばれています．図 2.5 にはフェルミ準位 E_F を破線の横線で示しておきました．図 2.5 では縦軸はエネルギーを表しているので，金属材料の中の多くの電子はすべてフェルミ準位以下に密集して存在しています．そして，両側には切り立ったエネルギー障壁があるので，金属材料の中の電子は容易には金属の外に出ることはできません．金属の中の電子が外に飛び出すには，補足 1.3 で説明したように，図 2.5 に示す仕事関数 ϕ_W 以上のエネルギーが外部から電子に与えられる必要があります．

ともかくこうして，金属材料の中の電子も井戸の幅は非常に広いが，一種の井戸型ポテンシャルの中に存在していることがわかります．以上の水素原子，水素分子，そして金属材料の例が示すように，井戸型ポテンシャルは基本的なポテンシャルであると共に，身の回りの物質にも関係のある，非常に重要なポテンシャルであることがわかります．

2.2.4 ポテンシャルエネルギーに閉じ込められた電子の具体的演算

A. 演算に使う井戸型ポテンシャル

▶井戸型ポテンシャルの中では電子の位置のエネルギーはゼロになる

ここでは，狭いポテンシャルエネルギーの箱，すなわち，井戸型ポテンシャルに閉じ込められた電子の問題を具体的に解いてみることにします．計算例としては，わかりやすいものにするために，図 2.6 に示す，1 次元の井戸型ポテンシャルの中にある電子を考えることにします．

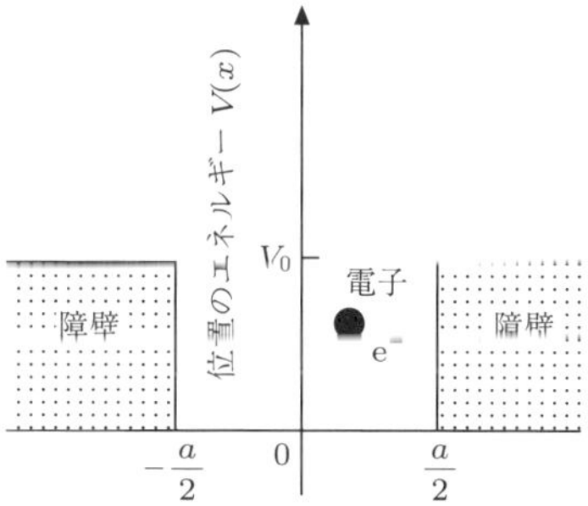

図 2.6 1 次元の井戸型ポテンシャル

図 2.6 に示す井戸型ポテンシャルでは縦軸に位置 (ポテンシャル) のエネルギー $V(x)$ を示しています．そして，井戸型ポテンシャルの幅は a としています．横軸には x 座標をとり位置を x で表しています．この図 2.6 を見ると，井戸型ポテンシャルの位置のエネルギーは，井戸型ポテンシャルの外になる領域の，横軸の x の値が $a/2$ より大きい領域と，x の値が $-a/2$ よりも小さい領域では V_0 の値になります．

そして，井戸型ポテンシャルの中の x の値が $-a/2$ より大きく $a/2$ よりも小さい領域では，位置のエネルギーはゼロとなります．したがって，井戸型ポテンシャルの中の電子の位置のエネルギーは，まとめて書くと次のようになります．

$$\begin{aligned} V(x) &= 0 \qquad \left(-\frac{a}{2} \leq x \leq \frac{a}{2}\right) \\ &= V_0 \quad \left(\left|\frac{a}{2}\right| \leq x\right) \end{aligned} \tag{2.7}$$

B. 使用するシュレーディンガー方程式の元になる式

次に，井戸型ポテンシャルの中にいる電子の状態を，量子力学を使って解くためにシュレーディンガー方程式を使います．ここでは電子は時間的に変化しない定常状態にあるとします．だから，使用するシュレーディンガー方程式は1章で述べた式 (1.61) で表されるものですが，ここで使う基本式なので，あらためて示しておくことにします．

$$\left\{-\frac{\hbar^2}{2m}\nabla^2 + V(\boldsymbol{r})\right\}\psi(\boldsymbol{r}) = \varepsilon\psi(\boldsymbol{r}) \tag{2.8}$$

この式 (2.8) は3次元の式なので，図 2.6 に示す井戸型ポテンシャルの中の電子の問題を計算するには，この式 (2.8) を1次元の式に改める必要があります．

C. 1次元のシュレーディンガー方程式を導く

▶変数分離の手法を使って 1 次元の波動関数 $\psi(x)$ を求める

1次元の波動関数を求めるには式 (2.8) で使われている波動関数 $\psi(\boldsymbol{r})$ から，x 成分の波動関数 $\psi(x)$ を求める必要があります．それには，まず波動関数 $\psi(\boldsymbol{r})$ を，次のように x, y, z の3成分の波動関数の積の形で表します．

$$\psi(\boldsymbol{r}) = \psi(x)\psi(y)\psi(z) \tag{2.9}$$

そして，この式 (2.9) をシュレーディンガー方程式 (2.8) に代入して，x 成分のみのシュレーディンガー方程式を作るのですが，この手法は変数分離と呼ばれています．

変数分離を行う前に，式 (2.8) ではナブラ二乗の記号 ∇^2 が使われているので，まず波動関数の2次微分の $\nabla^2\psi(\boldsymbol{r})$ を次の式で置き換えておきましょう．

$$\nabla^2\psi(\boldsymbol{r}) = \frac{\partial^2\psi(x)}{\partial x^2} + \frac{\partial^2\psi(y)}{\partial y^2} + \frac{\partial^2\psi(z)}{\partial z^2} \tag{2.10}$$

さて，変数分離ですが，この手法では式 (2.9) で表した波動関数 $\psi(\boldsymbol{r})$ を元になるシュレーディンガー方程式の式 (2.8) に代入して，できた式 (簡単なので省略) の両辺を $-(\hbar^2/2m)\psi(x)\psi(y)\psi(z)$ で割ります．すると次の式ができ上がります．

$$\frac{\psi''(x)}{\psi(x)}+\frac{\psi''(y)}{\psi(y)}+\frac{\psi''(z)}{\psi(z)}=-\frac{2m}{\hbar^2}\{\varepsilon-V(\boldsymbol{r})\} \tag{2.11}$$

ここで，$\psi''(x)$，$\psi''(y)$，$\psi''(z)$ は，それぞれ x, y, z 成分の波動関数を 2 階微分した項を表しています．

式 (2.11) の位置のエネルギーの $V(\boldsymbol{r})$ の値は式 (2.7) からわかるように 0 または V_0 と類似の定数になるはずです．したがって，右辺は一定の $\{\varepsilon-V(\boldsymbol{r})\}$ 値に m と $\hbar$ からなる定数を掛けたものだから，結局一定の値の定数となります．式 (2.11) の左辺を見ると，第 1 項，第 2 項，第 3 項はそれぞれ x, y, z の関数になるので，これらは一応定数ではないと考えられます．しかし，もしも左辺の各項が定数でないなら第 1 項から第 3 項まで加えたものが，右辺に示すように常に一定の値の定数にはなりえません．だから，式 (2.11) が成立するためには，左辺のこれらの項は 3 項とも定数でなければなりません．そこで，第 1 項の x 成分の式を，定数 C を使って次のようにおきます (ここでは第 2 項と第 3 項については省略して書かないことにします)．

$$\frac{\psi''(x)}{\psi(x)}=C \tag{2.12}$$

式 (2.12) の定数 C を計算の都合上，元のシュレーディンガー方程式に用いてある定数を使い，かつ，式 (2.11) の定数を参考にして，次のように書くことにします．

$$C=-\frac{2m}{\hbar^2}\{\varepsilon-V(x)\} \tag{2.13}$$

すると，x 成分だけのシュレーディンガー方程式として，次の式が得られます．

$$\psi''(x)=-\frac{2m}{\hbar^2}\{\varepsilon-V(x)\}\psi(x) \tag{2.14a}$$

この式 (2.14a) を変形して整えると，x 成分のシュレーディンガー方程式として，次の式が得られます．

$$-\frac{\hbar^2}{2m}\frac{\mathrm{d}^2}{\mathrm{d}x^2}\psi(x)=\{\varepsilon-V(x)\}\psi(x) \tag{2.14b}$$

D. 具体的に解くシュレーディンガー方程式と具体的な演算による波動関数の決定

▶シュレーディンガー方程式を簡潔な微分方程式に書き変える

こうして得られたシュレーディンガー方程式 (2.14b) を解くには，式 (2.14b) の位置のエネルギー $V(x)$ の値を決める必要があります．位置のエネルギー $V(x)$ は，図 2.6 に示すように，x の値に依存して変化します．そこで，式 (2.7) に示した，x の値による位置のエネルギー $V(x)$ の違いを表す式 (2.7) を参考にして，次のように場合分けして，式 (2.14b) のシュレーディンガー方程式を解くことにします．

(i) $-a/2 \leq x \leq a/2$ のとき

式 (2.7) からわかるように，この x の領域では位置のエネルギー $V(x)$ は 0 になるので，シュレーディンガー方程式は，式 (2.14b) を使い，少し変形すると次のようになります．

$$\frac{\mathrm{d}^2\psi(x)}{\mathrm{d}x^2} = -\frac{2m}{\hbar^2}\varepsilon\psi(x) \tag{2.15}$$

ここで，計算の都合上，式の形を簡潔にするために右辺の，波動関数 $\psi(x)$ の前の係数を，次のように定数に k を使って置き換えます．

$$k = \sqrt{\frac{2m\varepsilon}{\hbar^2}} \tag{2.16}$$

すると，式 (2.15) は次のように簡潔な式になります．

$$\frac{\mathrm{d}^2\psi(x)}{\mathrm{d}x^2} = -k^2\psi(x) \tag{2.17}$$

こうして得られた式 (2.17) を，ここで具体的に解くべきシュレーディンガー方程式としてこの微分方程式を解くことにします．

式 (2.17) の形の微分方程式の一般解は，古くからよく知られており，その解を使うことにすると，式 (2.17) の微分方程式を解いて得られる解の波動関数 $\psi(x)$ は，A, B を定数として，次のように表されます．

$$\psi(x) = Ae^{ikx} + Be^{-ikx} \tag{2.18a}$$

この式 (2.18a) で表される解の定数 A と B の値は，2.1 節で説明した境界条件を使って求めることができます．その演算において必要なので，式 (2.18a) で表される波動関数の 1 階微分を求めておくと，次のようになります．

$$\psi'(x) = ikAe^{ikx} - ikBe^{-ikx} \tag{2.18b}$$

境界条件の演算は煩雑なので，補足 2.1 に示しました．

(ii) $x \leq -a/2$ または $a/2 \leq x$ のとき

図 2.6 からわかるように，この x の領域は井戸型ポテンシャルの外になり，エネルギー障壁のある場所だから，位置のエネルギーの $V(x)$ の値は V_0 になります．したがって，シュレーディンガー方程式としては，同様に式 (2.14b) を使ってこれを少し変形すると，次の式が得られます．

$$\frac{\mathrm{d}^2\psi(x)}{\mathrm{d}x^2} = \frac{2m}{\hbar^2}(V_0 - \varepsilon)\psi(x) \tag{2.19}$$

◆ 補足 2.1　境界条件を使った波動関数とその導関数の連続条件についての演算と A と B の値の決定

シュレーディンガー方程式の解になる波動関数は境界で連続であると同時に，波動関数の 1 階微分 (導関数) も境界で連続でなくてはならないので，図 2.6 に示す井戸型ポテンシャルの二つの境界，$x = -a/2$ と $x = a/2$ で波動関数と導関数が連続でなくてはなりません．

まず，井戸型ポテンシャルの左側の境界の $x = -a/2$ で，波動関数の式 (2.18a) と式 (2.23a) および導関数の式 (2.18b) と (2.24a) が連続でなくてはならないので，次の二つの式が成り立ちます．

$$Ce^{-\alpha a/2} = Ae^{-ika/2} + Be^{ika/2} \tag{S2.1}$$

$$C\alpha e^{-\alpha a/2} = ik(Ae^{-ika/2} - Be^{ika/2}) \tag{S2.2}$$

また，井戸型ポテンシャルの右側の境界の $x = a/2$ においても，波動関数の式 (2.18a) と式 (2.23b) および導関数の式 (2.18b) と式 (2.24b) が連続でなくてはならないので，次の二つの式が成り立ちます．

$$De^{-\alpha a/2} = Ae^{ika/2} + Be^{-ika/2} \tag{S2.3}$$

$$-D\alpha e^{-\alpha a/2} = ik(Ae^{ika/2} - Be^{-ika/2}) \tag{S2.4}$$

式 (S2.1) と式 (S2.2) を使って C を消去し，式 (S2.3) と式 (S2.4) を使って D を消去すると，次の二つの式が得られます．

$$A\,(\alpha - ik)\,e^{-ika/2} = -B\,(\alpha + ik)\,e^{ika/2} \tag{S2.5}$$

$$-A(\alpha + ik)e^{ika/2} = B(\alpha - ik)e^{-ika/2} \tag{S2.6}$$

ここで，式 (S2.5) と (S2.6) の両辺を右辺は右辺同士，左辺は左辺同士で辺々掛け合わせると，$A^2 = B^2$ の関係が得られ，この関係より係数 A と B の間に次の関係が成り立ちます．

$$A = \pm B \tag{S2.7}$$

そして，$A = B$ の関係を式 (2.18a) に代入すると，波動関数 $\psi(x)$ は次の式で与えられます．

$$\psi\,(x) = A(e^{ikx} + e^{-ikx}) = 2A\cos(kx) \tag{S2.8a}$$

また，$A = -B$ 関係を式 (2.18a) に代入すると波動関数 $\psi(x)$ は，次の式のようになります．

$$\psi\,(x) = A(e^{ikx} - e^{-ikx}) = 2iA\sin(kx) \tag{S2.8b}$$

したがって，$A = B$ のときには波動関数 $\psi(x)$ は式 (S2.8a) で表される偶関数になり，$A = -B$ のときには波動関数 $\psi(x)$ は式 (S2.8b) で表され，$\psi(x)$ は奇関数になることがわかります．

これらの式の演算では指数関数と三角関数の間で成り立つ，次のオイラーの公式を使っています．

$$e^{i\theta} = \cos\theta + i\sin\theta, \quad e^{-i\theta} = \cos\theta - i\sin\theta \tag{S2.8c}$$

この場合も (i) の場合と同様に波動関数 $\psi(x)$ の前の係数を，定数に α を使って，次のように置き換えます．

$$\alpha = \sqrt{\frac{2m\left(V_0 - \varepsilon\right)}{\hbar^2}} \tag{2.20}$$

すると，解くべきシュレーディンガー方程式として，次の微分方程式が得られます．

$$\frac{\mathrm{d}^2\psi\left(x\right)}{\mathrm{d}x^2} = \alpha^2\psi\left(x\right) \tag{2.21}$$

この微分方程式 (2.21) の一般解も古くから知られていて，C, D を定数として波動関数 $\psi(x)$ は次の式で与えられます．

$$\psi\left(x\right) = Ce^{\alpha x} + De^{-\alpha x} \tag{2.22}$$

しかし，解が波動関数である場合にはある種の制約があり，波動関数 $\psi(x)$ は常に無限大に発散しては困ります．この条件から解の式 (2.22) において x の符号が正のときには，定数 C は 0 でなくてはならないし，x の符号が負のときには定数 D は 0 でなければならないことがわかります．この条件を適用すると，解となる波動関数は x の符号の正負によって分かれて，次のようになります．

$$\psi\left(x\right) = Ce^{\alpha x} \quad \left(x \leq -\frac{a}{2}\ \text{のとき}\right) \tag{2.23a}$$

$$\psi\left(x\right) = De^{-\alpha x} \left(\frac{a}{2} \leq x\ \text{のとき}\right) \tag{2.23b}$$

前の場合と同様に波動関数の 1 階微分を求めておくと，次のようになります．

$$\psi'\left(x\right) = C\alpha e^{\alpha x} \quad \left(x \leq -\frac{a}{2}\ \text{のとき}\right) \tag{2.24a}$$

$$\psi'\left(x\right) = -D\alpha e^{-\alpha x} \left(\frac{a}{2} \leq x\ \text{のとき}\right) \tag{2.24b}$$

補足 2.1 に示した式 (S2.8a) と式 (S2.8b) を使うと，井戸型ポテンシャルの中に存在する電子の波動関数は，次の二つの式で表されます．

$$\psi(x) = A(e^{ikx} + e^{-ikx}) = 2A\cos(kx)\,(B = A \text{ のとき}) \tag{2.25a}$$

$$\psi(x) = A(e^{ikx} - e^{-ikx}) = 2iA\sin(kx)\,(B = -A \text{ のとき}) \tag{2.25b}$$

なお，$f(x) = f(-x)$ の関係が成り立つ関数 $f(x)$ は偶関数，$f(x) = -f(-x)$ の関係が成り立つ関数 $f(x)$ は奇関数と呼ばれるので，井戸型ポテンシャルの中の電子の波動関数は式 (2.25a) で表される偶関数の場合と式 (2.25b) で表される奇関数の場合があることがわかります．

E. 井戸型ポテンシャルの中に閉じ込められた電子のとびとびのエネルギー

▶定数 k の値が電子のエネルギーや波動関数を決める鍵になる！

k の値が決まると式 (2.16) の関係から，エネルギー固有値 ε の値を求めることができます．このエネルギー ε が井戸型ポテンシャルの中に閉じ込められた電子のエネルギーになります．

式 (2.16) の関係を使って電子のエネルギー ε を求めると，ε は定数 k の入った次の式で表されます．

$$\varepsilon = \frac{\hbar^2}{2m}k^2 \tag{2.26}$$

したがって，電子のエネルギー ε の値は k の値によって決まることがわかります．実はこの k の値は井戸型ポテンシャルのポテンシャルエネルギーの大きさ (高さ)，つまり図 2.6 に示す井戸型ポテンシャルのエネルギー障壁の高さ V_0 の値によって変化します．これを次に調べてみましょう．

このためには，波動関数が偶関数か奇関数かで α と k の関係がどのようになるかを調べておく必要があります．まず，波動関数が偶関数のときは $B = A$ の関係があるので，この関係を補足 2.1 の式 (S2.1) と式 (S2.2) に代入すると，次の二つの関係式が得られます．

$$Ce^{-\alpha a/2} = A\left(e^{-ika/2} + e^{ika/2}\right) = 2A\cos\left(\frac{ka}{2}\right) \tag{2.27a}$$

$$C\alpha e^{-\alpha a/2} = -ikA\left(e^{-ika/2} - e^{ika/2}\right) = 2kA\sin\left(\frac{ka}{2}\right) \tag{2.27b}$$

ここで，式 (2.27a) と式 (2.27b) の右辺は右辺，左辺は左辺で割る，つまり式 (2.27b) を式 (2.27a) で辺々割ると，α と k の関係について次の関係式が得られます．

$$\tan\left(\frac{ka}{2}\right) = \frac{\alpha}{k} \tag{2.28}$$

次に，波動関数が奇関数のときには $B = -A$ となるので，同様な計算によって次の関係

$$Ce^{-\alpha a/2} = A\left(e^{-ika/2} - e^{ika/2}\right) = -2iA\sin\left(\frac{ka}{2}\right) \tag{2.29a}$$

$$C\alpha e^{-\alpha a/2} = ikA\left(e^{-ika/2} + e^{ika/2}\right) = 2kiA\cos\left(\frac{ka}{2}\right) \tag{2.29b}$$

が得られます．これらの二つの式 (2.29a,b) から同様に演算して，α と k の関係について次の関係式が得られます．

$$\cot\left(\frac{ka}{2}\right) = -\frac{\alpha}{k} \tag{2.30}$$

以上で一応前準備が終わったので，エネルギー障壁の高さ V_0 が無限大のときと，有限のときに場合分けして k の値を決めることを考えましょう．

(i) エネルギー障壁の高さ V_0 が無限大のとき

この場合には，式 (2.20) で表される α の値は無限大になります．まず波動関数が偶関数のときには，式 (2.28) を見るとわかるように，α の値が無限大の条件では $\tan(ka/2)$ の値が無限大になるので，このとき $ka/2$ の値は 90 度 ($\pi/2$)，270 度 ($3\pi/2$)，540 度 ($5\pi/2$)，などでなければ式 (2.28) は充たされません．したがって，$ka/2$ について次の関係式が成り立ちます．

$$\frac{ka}{2} = \frac{1}{2}(2m+1)\pi \quad (m = 0, 1, 2, \dots) \tag{2.31a}$$

また，波動関数が奇関数のときには，式 (2.30) より $\cot(ka/2)$ がマイナス無限大になるので，このとき $ka/2$ の値は π, 2π, 3π などでなければなりません．したがって，$ka/2$ は次の関係式を充たします．

$$\frac{ka}{2} = m\pi \quad (m = 1, 2, 3, \dots) \tag{2.31b}$$

式 (2.31a) と式 (2.31b) の二つの場合を合わせると ka は次の関係を充たさなければならないことがわかります．

$$ka = n\pi \quad (n = 1, 2, 3, \dots) \tag{2.32}$$

(ii) エネルギー障壁の高さ V_0 が無限大でないとき

この場合には，式 (2.28) と式 (2.30) で表される $\tan(ka/2)$ や $\cot(ka/2)$ の値は共に無限大になることはないので，式 (2.32) の関係は完全には充たされません．この状況を考えるために図 2.6 を見ると，井戸型ポテンシャルの端の位置では kx の値は $ka/2$ になります．

一方，波動関数は式 (2.25a) と式 (2.25b) に示すように $\cos kx$ とか $\sin kx$ になります．だから，これらの波動関数の値は井戸型ポテンシャルの端のエネルギー障壁の位置で 0 にならないことになります．つまり，この場合には波動関数の存在範囲が井戸型ポテンシャルの内部だけに制限されないことを示しています．このことは次に述べるように，重大な結果を生むことになります．

▶閉じ込められた電子のエネルギーはとびの幅の大きいとびとびの値をとる

さて，いよいよ井戸型ポテンシャルの中の電子のエネルギー ε の値ですが，エネルギー ε の値は，式 (2.26) で表されるエネルギー ε の式に，式 (2.32) から得られる k の値 $(k = n\pi/a)$ を代入することによって，次のように得られます．

$$\varepsilon = \frac{\hbar^2}{2m}\left(\frac{n\pi}{a}\right)^2 = \frac{\hbar^2 n^2 \pi^2}{2ma^2} \quad (n = 1, 2, 3, \dots) \tag{2.33}$$

なお，3 次元の井戸型ポテンシャルの中の電子のエネルギーは補足 2.2 に示しました．

式 (2.33) の電子のエネルギー ε を図に描くと，図 2.7 に示すように，とびとびの値になることがわかります．そして，このエネルギーのとびの幅は，式 (2.33) からわかるように，井戸型ポテンシャルの幅 a が狭い (小さい) ほど大きくなります．

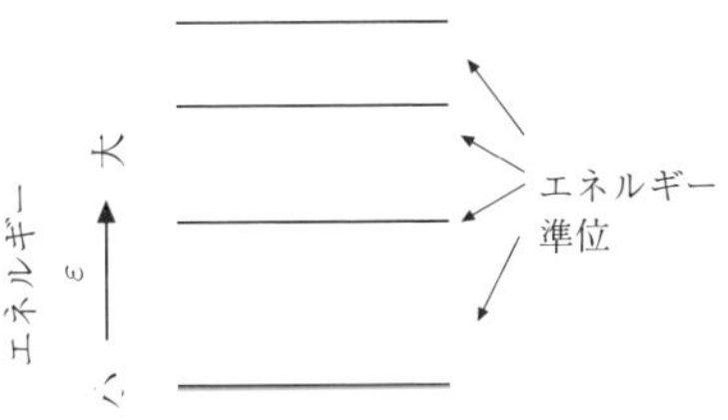

図 2.7　井戸型ポテンシャルの中の電子のエネルギー

ここで一つ注意を喚起しておくと，電子のエネルギーの値がとびとびになるのは，電子が狭い場所に閉じ込められたからではありません．1 個の電子のエネルギーは $h\nu$ で表されるから，電子のエネルギーは元々とびとびの値をとるということです．電子が狭い場所に閉じ込められたときに新しく起こっていることは，エネルギー ε のとびの幅が拡大していることなのです．

なお，井戸型ポテンシャルの障壁の高さの値 V_0 が有限の値をとるときには k の値について数式では示さなかったが，次のようにすれば k の値を求めることは可能です．すなわち，k と α の値は，それぞれ式 (2.16) と式 (2.20) で表されるが，これらの二つの式を二乗して加えると，次の式が成り立ちます．

$$k^2 + \alpha^2 = \frac{2mV_0}{\hbar^2} \tag{2.34}$$

この式は，k と α を直角座標の縦軸と横軸の変数だとし，右辺の値の平方根が円の半径だと考えると，円の式になります．したがって，この円の式 (2.34) の図と式 (2.28) と式 (2.30) で表される $\tan(ka/2)$ と $\cot(ka/2)$ のグラフの図を，同じ図面上に描いて，円とこれらの三角関数の曲線の交点を求めることによって，k の値は求めることができます．

◆ **補足 2.2　3次元の井戸型ポテンシャルの中の電子のエネルギー**

3辺が a, b, c の立体的なポテンシャル障壁に囲まれた井戸型ポテンシャルの中の電子のエネルギー (これは実際の物質の中の電子のエネルギーに相当する) は，次の式で与えられます．

$$\varepsilon_{n_x n_y n_z} = \frac{\hbar^2}{2m}\left\{\left(\frac{n_x\pi}{a}\right)^2 + \left(\frac{n_y\pi}{b}\right)^2 + \left(\frac{n_z\pi}{c}\right)^2\right\} \quad (n = 1, 2, 3, \ldots) \qquad \text{(S2.9)}$$

ここで，n_x, n_y, n_z は量子数で，それぞれ x, y, z 成分のものを表しています．この式 (S2.9) で表されるエネルギーはエネルギー準位のエネルギーの値を表すことになります．

F.　井戸型ポテンシャルの中に閉じ込められた電子の波動関数

▶波動関数はエネルギー障壁の中まで侵入して存在できる！

井戸型ポテンシャルの中の電子の波動関数は，偶関数のときと奇関数のときで異なり，それぞれ式 (2.25a) と式 (2.25b) で表されます．これらの式に現れる k の値は式 (2.32) で与えられるので，この k の値を使うと，波動関数の具体的な形は，次のようになります．

$$\text{偶関数のとき：}\quad \psi(x) = 2A\cos\left(\frac{n\pi}{a}\right)x \quad (n = 1, 3, 5, \ldots) \qquad \text{(2.35a)}$$

$$\text{奇関数のとき：}\quad \psi(x) = 2A\sin\left(\frac{n\pi}{a}\right)x \quad (n = 2, 4, 6, \ldots) \qquad \text{(2.35b)}$$

ここで注意すべきことがあります．というのは，井戸型ポテンシャルの障壁の高さ V_0 の値が無限大のときには，これらの式の $\cos(n\pi/a)x$ や $\sin(n\pi/a)x$ の値は，エネルギー障壁の端の位置の $x = \pm a/2$ で 0 になります．しかし，障壁の高さ V_0 の値が無限大でなくて有限の値をとるときには，これらの式の値は，エネルギー障壁の位置においても 0 にならないのです．

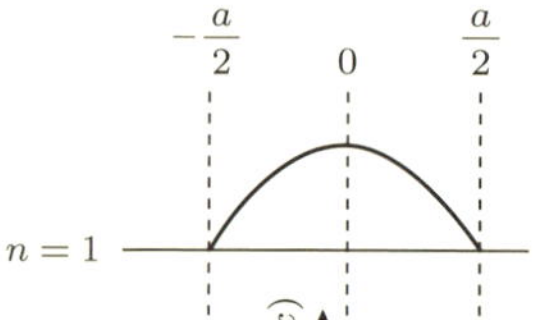

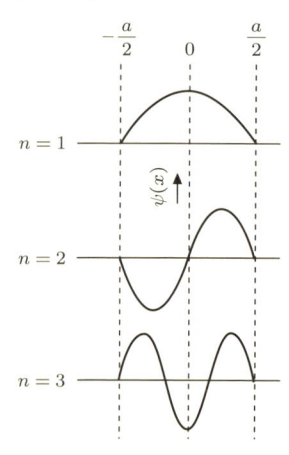

図 2.8　井戸型ポテンシャルの中の電子の波動関数の形 (障壁無限大)

この点に注意して，次に井戸型ポテンシャルの中の電子の波動関数の様子を，式 (2.35a,b) を使って調べてみましょう．まず，障壁の高さ V_0 の値が無限大のときで，$n = 1$, $n = 2$ および $n = 3$ の場合の波動関数を図 2.8 に示しました．この図 2.8 において，$n = 1$ と $n = 3$ のときは偶関数のときを，$n = 2$ のときは奇関数のときの波動関数を表しています．

当然のことですが，波動関数の存在位置は偶関数のときも奇関数のときも，井戸型ポテンシャルの内部に限られており，エネルギー障壁の端になる位置では波動関数の値はいずれの場合も 0 になり，そこでは波動関数は存在していません．

次に，障壁の高さ V_0 の値が有限のときの波動関数を見てみましょう．この場合も，図 2.8 の場合と同じように $n=1$, $n=2$ および $n=3$ の場合の波動関数を図 2.9 に示しました．この図では $x=\pm a/2$ でも $\psi(x)$ が 0 でないために波動関数の存在位置は井戸型ポテンシャルの内部に限られていません．波動関数のすその部分は井戸型ポテンシャルの制限を越えてエネルギー障壁の中まで入り込んでいます．

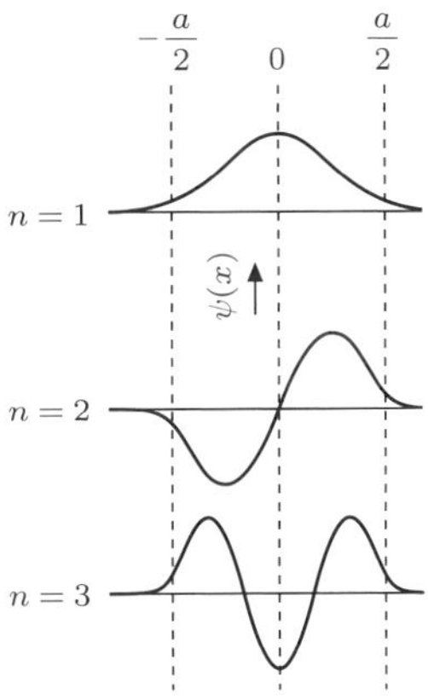

図 **2.9**　波動関数の形（障壁高さ有限）

ある場所に電子の波動関数が少しでも存在するということは，その場所に波動関数 (という確率振幅の波) で表される電子が存在する確率があることを意味しています．だから，図 2.9 に現れている結果は，電子がエネルギー障壁の中に入り込むことがあることを示しているのです．これは極めて不思議で奇妙な現象です．

最初に決めた電子の存在範囲を超えた領域に，電子が存在するなどという計算結果が出てくることは，古典物理学では原理的に起こりえないことです．このような奇妙なことが量子力学では起こってしまっているのです．この現象は量子力学に特有なことですが，この原因は波動関数が確率振幅の波を表していて，確率の要素を含んだ，存在位置が不確定な量子力学的な波だからです．

実は，ここで起こった波動関数がエネルギー障壁の中に侵入するという，この奇妙な現象は次に述べる電子のトンネル現象と密接な関係があります．

2.3　越えられないエネルギー障壁をトンネルする電子

2.3.1　電子が量子力学的なトンネルをする物理的な意味

トンネルという言葉から最初に思い浮かぶのは，図 2.10 に示すような，電車や汽車の走る長いトンネルではないでしょうか？　この例からもわかるように,「物」がある物をトンネルするというからには,「物」が通り抜ける (壁などの) 物に穴が空いていることが前提です．ところが，これから説明する

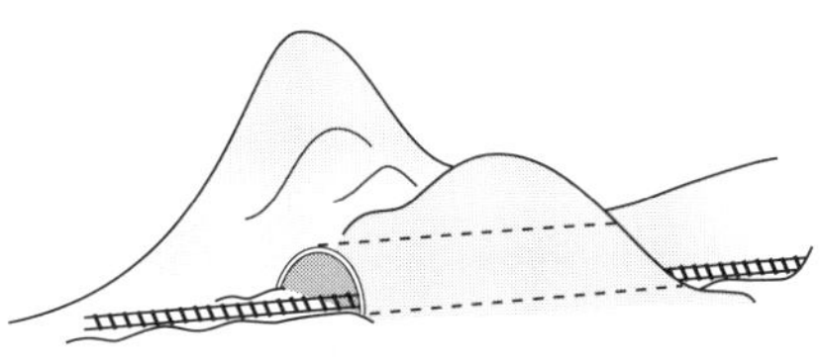

図 **2.10**　電車の通過するトンネル

電子のトンネルでは，電子が通り抜けてトンネルする壁に穴は開いていないのです．電子という粒子がトンネルできる穴は一切存在していないのです．

穴の存在しない壁を粒子 (量子力学では量子と呼ばれますが) が通り抜ける現象もトンネル (現象) と呼ばれていますが，ここで説明する電子のトンネル現象は量子力学的トンネルです．量子力学的なトンネルというのは，古典物理学の常識では考えにくい極めて不思議で奇妙なものです．

実は電子のトンネルには不思議なことが二つあります．一つはいま述べたような穴のないトンネル現象です．もう一つは，電子のエネルギーが電子の通る障壁に備わっているエネルギーよりも小さくても，電子がその障壁をトンネルして通過することができるということです．

障壁のエネルギーが，これをトンネルしようとする粒子のエネルギーよりも大きい，つまり，壁の強度が強くて通過しようとする粒子の力では壁に穴が開けられない場合には，(銃弾の場合なども通り抜けられませんから) その粒子は壁を通ることができないと考えるのが古典物理学では普通です．このことは私たちの感覚では当然ですが，この古典物理学では当然の道理が量子力学的トンネル現象では覆っているのです．

図 **2.11**　サイコロ

トンネルしようとする壁のエネルギーよりも，エネルギーの小さい電子がなぜ量子力学的トンネル現象では壁をトンネルできるかというと，量子力学的なトンネル現象ではトンネルできるかできないかが確率で決まるからです．極論すると，電子が壁をトンネルできるかできないかが，サイコロを振って決められているようなものなのです (図 2.11).

しかし，実際の電子のトンネルは理屈も何もなく偶然に決まっているわけではなく，量子力学を使って論理的に計算した結果得られるものだから，科学的にちゃんとした根拠のある現象です．物事が確率で決まるというような，古典物理学では理解しにくい現象が電子に起こるのは，結局は量子力学の基本的な概念によっているのです．

▶電子のトンネルの確率的な決まり方は波動関数の値に依存する論理的なもの

電子が自分自身のエネルギーよりも大きなエネルギーの壁をトンネルできるかできないかは，この後すぐに示すように，波動関数の使われたシュレーディンガー方程式を解いて決まります．電子のトンネル確率を決めているのは波動関数だからです．波動関数の波はすでに説明したように，確率振幅の波といわれ，確率的な性質を持っているからです．

前節の 2.2 節の最後に，電子の波がエネルギー障壁の中までしみ込む現象は電子のトンネルと関係があると説明したので，この現象を使って電子のトンネルが可能なことを定性的に説明してみましょう．いま，図 2.12(a) に示すように，幅の広いエネルギー障壁の両側に波動関数の波が近づいたとすると，障壁に左側から近づいた波の右端と，右側から近づいた波の左端は図に示すように障壁の中へわずかに侵入しています．

次に，図 2.12(b) に示すように，障壁の幅が非常に狭いエネルギー障壁の両側に，同じように左右から波が近づいたとすると，このときエネルギー障壁の中へ侵入した二つの波は完全に重なるようになります．だから，障壁の中で合成された波はかなり大きいものになって，左右から近づいた波は中でつながることになります．すると，この波の重なりでその存在の確率が表される電子は障壁の中に存在できる，つまり，電子はエネルギー障壁を通ることができるようになるわけです．

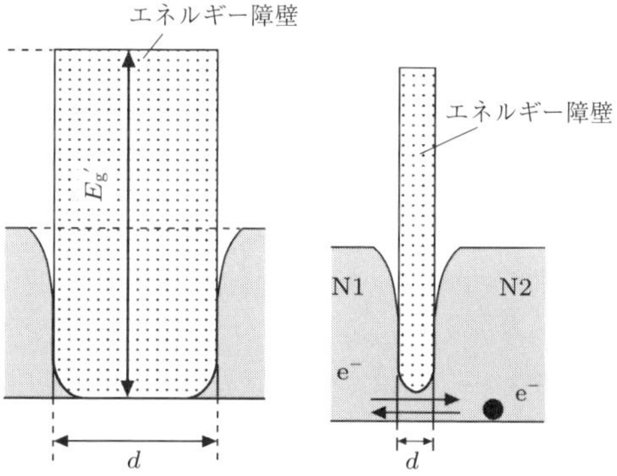

(a) 広い壁　(b) 狭い壁

図 **2.12**　トンネルする壁

実際の電子のトンネル現象では，トンネル確率という言葉が使われます．電子のトンネル確率はシュレーディンガー方程式を解いて得られ，電子の波動関数の値の絶対値の二乗の大きさに比例します．電子のトンネル現象が確率的に決まると言っても，この確率はサイコロを振って決まるように偶然に決まるわけではなく，シュレーディンガー方程式を解いて得られた波動関数の振幅の値によって決まるわけだから，電子のトンネル現象は論理的に決まる確かな物理現象なのです．

少し混乱するかもしれないが，古典物理学と量子力学の違いを理解するために補足すると，古典物理学の概念では粒子のエネルギーとは粒子の持つ平均エネルギーを指します．しかし，実際に起こる物理現象では，粒子の平均エネルギーを A とすると，この粒子は A よりも大きいエネルギーも，確率 (可能性) としては極めて小さいですが，持つことは持っています．

量子力学の計算では波動関数を使うことによって確率の考えがとり入れられているが，古典物理学の計算では常に平均値が採用されるから，平均値以上のエネルギーは絶対に働きません．しかし，可能性 (確率) が極めて小さくてもよければ，現実の物理現象では物は自分の持っているエネルギー (能力) 以上のことをすることもありえます.

このように考えると電子のエネルギーといった場合のエネルギーは平均値を意味するから，電子のエネルギーよりもエネルギーの大きい障壁を電子がトンネルすることも，極めて小さい確率ならば起っても不思議ではないことになります. 古典物理学は，起こる確率の極めて低いことはその現象が起こる可能性はないとして，常にその確率をゼロに近似している理論だといえると思います.

2.3.2 実際に起こっている量子力学的トンネル

▶放射性元素の α 崩壊では粒子がトンネルしている

自然界で実際に起こっている有名なトンネル現象に原子の α 崩壊があります. α 崩壊というのは放射性元素 (原子番号の大きな，放射線を出す原子) から α 線が放出する現象です. α 線の正体はヘリウム原子 He の原子核で，プラス電荷の 2 個の陽子と，中性の中性子から構成された粒子のビーム (束) です.

原子核の中の陽子や中性子は核力と呼ばれる強い引力によって原子核の中に安定して納まっています. このために，水素原子の場合と同じように，原子核の中に核力による位置のエネルギーが発生していて，原子核の内部には井戸型ポテンシャルができています. だから，α 粒子は，図 2.13 に示すように，井戸型ポテンシャルの中に閉じ込められていると解釈できます.

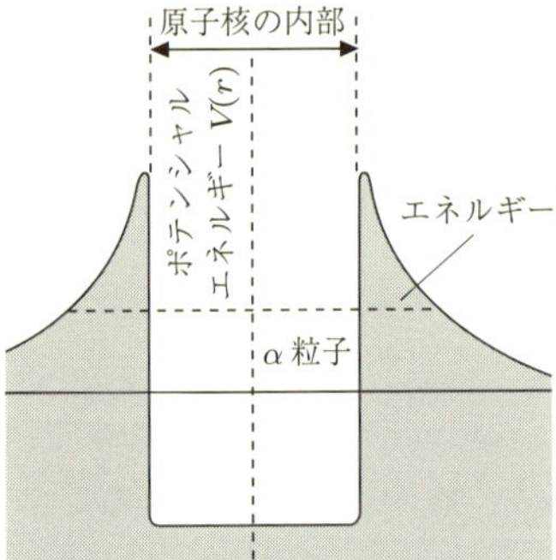

図 **2.13**　原子核の井戸型ポテンシャル

原子核にできる井戸型ポテンシャルでは，エネルギー障壁の頂上から少し下がった位置で，図 2.13 に示すように，エネルギー障壁の幅が非常に狭くなっています. このために，α 粒子はこのエネルギー障壁の幅の狭い箇所でトンネル現象を起こすことができるので，α 粒子が原子核の外まで，ひいては原子の外まで飛びだすことができます. α 崩壊というのはこのようにして α 粒子のトンネル効果によって起こる現象のことです.

▶エサキダイオードやトンネル顕微鏡にも電子のトンネル現象が使われている

量子力学的トンネル現象が現実の工業製品となって利用されているものもあります. 有名なものに江崎玲於奈が発明したエサキダイオードがあります. 専門的になるので詳しい説明は省略するが，エサキダイオードは電子回路に使われる半

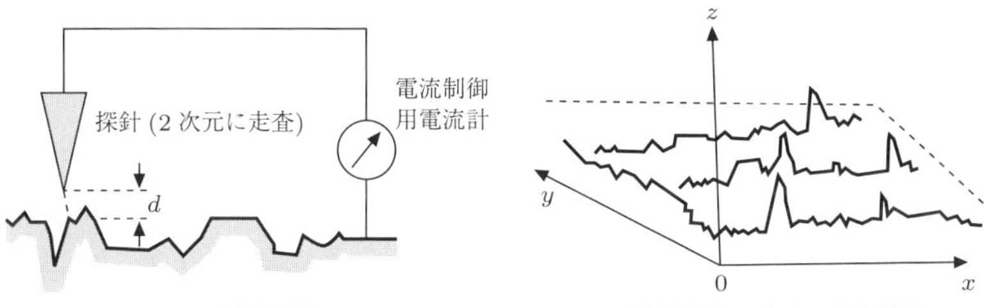

(a) 測定配置 (b) 測定結果 (2 次元に走査結果)

図 **2.14** トンネル顕微鏡

導体の小さい装置 (デバイス) で，この半導体のダイオードでは電子の通るエネルギー障壁の幅が非常に狭くなっています．だからエサキダイオードでは電子がこの非常に狭いエネルギー障壁をトンネルすることによって，半導体のダイオードが動作するようになっています．

また，比較的新しいものとしては，図 2.14 に示すトンネル顕微鏡があります．この顕微鏡は物質の表面を超微細に観察できる装置で，ナノメートル (1×10^{-9} m) 以下までの分解能があります．トンネル顕微鏡では顕微鏡の探針と観察試料の表面の距離 d を非常に狭くして，これを一定に保ちながら，探針によって試料表面を 2 次元に操作することで，表面の凹凸が微細に観察できるようになっています．

トンネル顕微鏡では探針と試料表面の間は空気または真空で絶縁体だが，この絶縁体の領域 d をナノメートルまで狭くすることによって，ここを電子がトンネルできるようになっているのです．また，この距離 d を一定に保つ難しい技術は試料と探針の間に流れる電流を一定に保つことで達成されています．最近では，このトンネル顕微鏡を使うことによって 1 個 1 個の原子まで識別できるようになっています．

2.3.3 電子のトンネルの具体的な計算

この項では電子のトンネル現象を，シュレーディンガー方程式を使って具体的に解いてみることにします．ここで解く電子のトンネルでは，図 2.15 に示すように，エネルギーの値が V_0 の，非常に狭い幅を持って孤立して存在するエネルギー障壁という壁があるとします．このエネルギー障壁の幅は非常に狭いも

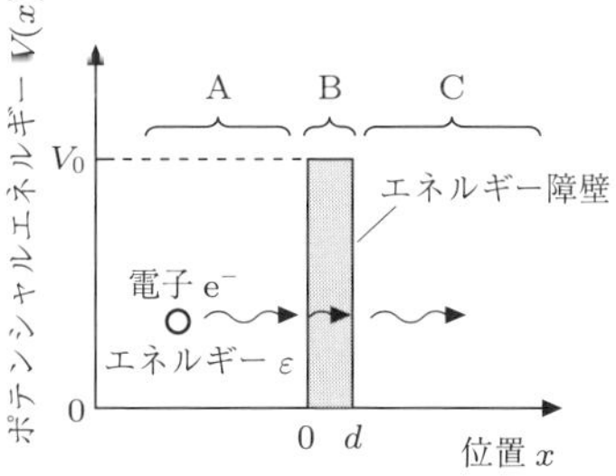

図 **2.15** 電子がトンネルするエネルギー障壁

ので，幅の値を d とすることにします．

電子は最初，エネルギー障壁の左側の A 領域にいたとします．次に，この電子が動き始めて A 領域から右方向へ進んで，エネルギー障壁の B 領域をトンネルして通り抜け，障壁の右側に位置する C 領域へ達するように移動するとします．また，これもトンネル現象においては重要だが，電子のエネルギー ε はエネルギー障壁のエネルギーの V_0 の値より小さいと仮定することにします．

そして，図 2.15 に示すように，縦軸は位置のエネルギー $V(x)$ を表し，横軸は電子の位置座標を表す x とします．また，障壁の左端を x 座標の 0 とし，障壁の右端を障壁の幅に合わせて d とします．

ここで使用するシュレーディンガー方程式の基本式は 2.2.4 項で求めた式 (2.14b) だが，この式は，ここで使う基本式になるので，式の番号を式 (2.36) と改めて，再掲しておくことにします．

$$-\frac{\hbar^2}{2m}\frac{\mathrm{d}^2\psi(x)}{\mathrm{d}x^2} = \{\varepsilon - V(x)\}\,\psi(x) \tag{2.36}$$

そして，電子の存在する場所に対応して，次に示すように，三つの場合に分けて演算することにします．

(i) $x \leq 0$ のとき (A 領域)

このとき図 2.15 からわかるように，電子は A 領域にいるので，位置のエネルギー $V(x)$ は 0 になります．だから $V(x)$ を 0 として，これを式 (2.36) に代入し，少し式を変形すると，2.2.4 項で求めた式 (2.17) が得られます．この式はここで解くべき波動方程式になるので，式番号を改めて式 (2.37) として，示しておくことにします．

$$\frac{\mathrm{d}^2\psi\,(x)}{\mathrm{d}x^2} = -k^2\psi\,(x) \tag{2.37}$$

この微分方程式の一般解は 2.2.4 項で示した式 (2.18a) になるが，この式を (2.38a) とし，$\psi(x)$ の式の 1 階微分を (2.38b) として，次に示しておきます．

$$\psi\,(x) = Ae^{ikx} + Be^{-ikx} \tag{2.38a}$$

$$\psi'\,(x) = ikAe^{ikx} - ikBe^{-ikx} \tag{2.38b}$$

ここで，A 領域に存在する電子と，式 (2.38a) で表される解の波動関数 $\psi(x)$ の物理的な関係について説明しておくと，式 (2.38a) の右辺の第 1 項の e^{ikx} は x の正方向つまり進行方向の波を表すから，これはエネルギー障壁へ入射する電子の波です．また，第 2 項の e^{-ikx} は x の負方向に進む波を表すので，この波はエネルギー障壁で反射された電子の波を表していると解釈できます．

(ii) $0 \leq x \leq d$ **のとき (*B* 領域)**

この x の領域では，電子はエネルギー障壁の中の B にいます．だから，位置のエネルギー $V(x)$ はエネルギー障壁の大きさ (高さ) V_0 になるので，$V(x) = V_0$ とおいて 2.2.4 項の式 (2.14b) を少し変形すると，このときの波動方程式は次のようになります．

$$\frac{\mathrm{d}^2\psi(x)}{\mathrm{d}x^2} = \frac{2m}{\hbar^2}(V_0 - \varepsilon)\psi(x) \tag{2.39a}$$

ここで，最初に指摘したように電子のエネルギー ε は障壁の位置のエネルギー V_0 より小さいので，$V_0 - \varepsilon$ の値は正になるとしています．

この式 (2.39a) を 2.2.4 項で行ったように定数 α を使って書き変えると次の式になります．

$$\frac{\mathrm{d}^2\psi(x)}{\mathrm{d}x^2} = \alpha^2\psi(x) \tag{2.39b}$$

式 (2.39b) の一般解 (波動関数) も 2.2.4 項で示したものと同じになるが，式番号を改めて，この解の波動関数の 1 階微分と共に，次に書いておくことにします．ここでは係数には D と F を使うことにしました．

$$\psi(x) = De^{\alpha x} + Fe^{-\alpha x} \tag{2.40a}$$

$$\psi'(x) = \alpha De^{\alpha x} - \alpha Fe^{-\alpha x} \tag{2.40b}$$

(iii) $d < x$ **のとき (*C* 領域)**

このとき電子はエネルギー障壁を通過して C 領域に達しています．この C 領域においても位置のエネルギー $V(x)$ は 0 になるので，解くべき波動方程式は電子が A 領域にいるときと同じで，式 (2.37) になります．

だから，解の波動関数も式 (2.38a) と同じ形になるが，C 領域では右方向へ進む電子しか存在しないので，式 (2.38a) の進行波のみになり，解の波動関数 $\psi(x)$ は，係数 A を C に変えて次の式で与えられます (ここの波動関数は A 領域の波動関数とは別のものだからです)

$$\psi(x) = Ce^{ikx} \tag{2.41a}$$

また，波動関数の導関数は式 (2.41a) を 1 階微分して次の式になります．

$$\psi(x) = ikCe^{ikx} \tag{2.41b}$$

▶境界条件の検討によって波動関数の係数の値を決定し，トンネル確率を決める

次に述べる境界条件の検討によって，これらの波動関数の式の係数の値が決定でき，そうすることによって電子のトンネル確率が計算できます．では次に，係数の値を決めて波動関数を求めるために，境界条件を考えましょう．シュレーディンガー方程式を解くときに考察する境界条件では，境界で波動関数とその導関数が連続でなければならないが，この条件をエネルギー障壁の両端の位置に適用することを考えます．

図 2.15 において，エネルギー障壁の左端の $x=0$ の位置においては，波動関数の連続条件から，式 (2.38a) と式 (2.40a) を使って $x=0$ とおき，次の等式が成り立たなければなりません．

$$A+B=D+F \tag{2.42a}$$

また，波動関数の導関数の連続条件から，式 (2.38b) と式 (2.40b) を使って，同じく $x=0$ とおき，次の式が成り立ちます．

$$ik\,(A-B)=\alpha\,(D-F) \tag{2.42b}$$

エネルギー障壁の右端の $x=d$ では，同様にして，式 (2.40a) と式 (2.41a) および式 (2.40b) と式 (2.41b) を使うと，$x=d$ とおき，次の二つの式が成立しなければなりません．

$$De^{\alpha d}+Fe^{-\alpha d}=Ce^{ikd} \tag{2.42c}$$

$$\alpha\left(De^{\alpha d}-Fe^{-\alpha d}\right)=ikCe^{ikd} \tag{2.42d}$$

次に，これらの関係式 (2.42a,b,c,d) を使って，まず，エネルギー障壁へ入る電子の (波動関数の) 波の振幅 A と (エネルギー) 障壁をトンネルして通過した電子の波の振幅 C の比 C/A を計算します．この計算の詳細は，複雑で煩雑になるので省略して結果のみ書くと，C/A は次のようになります．

$$\frac{C}{A}=\frac{4ik\alpha e^{-ikd}}{(k+i\alpha)^2\,e^{\alpha d}+(k-i\alpha)^2\,e^{-\alpha d}} \tag{2.43}$$

また，電子が障壁をトンネルする割合は電子のトンネル確率と呼ばれるが，電子のトンネル確率を T_{r} とすると，電子のトンネル確率 T_{r} は式 (2.43) で表される電子波の振幅 A と C の比 C/A の二乗で与えられるので，トンネル確率 T_{r} は次の式で表されます．

$$T_{\mathrm{r}}=\left|\frac{C}{A}\right|^2=\left[1+\frac{(k^2+\alpha^2)^2\sinh^2\alpha d}{4k^2\alpha^2}\right]^{-1}=\left[1+\frac{V_0^2\sinh^2\alpha d}{4\varepsilon(V_0-\varepsilon)}\right]^{-1} \tag{2.44}$$

ここでも，途中の計算は複雑なので省略しました．

▶計算結果についての物理的な解釈

トンネル確率 T_r を表す式 (2.44) は，$\sinh \alpha d$ の双曲線関数なども含んでいて極めて複雑です．この式 (2.44) の形からトンネル確率 T_r の状況をうかがい知ることはほとんど不可能です．そこで，トンネル確率 T_r の物理的な意味を知るために，式 (2.44) で表されるトンネル確率 T_r を図に描くと，図 2.16 に示すようになります．

この図 2.16 では，縦軸にトンネル確率の T_r を，横軸に電子のエネルギー ε と障壁のエネルギー V_0 の比 ε/V_0 をとりました．また，図中の点線と実線および破線はエネルギー障壁の幅 d が異なる場合のトンネル確率を示しています．すなわち，点線は障壁の幅が 10Å すなわち 1 nm (1×10^{-9} m)，実線は 10 nm (1×10^{-8} m)，そして破線は 50 nm (5×10^{-8} m) の場合のトンネル確率 T_r を表すグラフです．

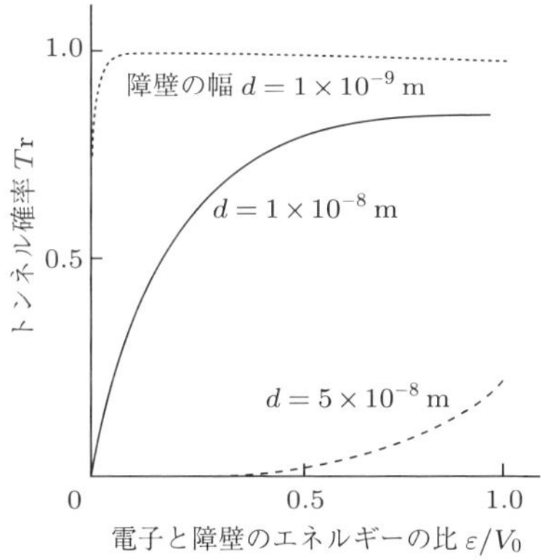

図 **2.16** トンネル確率

この図を見ると次のようなことが言えます．すなわち，まずエネルギー障壁の幅が非常に狭い 1 nm (1×10^{-9} m) のときには，電子のエネルギー ε が有限の値を持ちさえすれば，電子のエネルギー ε と障壁のエネルギー V_0 の比 ε/V_0 の値が相当に小さくても，電子のエネルギーよりもエネルギーの大きい障壁を電子はやすやすとトンネルすることができるということです．

しかし，エネルギー障壁の幅が大きくなって，その値が 10 nm (1×10^{-8} m) にもなると，電子のエネルギー ε と障壁のエネルギー V_0 の比 ε/V_0 の値が小さいときには，トンネル確率 T_r の値は相当小さな値になります．この傾向はエネルギー障壁の幅がさらに大きくなって，50 nm (5×10^{-8} m) になると，もっと顕著になり，このようなときには ε/V_0 の値が小さい条件では，電子はほとんどエネルギー障壁をトンネルできなくなることがわかります．

以上の計算結果についての考察からわかるように，電子の量子力学的トンネル現象は確率で支配されるものではあるが，論理的にも納得できるものでもあることがわかります．なぜかというと，エネルギー障壁の幅が大きい，つまり壁が厚いときは，電子のエネルギーが少々大きいときでも電子は障壁をトンネルしにくいし，電子のエネルギーが障壁のエネルギーよりも非常に小さいときは，エネルギー障壁の幅が小さくて壁の幅が狭くても，電子は障壁を (トンネルすることはするが) トンネルしにくい結果が得られています.

以上の結果, 図 2.16 に見られるトンネル確率の計算結果は, 私たちの経験する常識的な思考にも合っています. したがって, 量子力学的な電子のトンネル現象は, 古典力学の考え方に慣れた私たちにも納得できる物理学的に妥当な現象と言えると思います.

2.4 水素原子へのシュレーディンガー方程式の具体的な適用

2.4.1 計算に使う水素原子のモデル

▶水素原子には揺籃期の量子論や量子力学の誕生当時の匂いが漂っている！

水素原子は原子番号が 1 の, 1 個の電子と 1 個の陽子からなる, 最も単純な原子です. このために, 水素原子の構造は量子力学の揺籃期に詳しく調べられました. この関係で水素原子は量子力学との関係が深いのです.

ボーア (N. Bohr) は原子の構造について研究を始めたときに, 研究対象として水素原子を選び, この研究において量子論を華々しく発展させました. また, シュレーディンガーは, 電子の波に対する新しい波動方程式を発見したときに, 新しい波動方程式が正しいかどうか判断に苦しんだが, その解決に水素原子を使うことを思いついたのです.

そして, シュレーディンガーは新しく発見した波動方程式を水素原子の中の電子の問題に適用して, 正しい結果が出ることを確認することで, 彼の発見した波動方程式が電子の波動方程式として妥当であることを確信したのでした.

したがって, シュレーディンガー方程式を使って水素原子の中の電子の問題を具体的に解くことは, 揺籃期の量子論の様子を垣間見ることになり, 量子力学が誕生した当時の世界を知ることにもなる興味深いことなのです.

前置きはこれくらいにして, 水素原子の電子の問題へのシュレーディンガー方程式の適用を始めましょう. まず, 計算するには計算に使用する水素原子の中の電子の状況についてのモデルが必要です. このモデルとしては, ボーアたちが研究した当時に提案されていた水素原子の構造を参考にして, 図 2.17 に示すような, 球状の形の 3 次元の立体構造をした原子を想定することにします.

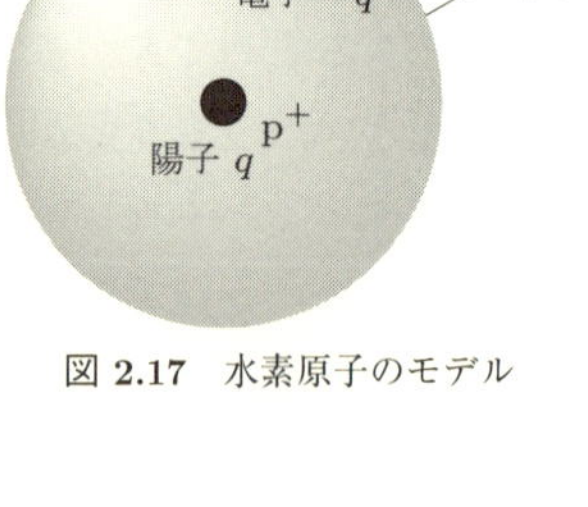

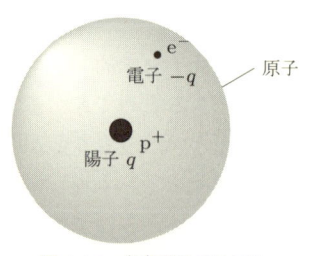

図 2.17　水素原子のモデル

このモデルでは球の中心には原子核があり, 原子核の中にはプラス電荷 q の 1 個の陽子が存在し，原子核の外の原子の立体空間にマイナス電荷 $-q$ の 1 個の電子が存在する原子を考えます．ボーアの水素原子モデルでは，水素原子の中の電子は陽子の周りを円運動しているというモデルだったが，ここでは，電子は水素原子の中に存在していて，陽子との間にクーロン力が働いているだけで，電子の運動については何も仮定しないことにします．

▶電子が円運動すると光が発生して電子はエネルギーを失うことになる！

電子の運動について何も仮定しないのには，二つの理由があります．一つは，計算結果が出る前に電子の運動を決めることは，計算に制限を加えることになり正しくないからです．もう一つの理由は，電子が回転運動しているという仮定は正しくないからです．というのは，電子が回転運動しているとすると，電子は短時間で回転運動を終えて原子核の中に落ち込んでしまうからです．

等速回転運動する物体には加速度が生まれるので，電子の回転運動は加速度運動と考えられます．地球などのように中性の物体は加速度運動してもエネルギーを失うことはないが，電荷を持った粒子である電子のような荷電粒子は加速度運動すると，その粒子は光を放ってエネルギーを徐々に失うことになるのです．

電子はマイナスの電荷を持っている荷電粒子なので，荷電粒子が加速度運動すると光を発生します．だから，水素原子の中で回転運動する電子も回転しながら光を放出することになります．光を放出すると電子はエネルギーを失うから，電子の運動エネルギーは減少します．その結果，電子は回転しながら，その回転半径が徐々に小さくなって，最終的には原子核に落ち込んでしまうことになるはずです．

運動エネルギー $(1/2)mv^2$ は電子の速度 v の二乗に比例します．エネルギーが減少すると，電子の速度 v も減少します．角振動数 ω と電子が回転運動するときの回転半径 r を使って，電子の速度 v は $v = \omega r$ で表され，電子の速度 v は回転半径 r に比例するので，半径が小さくなるのです．

ところで，X 線はその正体は光と同じく電磁波だが，X 線には波長の連続した(しかし，量子論的にはもちろんとびとびになっている) 連続 X 線があります．この連続 X 線は運動する電子の速度が変化したときに発生します．運動速度が変化すると加速度が生じるからです．

2.4.2 水素原子の計算に使う極座標

水素原子モデルには球状の原子構造を想定するので，水素原子の中の電子は球状の構造の中に存在することになるが，このような電子の物理状態を考えるには

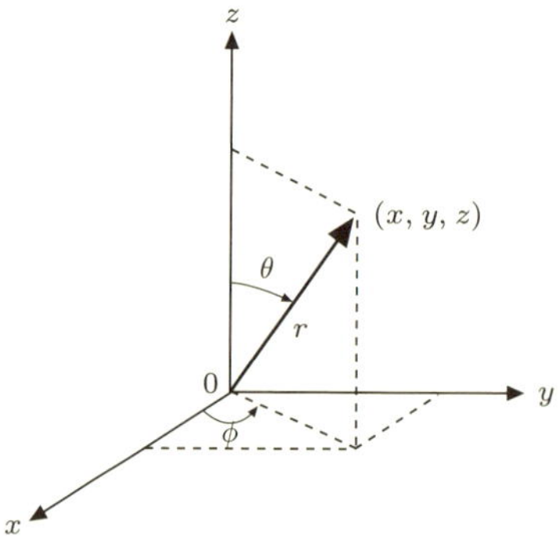

図 2.18 極座標

直角座標を使うよりも，図 2.18 に示す極座標を使うのが便利です．

ここで，極座標について簡単に説明しておくと，図 2.18 に示すように，極座標では動径 (半径) 方向の位置座標変数に r，x-y 平面内の角度方向は ϕ，そして z-y 平面内の角度方向には θ を使います．だから，直角座標の x, y, z と極座標の r, ϕ, θ の関係は次のようになります．

$$x = r\sin\theta\cos\phi, \quad y = r\sin\theta\sin\phi,$$
$$z = r\cos\theta \tag{2.45}$$

また，シュレーディンガー方程式の 3 次元表示には，補足 1.4 に示したラプラシアン ∇^2 が使われるが，ラプラシアンの極座標表示は，次のようになります．

$$\nabla^2 = \frac{\partial^2}{\partial r^2} + \frac{2}{r}\frac{\partial}{\partial r} + \frac{1}{r^2}\Lambda \tag{2.46a}$$

ここで，Λ は記号 (式) で次の式で表されます．

$$\Lambda = \frac{1}{\sin\theta}\frac{\partial}{\partial\theta}\left(\sin\theta\frac{\partial}{\partial\theta}\right) + \frac{1}{\sin^2\theta}\frac{\partial^2}{\partial\phi^2} \tag{2.46b}$$

ラプラシアンの極座標表示を導く演算は相当に複雑なので，ここでは省略することにします．ラプラシアンの具体的な導出方法については，多くの数学や物理学の基礎的な教科書に記載してあるので，そちらを参照してください．

2.4.3 水素原子を解くためのシュレーディンガー方程式の基本式

水素原子の中の電子は定常状態にあると想定するので，シュレーディンガー方程式の基本式は，1 章の 1.6.1 項に示した次の式 (1.61) になります．

$$\left\{-\frac{\hbar^2}{2m}\nabla^2 + V(\boldsymbol{r})\right\}\psi(\boldsymbol{r}) = \varepsilon\psi(\boldsymbol{r}) \tag{1.61}$$

この式の $V(\boldsymbol{r})$ は電子の位置のエネルギーですが，これは次のようになります．図 2.17 に示す状態での，水素原子の中の電子には陽子との間にクーロン引力が働くが，このクーロン引力によって電子に対して位置のエネルギーが生じます．そして，電子の位置のエネルギー $V(x)$ は，すでに 2.2.2 項で求めたように，次の式で表されます．

$$V(\boldsymbol{r}) = -\frac{q^2}{4\pi\epsilon_0 r} \tag{2.5}$$

したがって，式 (1.61) のシュレーディンガー方程式の基本式は式 (2.5) を使うと次のように書き換えることができます．

$$\left(-\frac{\hbar^2}{2m}\nabla^2 - \frac{q^2}{4\pi\epsilon_0 \boldsymbol{r}}\right)\psi(\boldsymbol{r}) = \varepsilon\psi(\boldsymbol{r}) \qquad (2.47\mathrm{a})$$

しかし，演算の途中における式の煩雑さを少しでも軽減させるために使うので，位置のエネルギーを $V(\boldsymbol{r})$ のままとした式も，式番を変えて次に示しておきます．

$$\left\{-\frac{\hbar^2}{2m}\nabla^2 + V(\boldsymbol{r})\right\}\psi(\boldsymbol{r}) = \varepsilon\psi(\boldsymbol{r}) \qquad (2.47\mathrm{b})$$

式 (2.47a,b) は直角座標で表された式なので，これらの式を水素原子の計算に使うには極座標を使った式に書き替える必要があります．極座標を使った場合の電子の波動関数を $\psi(r,\theta,\phi)$ とすると，極座標を使ったシュレーディンガー方程式の基本式は，式 (2.46b) を使って，次のようになります．

$$\left\{\frac{\hbar^2}{2m}\left[\frac{\mathrm{d}^2}{\mathrm{d}r^2} + \frac{2}{r}\frac{\mathrm{d}}{\mathrm{d}r} + \frac{1}{r^2}\Lambda\right] + V(r)\right\}\psi(r,\theta,\phi) = \varepsilon\psi(r,\theta,\phi) \qquad (2.48)$$

2.4.4　波動関数の形を具体的に決める 3 個のシュレーディンガー方程式

▶変数分離を使って 3 個のシュレーディンガー方程式を作る

式 (2.48) に示したシュレーディンガー方程式の基本式では，波動関数 $\psi(r,\phi,\theta)$ が 3 個の変数 r, θ, ϕ の関数になっているので，このままでは式 (2.48) は解くことはできません．この式 (2.48) を解くには，波動関数 $\psi(r,\phi,\theta)$ をそれぞれ r, ϕ および θ の一つの変数のみからなる 3 個の独立な波動関数 $R(r)$, $\psi(\phi)$ および $\Theta(\theta)$ の組み合わせに変更して，3 個のシュレーディンガー方程式を作る必要があります．

この式の変換作業では，式 (2.48) の波動関数 $\psi(r,\phi,\theta)$ を次のように，まず 2 個の波動関数 $R(r)$ と $Y(\theta,\phi)$ の積におきます．

$$\psi(r,\phi,\theta) = R(r)\,Y(\theta,\phi) \qquad (2.49)$$

次に，式 (2.49) の波動関数 $Y(\theta,\phi)$ を 2 個の固有関数 $\Theta(\theta)$ と $\Phi(\phi)$ を使って，式 (2.49) と同じように積の形におきます．

$$Y(\phi,\theta) = \Theta(\theta)\,\Phi(\phi) \qquad (2.50)$$

このような手段を使って，複数の変数を持つ関数を，個々の別の変数の関数に変換する手法は変数分離と呼ばれ，古くから数学において使われている手法です．

詳しい演算は煩雑になるので補足 2.3 に示したが，変数分離法を使って計算す

◆ **補足 2.3**　変数分離を使って固有関数が $R(r)$, $\Theta(\theta)$, $\Phi(\phi)$ の **3** 個の波動方程式を求める

(ここでは $R(r)$, $\Theta(\theta)$, $\Phi(\phi)$ を意味は同じですが固有関数としました)

まず，式 (2.49) を使って固有関数 $R(r)$ と固有関数 $Y(\phi,\theta)$ の二つの波動方程式を求めることにします．それには，式 (2.49) をシュレーディンガー方程式の基本式 (2.48) に代入して，(途中の演算は簡単なので省略するが) 両辺に $-(\hbar^2/2m)r^2/\{R(r)Y(\phi,\theta)\}$ を掛けると，次の式が得られます．

$$\frac{r^2}{R(r)}\left\{\frac{\mathrm{d}^2R(r)}{\mathrm{d}r^2}+\frac{2}{r}\frac{\mathrm{d}R(r)}{\mathrm{d}r}\right\}+\frac{2mr^2}{\hbar^2}\{\varepsilon-V(r)\}=-\frac{1}{Y(\theta,\phi)}\Lambda Y(\theta,\phi) \quad \text{(S2.10)}$$

この式 (S2.10) を見ると，左辺の変数は r です．ところが，右辺を見るとこの式には変数として θ と ϕ があるのみで，変数 r はありません．このように，左辺と右辺の変数が異なる場合に，右辺と左辺が等しい関係が常に成り立つのは，右辺と左辺が一定の値の定数の場合しかありえません．

そこで，この式の値を定数として，定数に λ (ギリシャ文字のラムダ) を使うと，式 (S2.10) から次の二つの式が得られます．

$$\frac{r^2}{R(r)}\left\{\frac{\mathrm{d}^2R(r)}{\mathrm{d}r^2}+\frac{2}{r}\frac{\mathrm{d}R(r)}{\mathrm{d}r}\right\}+\frac{2mr^2}{\hbar^2}\{\varepsilon-V(r)\}=\lambda \quad \text{(S2.11a)}$$

$$-\frac{1}{Y(\theta,\phi)}\Lambda Y(\theta,\phi)=\lambda \quad \text{(S2.11b)}$$

式 (S2.11a) の両辺に $(-\hbar^2/2m)R(r)/r^2$ を掛けて整理すると，次の式が得られます．

$$-\frac{\hbar^2}{2m}\left\{\frac{\mathrm{d}^2R(r)}{\mathrm{d}r^2}+\frac{2}{r}\frac{\mathrm{d}R(r)}{\mathrm{d}r}-\frac{\lambda R(r)}{r^2}\right\}+V(r)R(r)=\varepsilon R(r) \quad \text{(S2.12)}$$

この式 (S2.12) が動径 (半径) 方向の固有関数 $R(r)$ に関する波動方程式です．

次に，式 (S2.11b) を変数分離して θ と ϕ の波動方程式を作るために，$Y(\theta,\phi)$ を，二つの変数 θ と ϕ それぞれの固有関数 $\Theta(\theta)$ と $\Phi(\phi)$ を使って，次のようにおきます．

$$Y(\theta,\phi)=\Theta(\theta)\Phi(\phi) \quad \text{(S2.13)}$$

そして，式 (S2.13) を式 (S2.11b) に代入して，少し変形すると次の式が得られます．

$$\left\{\frac{1}{\sin\theta}\frac{\mathrm{d}}{\mathrm{d}\theta}\left(\sin\theta\frac{\mathrm{d}}{\mathrm{d}\theta}\right)+\lambda\Theta(\theta)\right\}\Phi(\phi)=-\frac{1}{\sin^2\theta}\Theta(\theta)\frac{\partial^2\Phi(\phi)}{\partial\phi^2} \quad \text{(S2.14a)}$$

この式 (S2.14a) の両辺に $\sin^2\theta/\{\Theta(\theta)\Phi(\phi)\}$ を掛けて整理すると次の式になります．

$$\frac{\sin^2\theta}{\Theta(\theta)}\left\{\frac{1}{\sin\theta}\frac{\mathrm{d}}{\mathrm{d}\theta}\left(\sin\theta\frac{\mathrm{d}}{\mathrm{d}\theta}\right)+\lambda\Theta(\theta)\right\}=-\frac{1}{\Phi(\phi)}\frac{\mathrm{d}^2\Phi(\phi)}{\mathrm{d}\phi^2} \quad \text{(S2.14b)}$$

得られた式 (S2.14b) の左辺は θ のみの関数で，右辺は ϕ のみの関数なので，この式も常に成り立つには式 (S2.14b) の両辺は共に定数でなくてはなりません．そこで，この

式を定数 ν (ギリシャ文字のニュー) の値に等しいとおいて整理すると，次の二つの式が得られます．

$$\left\{\frac{1}{\sin\theta}\frac{\mathrm{d}}{\mathrm{d}\theta}\left(\sin\theta\frac{\mathrm{d}}{\mathrm{d}\theta}\right)\right\}\Theta(\theta)+\left(\lambda-\frac{\nu}{\sin^2\theta}\right)\Theta(\theta)=0 \tag{S2.15a}$$

$$\frac{\mathrm{d}^2\Phi(\phi)}{\mathrm{d}\phi^2}+\nu\Phi(\phi)=0 \tag{S2.15b}$$

こうして得られた式 (S2.15a) が角度方向 θ の固有関数 $\Theta(\theta)$ に関する波動方程式で，式 (S2.15b) が角度方向 ϕ の固有関数の $\Phi(\phi)$ に関する波動方程式 (固有値方程式) です．

ると，波動関数 (以降，固有関数とします) がそれぞれ $R(r)$, $\Theta(\theta)$, $\Phi(\phi)$ となる，3 個の波動方程式 (シュレーディンガー方程式) は次のように求めることができます．

$$-\frac{\hbar^2}{2m}\left\{\frac{\mathrm{d}^2R(r)}{\mathrm{d}r^2}+\frac{2}{r}\frac{\mathrm{d}R(r)}{\mathrm{d}r}-\frac{\lambda R(r)}{r^2}\right\}-\frac{q^2}{4\pi\epsilon_0 r}R(r)=\varepsilon R(r) \tag{2.51}$$

$$\frac{1}{\sin\theta}\frac{\mathrm{d}}{\mathrm{d}\theta}\left(\sin\theta\frac{\mathrm{d}}{\mathrm{d}\theta}\right)\Theta(\theta)+\left(\lambda-\frac{\nu}{\sin^2\theta}\right)\Theta(\theta)=0 \tag{2.52}$$

$$\frac{\mathrm{d}^2\Phi(\phi)}{\mathrm{d}\phi^2}+\nu\Phi(\phi)=0 \tag{2.53}$$

ただし，式 (2.51) では位置のエネルギー $V(r)$ を，式 (2.5) を使って書き変えています．

2.4.5 方位方向の固有関数 $\Phi(\phi)$ に関する波動方程式

▶定数 ν は，予想もしない，とびとびの値をとるようになる！

まず，ϕ 方向，すなわち，x-y 面内の傾きを示す方位座標 ϕ の固有関数 $\Phi(\phi)$ に関する，式 (2.53) で示した次の波動方程式を解くことにしましょう．

$$\frac{\mathrm{d}^2\Phi(\phi)}{\mathrm{d}\phi^2}+\nu\Phi(\phi)=0 \tag{2.54}$$

この式 (2.54) も古くからよく知られている微分方程式で，一般解は C, D を定数の係数として，次の式で与えられることがわかっています．

$$\Phi(\phi)=Ce^{i\sqrt{\nu}\phi}+De^{-i\sqrt{\nu}\phi} \quad (\nu\neq 0 \text{ のとき}) \tag{2.55a}$$

$$\Phi(\phi)=C+D\phi \quad (\nu=0 \text{ のとき}) \tag{2.55b}$$

この解の式 (2.55) では ϕ は極座標の角度方向の座標を表しているので，ϕ の存在範囲は 0 から 2π までです．したがって，固有関数 $\Phi(\phi)$ は 0 から 2π の範囲の周期関数になっています．そして，$\phi = 0$ のとき式 (2.55a) と (2.55b) が等しくなる条件から $D = 0$ になります．

また，$\Phi(\phi)$ は固有関数だから波動関数の性質を持っていなくてはならないので，$\phi = 0$ と $\phi = 2\pi$ の二つの境界において，関数 $\Phi(\phi)$ とこの導関数 $\Phi'(\phi)$ $(= d\Phi(\phi)/d\phi)$ は連続でなくてはなりません．$\Phi(\phi)$ の 1 階微分は式 (2.55a) を使って，$D = 0$ だから次のようになります．

$$\Phi'(\phi) = i\sqrt{\nu}Ce^{i\sqrt{\nu}\phi} \tag{2.56}$$

そして，$\Phi(\phi)$ が 0 から 2π の範囲の周期関数だから，境界条件の $\Phi(0) = \Phi(2\pi)$ と $\Phi'(0) = \Phi'(2\pi)$ から次の二つの式が成立しなければなりません．

$$C = Ce^{i2\pi\sqrt{\nu}}, \quad i\sqrt{\nu}C = i\sqrt{\nu}Ce^{i2\pi\sqrt{\nu}} \tag{2.57}$$

この式 (2.57) から，$e^{i2\pi\sqrt{\nu}}$ は次の関係を充たす必要があることがわかります．

$$e^{i2\pi\sqrt{\nu}} = 1 \tag{2.58}$$

ここで，$\sqrt{\nu} = m$ とおき，固有関数 $\Phi(\phi)$ を規格化すると，固有関数 $\Phi(\phi)$ および m の値は，次のように求めることができます．

$$\Phi(\phi) = \left(\frac{1}{\sqrt{2\pi}}\right)e^{im\phi} \quad (m = 0, \pm1, \pm2, \pm3, \dots) \tag{2.59}$$

以上の結果 $\sqrt{\nu}$，つまり m は 0 を含むとびとびの値をとり，かつ，それらは正負の整数になっていなくてはならないことがわかります．したがって，ν は 0, 1, 4, 9, 16 などの値をとることがわかります．なお，この m は磁気量子数と呼ばれます．

2.4.6 方位方向の固有関数 $\Phi(\theta)$ に関する波動方程式

次に，θ 方向，すなわち，z 軸からの傾きを示す方位座標 θ の固有関数に関する，波動方程式 (2.52) を解くことにします．ここでは，ν の値が決まったので，式 (2.58) の結果にしたがって $\nu = m^2$ として，式 (2.52) の式の番号を変更して式 (2.60) とすることにします．

$$\frac{1}{\sin\theta}\frac{\mathrm{d}}{\mathrm{d}\theta}\left(\sin\theta\frac{\mathrm{d}}{\mathrm{d}\theta}\right)\Theta(\theta) + \left(\lambda - \frac{m^2}{\sin^2\theta}\right)\Theta(\theta) = 0 \tag{2.60}$$

この式 (2.60) を解くには，少し技巧を凝らす必要があります．すなわち，式 (2.60) の変数 θ を $z = \cos\theta$ と置き換えて，変数を θ から z に変更する必要があります．すると補足 2.4 に示すように，式 (2.60) の m の値が 0 をとるときと，0

◆ **補足 2.4　式 (2.52) から式 (2.61a) と式 (2.61b) を導く方法**

式 (2.52) の関数 $\Theta(\theta)$ の変数を，z を使って $z=\cos\theta$ とし，$\Theta(\theta)$ を z の関数 $\Theta(z)$ とすると，z の θ による微分は $\mathrm{d}z/\mathrm{d}\theta=-\sin\theta$ となるので，式 (2.52) の $\Theta(\theta)$ の θ による微分と $\Theta(z)$ の z による微分の関係は，次のようになります．

$$\frac{\mathrm{d}\Theta(\theta)}{\mathrm{d}\theta}=\frac{\mathrm{d}\Theta(z)}{\mathrm{d}z}\cdot\frac{\mathrm{d}z}{\mathrm{d}\theta}=-\sin\theta\frac{\mathrm{d}\Theta(z)}{\mathrm{d}z} \tag{S2.16}$$

また，2 階微分 $\mathrm{d}^2\Theta(\theta)/\mathrm{d}\theta^2$ は，$\mathrm{d}\Theta(z)/\mathrm{d}z$ と $\mathrm{d}^2\Theta(z)/\mathrm{d}z^2$ を使って次のようになります．

$$\frac{\mathrm{d}^2\Theta(\theta)}{\mathrm{d}\theta^2}=-\cos\theta\frac{\mathrm{d}\Theta(z)}{\mathrm{d}z}+\sin^2\theta\frac{\mathrm{d}^2\Theta(z)}{\mathrm{d}z^2} \tag{S2.17}$$

以上で準備ができたので，式 (2.52) の左辺の前の項を演算すると，次のようになります．

$$\begin{aligned}&\frac{1}{\sin\theta}\frac{\mathrm{d}}{\mathrm{d}\theta}\left(\sin\theta\frac{\mathrm{d}}{\mathrm{d}\theta}\right)\Theta(\theta)\\&=\frac{\cos\theta}{\sin\theta}\frac{\mathrm{d}\Theta(\theta)}{\mathrm{d}\theta}+\frac{\mathrm{d}^2\Theta(\theta)}{\mathrm{d}\theta^2}=-2\cos\theta\frac{\mathrm{d}\Theta(z)}{\mathrm{d}z}+\sin^2\theta\frac{\mathrm{d}^2\Theta(z)}{\mathrm{d}z^2}\\&=-2z\frac{\mathrm{d}\Theta(z)}{\mathrm{d}z}+\left(1-z^2\right)\frac{\mathrm{d}^2\Theta(z)}{\mathrm{d}z^2}=\frac{\mathrm{d}}{\mathrm{d}z}\left\{\left(1-z^2\right)\frac{\mathrm{d}\Theta(z)}{\mathrm{d}z}\right\}\end{aligned} \tag{S2.18}$$

また，式 (2.52) の左辺の後の項の式においても $\Theta(\theta)$ を $\Theta(z)$ に変更すると，式 (2.60) は次のようになります．

$$\frac{\mathrm{d}}{\mathrm{d}z}\left\{\left(1-z^2\right)\frac{\mathrm{d}\Theta(z)}{\mathrm{d}z}\right\}+\left(\lambda-\frac{m^2}{1-z^2}\right)\Theta(z)=0 \tag{S2.19a}$$

また，式 (S2.19a) において $m=0$ とおくと，

$$\frac{\mathrm{d}}{\mathrm{d}z}\left\{\left(1-z^2\right)\frac{\mathrm{d}\Theta(z)}{\mathrm{d}z}\right\}+\lambda\Theta(z)=0 \tag{S2.19b}$$

または，次の式が成り立ちます．

$$\left(1-z^2\right)\frac{\mathrm{d}^2\Theta(z)}{\mathrm{d}z^2}-2z\frac{\mathrm{d}\Theta(z)}{\mathrm{d}z}+\lambda\Theta(z)=0 \tag{S2.19c}$$

なお，式 (S2.19b) は，数学の分野では古くから知られた式であり，ルジャンドルの微分方程式と呼ばれています．

以外のときで，それぞれ次の式が成り立ちます．

$$m\neq0\text{ のとき}\quad\frac{\mathrm{d}}{\mathrm{d}z}\left\{\left(1-z^2\right)\frac{\mathrm{d}\Theta(z)}{\mathrm{d}z}\right\}+\left(\lambda-\frac{m^2}{1-z^2}\right)\Theta(z)=0 \tag{2.61a}$$

$$m=0\text{ のとき}\quad\left(1-z^2\right)\frac{\mathrm{d}^2\Theta(z)}{\mathrm{d}z^2}-2z\frac{\mathrm{d}\Theta(z)}{\mathrm{d}z}+\lambda\Theta(z)=0 \tag{2.61b}$$

まず，$m=0$ のときについて式 (2.61b) を解きましょう．この式 (2.61b) を見ると，定数 λ が入っており，この λ の値が定まらないと式 (2.61b) は解けないので，λ の値を決めることを考えましょう．λ の値を決めることは重要で，この値

がわからなければ式 (2.51) の動径方向の波動関数も解けないことがわかります．

そこで，ここではまず λ の値を決めることから始めることにします．λ の値は $\Theta(z)$ が波動関数として備えていなければならない性質を使って，導くことができます．すなわち，式 (2.61b) の微分方程式は波動方程式になっており，$\Theta(z)$ は固有関数だから，$\Theta(z)$ の値は z の値がいくら大きな値をとっても，$\Theta(z)$ の値が限りなく大きくなって，$\Theta(z)$ の値が無限大に発散することは許されません．

$\Theta(z)$ が無限大に発散することを防ぐ条件を使って，λ の値は波動関数の性質を使って決めることができます．すなわち，式 (2.61b) の微分方程式は波動方程式になっているので，固有関数 $\Theta(z)$ は波動関数の性質を充たさなければなりません．波動関数は変数 z の値がいくら大きくなっても，その値が無限に増大して，発散してはなりません．

波動関数が発散しないことを保証するためには，従来から数学的なテクニックとして多項式を使う方法が知られているので，ここでも波動関数 $\Theta(z)$ を次のように多項式を使って展開することにします．多項式に展開した波動関数 $\Theta(z)$ の l 番目の項を $\Theta_l(z)$ として，これを $a_l z^l$ とすると，$\Theta(z)$ は次のようになります．

$$\Theta\left(z\right) = a_0 + a_1 z + a_2 z^2 + a_3 z^3 + \cdots + a_l z^l + \cdots \tag{2.62a}$$

$$= \sum_{l=0}^{\infty} a_l z^l \tag{2.62b}$$

多項式に展開した和の式 (2.62b) を式 (2.61b) に代入して演算するには，$\Theta(z)$ の 1 階微分と 2 階微分が必要なので，これらを次のように求めておきます．

$$\frac{\mathrm{d}\Theta\left(z\right)}{\mathrm{d}z} = \Theta'\left(z\right) = \sum_{l=0}^{\infty} l a_l z^{l-1} \tag{2.63}$$

$$\frac{\mathrm{d}^2\Theta\left(z\right)}{\mathrm{d}z^2} = \Theta''\left(z\right) = \sum_{l=0}^{\infty} l\left(l-1\right) a_l z^{l-2} \tag{2.64a}$$

式 (2.61b) を見ると式 (2.64a) の $\Theta''\left(z\right)$ には z^{l-2} 項を z^l 項に変更した項も必要なので，$l \to l+2$ と置き換えると，そのときの $\Theta''(z)$ は次の式で表されます．

$$\Theta''\left(z\right) = \sum_{l=0}^{\infty} \left(l+1\right)\left(l+2\right) a_{l+2} z^l \tag{2.64b}$$

次に，式 (2.61b) にこれらの多項式の式 (2.62b), (2.63) および (2.64a,b) を代入して演算すると，次の式が得られます．

$$\sum_{l=0}^{\infty}\left\{\left(-l^2-l+\lambda\right)a_l+\left(l^2+3l+2\right)a_{l+2}\right\}z^l=0 \tag{2.65}$$

$m=0$ の場合の微分方程式 (2.61b) が成立するためには，式 (2.65) の等式が成立しなければなりません．

式 (2.65) の等式が常に成立するためには，この式 (2.65) の左辺の中かっこ $\{\quad\}$ の中の式が常に 0 になればよいことがわかります．ですから，次の式が成立する必要があります．

$$\{\lambda-l\,(l+1)\}\,a_l+\{(l+1)\,(l+2)\}\,a_{l+2}=0 \tag{2.66}$$

この式 (2.66) より，係数 a_l と a_{l+2} の間に次の関係式が成り立たなければならないことがわかります．

$$a_{l+2}=\frac{l\,(l+1)-\lambda}{(l+1)\,(l+2)}a_l \tag{2.67}$$

以上の結果，固有関数 $\Theta(z)$ を z の多項式を使って展開した式 (2.62a) の展開式 $\Theta(z)$ では，係数 a_l と a_{l+2} の間に式 (2.67) の関係が成り立つ必要があることがわかります．しかし，式 (2.67) の係数の間の関係式が成立しても，式 (2.62a) で表される z の多項式が無限に続くと，固有関数 $\Theta(z)$ は無限大に発散します．

この波動関数の無限大への発散を防ぐには，多項式を適当なところで打ち切る必要があります．それには多項式の係数を適当なところでゼロにすればよいのです．たとえば，式 (2.67) の右辺の a_l の係数を 0 にすれば z^{l+2} 以上の多項式の項はなくなります．

そこで，この条件を求めると，式 (2.67) の右辺の係数が 0 になる条件だから，次の式が成立すればよいことがわかります．

$$\lambda=l\,(l+1)\quad(l=0,1,2,\ldots) \tag{2.68}$$

この式の l は式 (2.62b) で多項式の展開次数として使ったので，l は当然 0 を含む正の整数だから，λ の値はこのようになるはずです．

しかし，量子力学は考えてみると不思議です．2.4.3 項の補足 2.3 では式 (S2.10) の値が一定の値の定数にならなければならないと結論したときに，その定数として導入した記号が λ でした．ところが，式 (2.68) によって，この定数 λ のとる値に制限がつき，しかも，λ のとることのできる値はとびとびの値になったのですから．

本論に戻ると，$m=0$ のときの式 (2.61b) の解となる固有関数を $\Theta^0(z)$ とし，第 l 項を $\Theta_l^0(z)$ とすると $\Theta_l^0(z)$ は，具体的な導出は複雑なので，結果だけ示すと次のようになります．

$$\Theta_l^0\left(z\right)=\frac{1}{2^l l!}\frac{\mathrm{d}^l}{\mathrm{d}z^l}\left(z^2-1\right)^l \tag{2.69}$$

この式も古くからよく知られており，ルジャンドルの多項式として有名です．また，$m\neq 0$ のときの式 (2.61a) の解は，これを Θ_l^m とするとこれも結果だけ示しておくと，次のようになります．

$$\Theta_l^m\left(z\right)=\left(1-z^2\right)^{\frac{m}{2}}\left(\frac{\mathrm{d}^m}{\mathrm{d}z^m}\right)\Theta_l^0\left(z\right) \tag{2.70}$$

この式も古くから知られている関数で，ルジャンドルの陪関数と呼ばれています．ここで，式 (2.70) では右辺の $\Theta_l^0(z)$ の微分の式に定数 m と l が使われているが，式 (2.70) が成立するためには，この式では m は微分の次数で，l は関数の次数だから，l は m よりも大きくなければなりません．したがって，l と m の間に，次の式が成立します．

$$l\geq m \quad (l=0,1,2,\ldots) \tag{2.71}$$

最後に，途中の詳細な議論は省略するが，式 (2.49) で導入された波動関数 $Y(\theta,\phi)$ について簡単に述べておきます．実は，この波動関数 $Y(\theta,\phi)$ は，いま述べた数 l と m に依存することになるので，慣例としてこの波動関数を表す記号としては $Y_l^{\pm m}(\theta,\phi)$ が使われます．

そこで，式 (S2.11b) の固有関数 $Y(\theta,\phi)$ の代わりに $Y_l^{\pm m}(\theta,\phi)$ を使うと，固有関数 $Y_l^{\pm m}(\theta,\phi)$ の固有値方程式として，次の式が得られます．

$$\Lambda Y_l^{\pm m}\left(\theta,\phi\right)=-\lambda Y_l^{\pm m}\left(\theta,\phi\right)$$
$$\therefore\quad \Lambda Y_l^{\pm m}\left(\theta,\phi\right)=-l\left(l+1\right)Y_l^{\pm m}\left(\theta,\phi\right) \tag{2.72}$$

また，電子が水素原子の中で軌道運動をすると角運動量が発生するが，式 (S2.11b) より軌道角運動量を l (これまで使ってきた l と同じ) とすると，角運動量の二乗 (の演算子) l^2 は，式 (2.46b) で表される記号 Λ を使って次のようになります．

$$l^2=-\hbar^2\Lambda \tag{2.73}$$

したがって，この式 (2.73) の両辺に右から波動関数 $Y_l^{\pm m}(\theta,\phi)$ を掛けると，次の式が得られます．

$$l^2 Y_l^{\pm m}\left(\theta,\phi\right)=-\hbar^2\Lambda Y_l^{\pm m}\left(\theta,\phi\right) \tag{2.74}$$

この式の右辺に式 (2.72) の関係を使うと，次の式が得られます．

$$l^2 Y_l^{\pm m}\left(\theta,\phi\right)=l\left(l+1\right)\hbar^2 Y_l^{\pm m}\left(\theta,\phi\right) \tag{2.75a}$$

波動関数 $Y_l^{\pm m}(\theta,\phi)$ は電子の角度方向の状態を表す波動関数だから，式 (2.75a) で表される波動方程式は，角運動量の二乗を演算子とする固有値方程式 (波動方程式) になっています．ですから，角運動量の二乗の固有関数は $Y_l^{\pm m}(\theta,\phi)$ であり，角運動量の二乗の固有値が $\hbar^2 l(l+1)$ であることがわかります．

また，軌道角運動量の z 成分 l_z (演算子) についても，次の固有値方程式が成立することが知られています．

$$l_z Y_l^{\pm m}(\theta,\phi) = \pm m\hbar Y_l^{\pm m}(\theta,\phi) \tag{2.75b}$$

この式から軌道角運動量の z 成分 l_z の固有値は $\pm m\hbar$ となります．

式 (2.71) に示したように，l は m より大きくならなければならないが，l が軌道角運動量の固有値を表し，m がこの z 成分の固有値を表すので，$l \geq m$ となるのは物理現象としては当然であることがわかります．なお，l と m はそれぞれ方位量子数，磁気量子数と呼ばれる量子数になっています．

2.4.7 動径方向の波動方程式

最後に，動径方向の波動方程式 (2.51) を解くことにします．この式 (2.51) は，定数の λ について，$\lambda = l(l+1)$ とおくと，次のようになります．

$$-\frac{\hbar^2}{2m}\left\{\frac{\mathrm{d}^2R(r)}{\mathrm{d}r^2} + \frac{2}{r}\frac{\mathrm{d}R(r)}{\mathrm{d}r} - \frac{l(l+1)}{r^2}R(r)\right\} - \frac{q^2}{4\pi\epsilon_0 r}R(r) = \varepsilon R(r) \tag{2.76}$$

この微分方程式を解くにはやはり多少の技巧を使う必要があり，まず次のように，新しく関数 χ (ギリシャ文字のカイ) と変数 ρ (ギリシャ文字のロー)，α を導入して，次のように関数および変数の変換を行います．

$$\chi(\rho) = rR(r), \quad \rho = \alpha r \tag{2.77}$$

この式 (2.77) を式 (2.76) に代入して，式を整理すると，補足 2.5 に示すように，次の式が得られます．

$$\frac{\mathrm{d}^2\chi(\rho)}{\mathrm{d}\rho^2} + \left\{\frac{2m}{\hbar^2}\frac{1}{\alpha^2} + \frac{mq^2}{2\pi\epsilon_0\alpha\hbar^2}\frac{1}{\rho} - \frac{l(l+1)}{\rho^2}\right\}\chi(\rho) = 0 \tag{2.78}$$

この式 (2.78) をさらに扱いやすいものにするために，この式の中にある係数を新しい係数 α^2 と n を導入して，次のように書き換えます．

$$\alpha^2 = -\frac{8m\varepsilon}{\hbar^2}, \quad n = \frac{me^2}{2\pi\epsilon_0\alpha\hbar^2} \tag{2.79}$$

これらを使って式 (2.78) を演算すると，解くべき波動方程式として，次の簡潔な式が得られます．

◆ 補足 2.5 式 (2.76) から式 (2.78) を導く

本文の式 (2.77) より次の関係式が成り立ちます．

$$R(r)=\frac{\alpha}{\rho}\chi(\rho), \quad \frac{\mathrm{d}\rho}{\mathrm{d}r}=\alpha \tag{S2.20}$$

式 (S2.20) の関係を使って，$\mathrm{d}R(r)/\mathrm{d}r$ と $\mathrm{d}\chi(\rho)/\mathrm{d}\rho$ の関係を求めると $\mathrm{d}R(r)/\mathrm{d}r = \{\mathrm{d}R(r)/\mathrm{d}\rho\}\cdot\mathrm{d}\rho/\mathrm{d}r$ となるが，$\mathrm{d}R(r)/\mathrm{d}\rho$ は

$$\frac{\mathrm{d}R(r)}{\mathrm{d}\rho}=-\frac{\alpha}{\rho^2}\chi(\rho)+\frac{\alpha}{\rho}\frac{\mathrm{d}\chi(\rho)}{\mathrm{d}\rho} \tag{S2.21a}$$

となるので，$\mathrm{d}R(r)/\mathrm{d}r$ は次のように表されます．

$$\frac{\mathrm{d}R(r)}{\mathrm{d}r}=-\frac{\alpha^2}{\rho^2}\chi(\rho)+\frac{\alpha^2}{\rho}\frac{\mathrm{d}\chi(\rho)}{\mathrm{d}\rho} \tag{S2.21b}$$

また，$R(r)$ の r による 2 階微分は，ρ での微分を介して，次のようになります．

$$\frac{\mathrm{d}^2R(r)}{\mathrm{d}r^2}=\frac{\mathrm{d}^2R(r)}{\mathrm{d}\rho^2}\cdot\left(\frac{\mathrm{d}\rho}{\mathrm{d}r}\right)^2=\alpha^2\frac{\mathrm{d}^2R(r)}{\mathrm{d}\rho^2}$$

ここで，$\mathrm{d}R(r)/\mathrm{d}\rho$ の ρ による微分は，式 (S2.21a) を使って，次のようになります．

$$\frac{\mathrm{d}^2R(r)}{\mathrm{d}\rho^2}=\frac{2\alpha}{\rho^3}\chi(\rho)-2\frac{\alpha}{\rho^2}\frac{\mathrm{d}\chi(\rho)}{\mathrm{d}\rho}+\frac{\alpha}{\rho}\frac{\mathrm{d}^2\chi(\rho)}{\mathrm{d}\rho^2} \tag{S2.21c}$$

したがって，$\mathrm{d}^2R(r)/\mathrm{d}r^2$ は次の式で与えられます．

$$\frac{\mathrm{d}^2R(r)}{\mathrm{d}r^2}=\alpha^2\frac{\mathrm{d}^2R(r)}{\mathrm{d}\rho^2}=\frac{2\alpha^3}{\rho^3}\chi(\rho)-2\frac{\alpha^3}{\rho^2}\frac{\mathrm{d}\chi(\rho)}{\mathrm{d}\rho}+\frac{\alpha^3}{\rho}\frac{\mathrm{d}^2\chi(\rho)}{\mathrm{d}\rho^2} \tag{S2.21d}$$

本文の式 (2.76) の中かっこ { } の中の前の 2 項を，式 (S2.21b) と式 (S2.21d) を使って演算すると，中かっこ { } の中の前の 2 項は次のように，$\chi(\rho)$ の ρ による 2 階微分だけの簡潔な式になります．

$$\frac{\mathrm{d}^2R(r)}{\mathrm{d}r^2}+\frac{2}{r}\frac{\mathrm{d}R(r)}{\mathrm{d}r}=\frac{\alpha^3}{\rho}\frac{\mathrm{d}^2\chi(\rho)}{\mathrm{d}\rho^2} \tag{S2.22a}$$

したがって，この結果を使うと，式 (2.76) は次のように書けます．

$$-\frac{\hbar^2}{2m}\left\{\frac{\alpha^3}{\rho}\frac{\mathrm{d}^2\chi(\rho)}{\mathrm{d}\rho^2}-\frac{l(l+1)\alpha^3}{\rho^3}\chi(\rho)\right\}-\frac{q^2\alpha^2}{4\pi\epsilon_0\rho^2}\chi(\rho)=\frac{\varepsilon\alpha}{\rho}\chi(\rho) \tag{S2.22b}$$

この式の両辺に $(-2m/\hbar^2)(\rho/\alpha^3)$ を掛けて，式を整理すると，次の 本文の式 (2.78) が得られます．

$$\frac{\mathrm{d}^2\chi(\rho)}{\mathrm{d}\rho^2}+\left\{\frac{2m}{\hbar^2}\frac{1}{\alpha^2}+\frac{mq^2}{2\pi\epsilon_0\alpha\hbar^2}\frac{1}{\rho}-\frac{l(l+1)}{\rho^2}\right\}\chi(\rho)=0 \tag{2.78}$$

$$\frac{\mathrm{d}^2\chi(\rho)}{\mathrm{d}\rho^2}+\left\{\frac{n}{\rho}-\frac{1}{4}-\frac{l(l+1)}{\rho^2}\right\}\chi(\rho)=0 \tag{2.80}$$

ここでは $\chi(\rho)$ を固有関数と呼ぶが，$\chi(\rho)$ は波動関数の性質を備えなければならないから，ρ の値がいくら大きくなっても $\chi(\rho)$ の値が無限大に発散することは許されません．そこで，このことを保証するために，前の 2.4.6 項で行ったように，$\chi(\rho)$ を ρ の μ (ギリシャ文字のミュー) を使った多項式で展開した，次の式で表すことにします．

$$\chi(\rho)=e^{-\frac{\rho}{2}}\rho^l\sum_{\mu=0}^{\infty}a_\mu\rho^{\mu+1} \tag{2.81}$$

そして，この式 (2.81) を補足 2.6 に示すように，式 (2.80) に代入して，多項式の係数の a_μ と $a_{\mu+1}$ の関係を求めると，次の関係式が得られます．

$$a_{\mu+1}=-\frac{n-(\mu+l+1)}{(\mu+l)(\mu+2l+2)}a_\mu \tag{2.82}$$

式 (2.81) の多項式を有限の項数で終わらせて，固有関数 $\chi(\rho)$ を無限大に発散することを防ぐためには，式 (2.82) の右辺 a_μ の前の係数を 0 にすればよいことがわかります．そうすると，ρ の多項式は多項式の係数が a_μ となる ρ の $(\mu+l)$ 乗の項 $\rho^{\mu+l}$ で終わりになるからです．

そのためには，式 (2.82) の右辺の分子を 0 にして，次の式が成立しなければならないことがわかります．

$$n-\mu+l+1 \tag{2.83}$$

この式 (2.83) の μ は多項式の次数を表す 0 または正の整数だし，l も式 (2.68) に示すように，0 または正の整数だから，n は 1 より大きい正の整数ということになります．したがって n は，次の条件を充たす必要があります．

$$n\geq 1\quad (n=1,2,3,\dots) \tag{2.84}$$

この数 n は量子力学では主量子数と呼ばれています．

水素原子の中の電子の動径方向の波動関数は $R(r)$ を $\chi(\rho)$ と書き換えたので，$\chi(\rho)$ になるが，$\rho=\alpha r$ の関係も使うと，詳細は省略するが，$\chi(\rho)$ は次のようになります．

$$\chi(\rho)=A_{nl}e^{-\frac{\rho}{2}}\rho^l L_{n+l}^{2l+1}(\rho) \tag{2.85}$$

ここで，A_{nl} は係数であり，$L_{n+l}^{2l+1}(\rho)$ はラゲーレの陪関数と呼ばれる関数です．

また，電子の全体の波動関数は，最初 $\psi(r,\phi,\theta)$ で表したが，慣例にしたがって，これを $\psi_{nlm}(r,\phi,\theta)$ を使って表すことにすると，これは動径方向の波動関数

◆ 補足 2.6　多項式の係数 a_μ と $a_{\mu+1}$ の関係を表す式を導く

固有関数 $\chi(\rho)$ としては，本文の式 (2.81) を使うことにします．

$$\chi(\rho) = e^{-\frac{\rho}{2}}\rho^l \sum_{\mu=0}^{\infty} a_\mu \rho^{\mu+1} \tag{2.81}$$

固有関数 $\chi(\rho)$ の係数 a_μ と $a_{\mu+1}$ の関係は，この式 (2.81) を本文の (2.80) に代入して，多項式の次数に注意して演算すると求めることができます．

この演算を行うためには，式 (2.80) を見ればわかるように，$\chi(\rho)$ の 2 階微分が必要です．それに，ここでは係数の関係を求める必要があるので，$\chi(\rho)$ を ρ の多項式に展開したときに，ρ の次数を一定にした式を作る必要があります．ここでは，ρ の一定の次数として $\rho^{\mu+l}$ を使うことにします．ところが式 (2.80) を見ると，この式には $(1/\rho)$ の項と $(1/\rho^2)$ の項とが混在するので，式 (2.80) の ρ の次数を一定にするには，$\rho^{l+\mu}$，$\rho^{l+\mu+1}$，$\rho^{l+\mu+2}$ の 3 個の次数の入った $\chi(\rho)$ の項の 2 階微分が必要なことがわかります．

以下の演算では $\chi(\rho)$ の各項を，下付きのサフィックス μ を用いて $\chi_\mu(\rho)$ などと表すことにすると，いま述べた ρ の各項に対応する $\chi(\rho)$ の各項は，次のようになります．

$$\chi_{\mu-1}(\rho) = e^{-\frac{\rho}{2}}\rho^{\mu+l}a_{\mu-1},\quad \chi_\mu(\rho) = e^{-\frac{\rho}{2}}\rho^{\mu+l+1}a_\mu,\quad \chi_{\mu+1}(\rho) = e^{-\frac{\rho}{2}}\rho^{\mu+l+2}a_{\mu+1} \tag{S2.23}$$

そして，$\chi_\mu(\rho)$ の 1 階微分と 2 階微分は次のようになります．

$$\chi'_\mu(\rho) = -\frac{1}{2}e^{-\frac{\rho}{2}}\rho^{\mu+l+1}a_\mu + (\mu+l+1)\,e^{-\frac{\rho}{2}}\rho^{\mu+l}a_\mu \tag{S2.24}$$

$$\chi''_\mu(\rho) = \frac{1}{4}e^{-\frac{\rho}{2}}\rho^{\mu+l+1}a_\mu - (\mu+l+1)\,e^{-\frac{\rho}{2}}\rho^{\mu+l}a_\mu + (\mu+l)(\mu+l+1)\,e^{-\frac{\rho}{2}}\rho^{\mu+l-1}a_\mu \tag{S2.25}$$

これらの式 (S2.23) と (S2.24) を使うと $\chi_{\mu-1}(\rho)$ と $\chi_{\mu+1}(\rho)$ の 1 階微分について

$$\chi'_{\mu-1}(\rho) = -\frac{1}{2}e^{-\frac{\rho}{2}}\rho^{\mu+l}a_{\mu-1} + (\mu+l)\,e^{-\frac{\rho}{2}}\rho^{\mu+l-1}a_{\mu-1} \tag{S2.26}$$

$$\chi'_{\mu+1}(\rho) = -\frac{1}{2}e^{-\frac{\rho}{2}}\rho^{\mu+l+2}a_{\mu+1} + (\mu+l+2)\,e^{-\frac{\rho}{2}}\rho^{\mu+l+1}a_{\mu+1} \tag{S2.27}$$

また，式 (S2.23) と (S2.25) を使うと，$\chi_{\mu-1}(\rho)$ と $\chi_{\mu+1}(\rho)$ の 2 階微分について

$$\begin{aligned}\chi''_{\mu-1}(\rho) = {}& \frac{1}{4}e^{-\frac{\rho}{2}}\rho^{\mu+l}a_{\mu-1} - (\mu+l)\,e^{-\frac{\rho}{2}}\rho^{\mu+l}a_{\mu-1}\\ &+ (\mu+l-1)(\mu+l)\,e^{-\frac{\rho}{2}}\rho^{\mu+l-1}a_{\mu-1}\end{aligned} \tag{S2.28}$$

$$\begin{aligned}\chi''_{\mu+1}(\rho) = {}& \frac{1}{4}e^{-\frac{\rho}{2}}\rho^{\mu+l+2}a_\mu\,(\mu+l+2)\,e^{-\frac{\rho}{2}}\rho^{\mu+l+2}a_{\mu+1}\\ &+ (\mu+l)(\mu+l+1)\,e^{-\frac{\rho}{2}}\rho^{\mu+l+1}a_{\mu+1}\end{aligned} \tag{S2.29}$$

などが得られます.

これらを式 (2.80) に代入するが，式 (2.80) の ρ について，ρ^0, ρ^{-1}, ρ^{-2} の次数の項が含まれることを考慮して，$\chi(\rho)$，およびこれの 2 階微分の式について，$\mu-1$, μ, $\mu+1$ の各項を使って，これらの式を式 (2.80) に代入すると，次の式が得られます ($e^{-\rho/2}$ を省略).

$$\frac{1}{4}\rho^{\mu+l}a_{\mu-1}-(\mu+l+1)\,\rho^{\mu+l}a_{\mu}+(\mu+l+1)\,(\mu+l+2)\,\rho^{\mu+l}a_{\mu+1}$$
$$-\frac{1}{4}\rho^{\mu+l}a_{\mu-1}+n\rho^{\mu+l}a_{\mu}-l\,(l+1)\,\rho^{\mu+l}a_{\mu+1}=0 \qquad \text{(S2.30)}$$

この式 (S2.30) を演算し，$\rho^{\mu+l}$ の項は共通なので，$\rho^{\mu+l}$ を省略して示すと，次のようになります.

$$\{n-(\mu+l+1)\}\,a_{\mu}+\{(\mu+l+1)\,(\mu+l+2)-l\,(l+1)\}\,a_{\mu+1}=0 \qquad \text{(S2.31)}$$

また，$(\mu+l+1)(\mu+l+2)-l(l+1)=(\mu+1)(\mu+2l+2)$ と演算できるので，係数 a_{μ} と $a_{\mu+1}$ の関係は，式 (S2.31) を使って次のように求めることができます.

$$a_{\mu+1}=-\frac{n-(\mu+l+1)}{(\mu+l)\,(\mu+2l+2)}a_{\mu} \qquad \text{(S2.32)}$$

$\chi(\rho)$ を都合上 $R_{rl}(r)$ と書くと，$R_{rl}(r)$ と方位方向の波動関数 $Y_l^{+m}(\theta,\phi)$ の積の形になり，次の式で与えられます.

$$\psi\,(r,\phi,\theta)=R_{rl}\,(r)\,Y_l^{\pm m}\,(\theta,\phi) \qquad (2.86)$$

水素原子内の電子密度は波動関数を使って表され，確率密度になるが，これは波動間数 ψ とこの複素共役 ψ^* を使って，次の式で表されます.

$$\psi^*\psi=|R_{rl}\,(r)\,|^2|Y_l^{\pm m}\,(\theta,\phi)\,|^2r^2\sin\theta drd\theta d\phi \qquad (2.87)$$

動径方向の電子の確率密度分布は，これを $P(r)\mathrm{d}r$ とおくと，次の式で表されます.

$$P\,(r)\,\mathrm{d}r=|R_{rl}\,(r)\,|^2r^2\mathrm{d}r \qquad (2.88)$$

動径方向の距離の単位としては，次のボーア半径 a_0 が使われることを追加しておくことにします.

$$a_0=\frac{4\pi\epsilon_0\hbar^2}{mq^2}\left(\fallingdotseq 5.3\times10^{-15}\mathrm{m}\right) \qquad (2.89)$$

そして，電子の水素原子内の密度分布は電子の軌道に依存して，図 2.19 と図 2.20 に示すようになります．図 2.19 は式 (2.88) で $l=0$ と

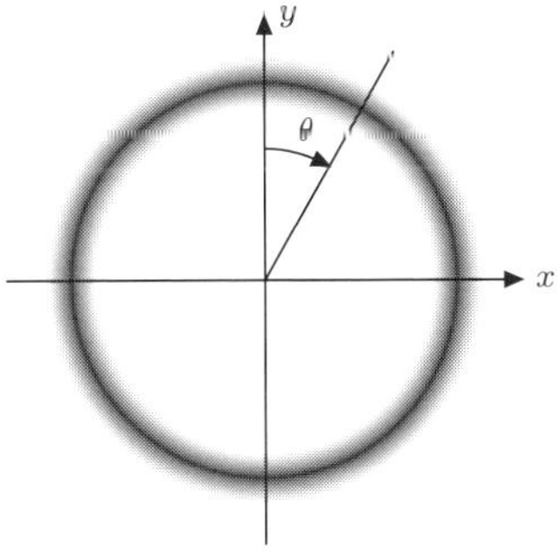

図 2.19 電子密度分布 1：s 軌道の分布

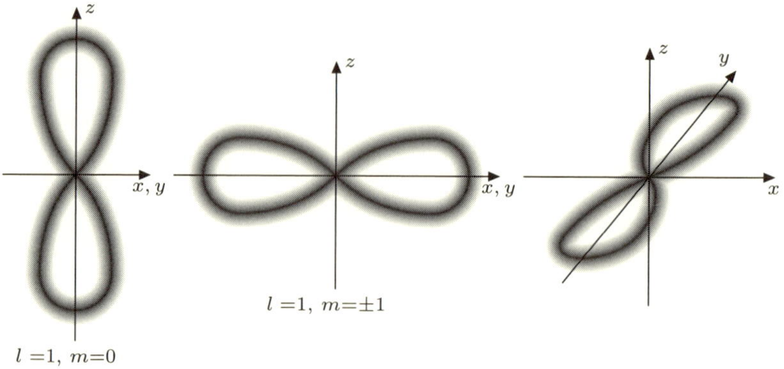

図 2.20　電子密度分布 1：p 軌道の分布

おいた場合で，中心に対して球対称になる s 状態の電子密度分布になっています．図 2.20 には，$l = 1$ の場合に相当する p 状態の電子密度分布を示しました．この分布は中心に対して対称になるが，図 2.20 からわかるように中心に対して球対称ではありません．

電子密度分布の p 状態には，図 2.20 に示すように 3 種類あります．また，$l = 2$ の場合は d 状態の電子密度分布となるが，これも p 状態に似ていて球対称にはなりません．d 状態の電子密度分布の図は省略しました．球対称で断面が円状の電子密度分布を示すのは s 状態だけです．

最後になったが，水素原子の中の電子のエネルギーを求めておきましょう．これは式 (2.79) に新しく導入した α^2 を使って求めることができ，この式 (2.79) の α^2 から電子のエネルギー ε は次の式に示すように求めることができます．

$$\varepsilon = -\left(\frac{1}{4\pi\epsilon_0}\right)^2 \frac{me^4}{2\hbar^2}\frac{1}{n^2} \quad (n = 1, 2, 3, \ldots) \qquad (2.90)$$

水素原子の中の電子のエネルギー ε も，図 2.21 に示すように，とびとびの値をとります．図 2.21 において横線で表される各電子のエネルギーはエネルギー準位と呼ばれます．そして，主量子数 n の値が $n = 1$ のときエネルギーの値は負になるが，このときエネルギーの絶対値は最大になり，この

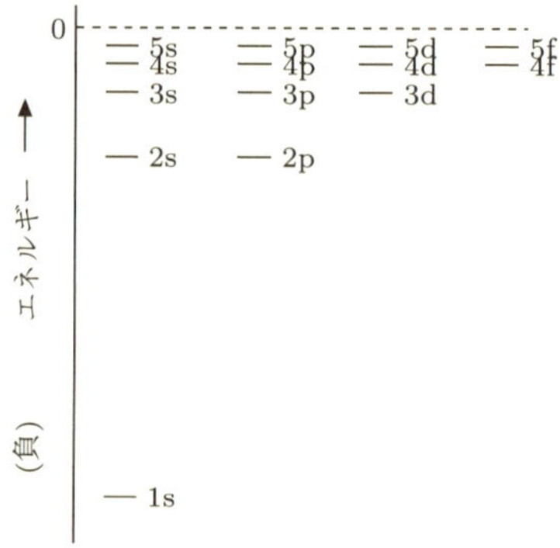

図 2.21　水素原子のエネルギー準位図

エネルギー準位は原子核に最も近い電子のエネルギーの値を示しています.

そして，電子の位置が原子核から離れるに従って，その電子のエネルギーの絶対値は小さくなるが，符号が負だから，エネルギーとしては最も大きくなります.

水素原子から放出される水素原子スペクトルは，図 2.21 に示す二つのエネルギー準位において，エネルギーの大きい上のエネルギー準位から，このエネルギー準位のより低い (エネルギーの小さい) 準位へ電子が移る (遷移する) ときに発生する光によるものです.

ボーアはこのことを最初に提唱したが，このとき，実験で得られたスペクトルの実測結果と量子論による計算結果がみごとに一致し，量子論が注目されるきっかけになったのでした. また，シュレーディンガーは，彼の新しく発見した波動方程式に自信が持てなかったとき，この波動方程式を水素原子の中の電子に適用しました. そして，得られた計算結果が実験結果と一致することで，シュレーディンガーは彼が新しく発見した波動方程式は電子の波動方程式として妥当であることを確信したのです.

2.5　調和振動子への適用

2.5.1　身の回りの調和振動と量子力学

▶調和振動と単振動は同じもの！

調和振動は私たちの身の回りで最も頻繁に起こっている物理現象です. そして，多くの人がよく知っている運動なのです. というのは，調和振動は単振動のことだからです.

私たちの身の回りにある多くの物は，ほとんどの物がそれに力を加えて押すと抵抗を示します. 押す力を緩めたり力を離したりすると，押されていた物は元の位置に戻ろうとします. このときに起こる物体の振動運動が単振動とか，調和振動と呼ばれる運動です.

▶身の回りのすべての物は調和振動している

身の回りのすべての物が調和振動している，などというと「ウッソー」と言われそうだが，これはウソでも誇張でもなく，本当のことなのです. と言うのは，私たちの身の回りにある物の温度はすべて周りの雰囲気の温度によって変化します. 雰囲気の温度が高くなれば，そこにおいてある物の温度が上がるし，雰囲気の温度が低くなれば，その物の温度は下がります.

夏にはベランダの手すりの温度は上がり熱くなるが，冬には手すりの温度は下がって冷たくなります．アスファルトの道路が夏には焼けつくように熱くなり，冬には凍りつくほど冷たくなるのも，これらの物がその置かれている雰囲気の温度によって変化しているからです．

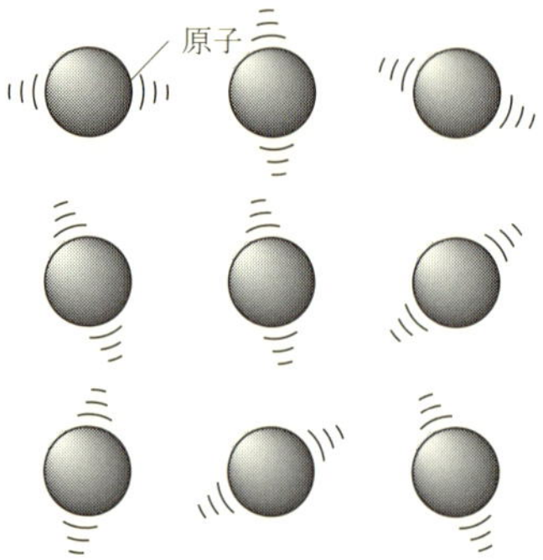

図 **2.22**　物質の中の多くの原子の振動

こうした周囲の温度に合わせて，そこに置かれた物の温度が変わるのは，周囲から熱エネルギーを得ることによって，物を構成する多くの原子が，図 2.22 に示すように，熱エネルギーによって振動する熱振動が起こるからです．すなわち，熱 (エネルギー) が物体を構成する多くの原子の単振動，つまり調和振動を起こしているのです．

少し詳しく言うと，物は誰でも知っているように多くの原子でできているが，これらの多くの原子が激しく振動すると，物の温度は高くなります．こうして温度が高くなった原子も，周囲から供給される熱エネルギーが減ってくると，振動が弱くなり，物の温度は徐々に下がっていきます．だから，物の中の原子が振動するために必要なエネルギーが周囲から供給されているのです．つまり，物体の中の原子が調和振動するために必要なエネルギーを供給する役割を周囲の環境の温度が担っているのです．

ここでは問題を単純化するために，物体の中の原子は規則正しく 3 次元に配列しているとして，物体の中の原子の振動を考えることにします．物体の中の多くの原子の熱振動は原子の調和振動で，これは格子振動と呼ばれるが，格子振動にあずかる調和振動は正しくは「結合した調和振動」と呼ばれています．多くの原子は無規則にランダムに振動しているわけではなく，協調して振動しているからです．

だから，単振動，つまり調和振動という運動はどこにでもある非常に一般的な運動であると共に，物理現象の中の基本的な運動の一つです．格子振動は後でも触れるように量子力学によって扱われるので，調和振動は量子力学においても非常に重要な基礎的な運動なのです．

▶温度の低いものの比熱は古典論の比熱の法則に従わない！

比熱は 1 mol または 1 g の物体の温度を 1 度 (1 K) だけ上げるために必要な熱量 (熱エネルギー) のことですが，mol の場合には厳密にモル比熱といわれます．人々は古くから比熱は温度によらず一定であると信じてきました．事実，比熱一定の法則としてデュロン-プティの法則があります.

しかし，セルシウス温度で零度以下の低い温度領域において比熱を測ると，1章で図 1.2 に示したように，温度が下がるに従い比熱は小さくなるのです．つまり，同じ 1 mol の物体の温度を 1 K 上げるにも，温度が低くなるほど小さい熱エネルギーで済むことがわかったのです.

低温において比熱一定の法則が破れることが発見されたとき人々は悩みました．この「異常な比熱現象」は古典物理学を使ったのではどうしても解釈できなかったからです．低温比熱の難題はアインシュタインが量子力学を使って解決しました．比熱の例が示すように，低温の物理現象は量子力学が支配する世界の現象なのです．低温の物理現象で有名なものに超伝導現象があるが，超伝導現象の問題も量子力学の独壇場です.

2.5.2 調和振動のエネルギー

▶力が働けば位置のエネルギーが生まれる

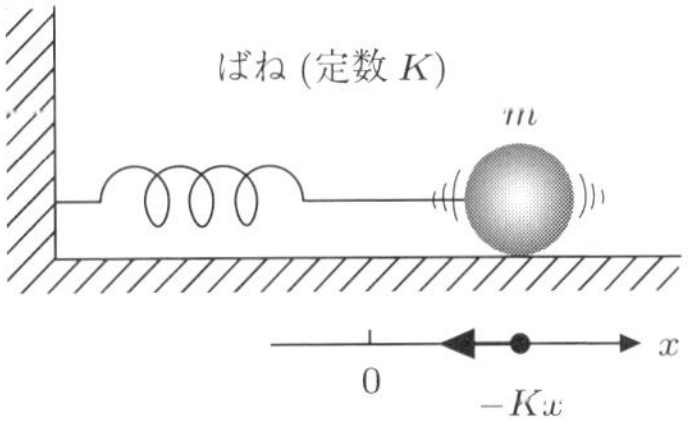

図 **2.23** おもりの付いたばねの振動

おもりの付いたばねを図 2.23 に示すように壁などに固定し，おもりに力を加えて引っ張った後で離すと，おもりは左右に振動を始めます．この運動は調和振動と呼ばれます．もちろん，別名は単振動です.

ここでは調和振動のエネルギーを求めるために，図 2.23 に示した，おもり付きばねの運動について考えます．ばねに力を加えたときの力の問題について，最初に詳しく検討したのはフック (R. Hooke) でした．フックはかの有名なニュートンと競いあったという天才で，かつ，奇才の人であったと言われています.

それはさておき，おもり付きばねの力学の問題に入りましょう．いま，図 2.23 に示したように，ばねの一方の端を壁に固定したおもり付きばねに力 F を加え，おもりを平衡位置から距離 x だけ引っ張ったとしましょう．このとき，おもりの質量を m，ばね定数を k とすると，力 F は次の式で表されます.

$$F = -kx \tag{2.91}$$

この関係式 (定義としては，物体に加えた力 F と物体の伸び x の関係を示す式ですが) はフックの法則 (の式) と呼ばれています.

最初に書いたようにおもりが調和振動 (単振動) するかどうかを確かめるため

に，式 (2.91) を使って，ニュートンの運動方程式を立ててこの問題を解いてみましょう．加速度は速度を時間 t で微分したものになるので，運動方程式として次の式が成り立ちます．

$$F = m\frac{\mathrm{d}v}{\mathrm{d}t} = m\frac{\mathrm{d}^2x}{\mathrm{d}t^2} \tag{2.92a}$$

したがって，式 (2.91) と式 (2.92a) から次の式が得られます．

$$\therefore \quad m\frac{\mathrm{d}^2x}{\mathrm{d}t^2} = -kx \tag{2.92b}$$

式 (2.92b) より次の微分方程式ができます．

$$\frac{\mathrm{d}^2x}{\mathrm{d}t^2} + \frac{k}{m}x = 0 \tag{2.93a}$$

この微分方程式の解は昔からよく知られているように，三角関数になり，A を任意の振幅，ω を単振動の角振動数として，$A\cos\omega t$ または $A\sin\omega t$ になります．

いま，解として $A\cos\omega t$ を採用すると，$x = A\cos\omega t$ だから，時間 t による 2 階微分は $\mathrm{d}^2x/\mathrm{d}t^2 = -A\omega^2\cos\omega t$ となるので，これを式 (2.93a) に代入すると，次の式ができます．

$$-A\omega^2\cos\omega t + \frac{k}{m}A\cos\omega t = 0 \tag{2.93b}$$

この式 (2.93b) が成り立つときには，角振動数 ω とばね定数 k の間には次の関係

$$\omega^2 = \frac{k}{m} \tag{2.94}$$

が成り立つことがわかります．

ここでの距離 x はばねの変位と考えられるので，ばねに力 F を加えたときの変位 x は微分方程式の解になり，次の式で与えられることがわかります．

$$x = A\cos\omega t \tag{2.95}$$

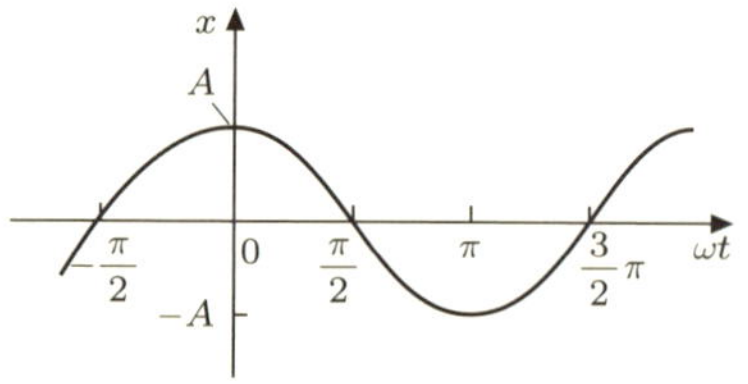

図 2.24　ばねの変位 x の時間変化（単振動）

式 (2.95) で表されるばねの変位 x の時間変化を図に描くと，図 2.24 に示すように，変位 x は時間の経過と共に 2π の周期で上下に変化して振動します．すなわち，ばねの変位は単振動，すなわち調和振動を行うことがわかります．これで，めでたく従来から言われているとおり，ばねの付いたおもりが調和振動することが確かめられました．

さて，調和振動の位置のエネルギー $V(x)$ ですが，これは 2.2 節で述べたよう

に，力の働いている物体の位置のエネルギーは，力の行っている仕事 ($= Fx =$ 力 $\times$ 距離) を距離 0 から x までで積分したものになるので，ばねに加わる力 F と変位 x (または $A\cos\omega t$) を使って，次のように求めることができます．

$$V(x) = \int_0^x (-F)\,\mathrm{d}x = k\int_0^x x\mathrm{d}x = \frac{1}{2}kx^2 \tag{2.96a}$$

$$= \frac{1}{2}m\omega^2 A^2\cos^2\omega t \tag{2.96b}$$

なお，式 (2.96b) では式 (2.94) の関係を使っています．また，式 (2.96a) の位置のエネルギー $V(x)$ は，式 (2.94) の関係を使うと，次の式で表すことができます．

$$V(x) = \frac{1}{2}m\omega^2 x^2 \tag{2.96c}$$

次に調和振動の運動のエネルギーを求めましょう．運動のエネルギーを $K(x)$ とすると，運動エネルギー $K(x)$ は誰でも知っているように $(1/2)mv^2$ となるので，$x = A\cos\omega t$ の関係も使って，次の式で表されます．

$$K(x) = \frac{1}{2}mv^2 = \frac{1}{2}m\left(\frac{\mathrm{d}x}{\mathrm{d}t}\right)^2 \tag{2.97a}$$

$$= \frac{1}{2}A^2 m\omega^2\sin^2\omega t \tag{2.97b}$$

したがって，調和振動の全エネルギーのハミルトニアン H(エネルギー) は次の式で与えられます．

$$H = V(x) + K(x) = \frac{1}{2}kx^2 + \frac{1}{2}m\left(\frac{\mathrm{d}x}{\mathrm{d}t}\right)^2 \tag{2.98a}$$

$$= \frac{1}{2}m\omega^2 A^2\left(\cos^2\omega t + \sin^2\omega t\right) = \frac{1}{2}m\omega^2 A^2 \tag{2.98b}$$

$A = 1$ とおくと，ハミルトニアン H は次のようになります．

$$H = \frac{1}{2}m\omega^2 \tag{2.98c}$$

また，ハミルトニアン H の式としては，運動エネルギーに $(1/2)mv^2$ を，位置のエネルギーに式 (2.96c) の $V(x) = (1/2)m\omega^2 x^2$ を使った，次の式もしばしば使われます．

$$H = \frac{1}{2}mv^2 + \frac{1}{2}m\omega^2 x^2 \tag{2.98d}$$

2.5.3 調和振動子の量子力学

▶解くべき調和振動の固有値方程式の導出

ここで解く調和振動子の課題も定常状態の振動子を想定しましょう．まず，振動子というのは振動している「もの」のことだから，古典物理学の場合のようなばね付きおもりの運動なら，振動子はおもりになります．そして，量子論の場合の振動子は電子や陽子などの量子とか，複合粒子 (複合量子) の原子になります．

ここでも基本となるシュレーディンガー方程式は時間を含まないので，次の式 (1.61) になります．

$$\left\{-\frac{\hbar^2}{2m}\nabla^2 + V(\boldsymbol{r})\right\}\psi(\boldsymbol{r}) = \varepsilon\psi(\boldsymbol{r}) \tag{1.61}$$

この式は 3 次元の一般式だから，これまでと同じように変数分離を行って，まず，1 次のシュレーディンガー方程式を求めます．その後，式 (2.98d) で表されるハミルトニアン H を演算化して使うことによって，次の波動方程式が得られます．

$$\left(-\frac{\hbar^2}{2m}\frac{\mathrm{d}^2}{\mathrm{d}x^2} + \frac{1}{2}m\omega^2 x^2\right)\psi(x) = \varepsilon\psi(x) \tag{2.99}$$

なお，これまでも指摘しているように，位置のエネルギーは演算化しても変化しないので，式 (2.99) のハミルトニアン H を構成する位置のエネルギーの演算子は式 (2.96c) と同じ形になっています．

以上で，ここで解くべき調和振動子のシュレーディンガー方程式は式 (2.99) と決まったが，ここでも演算を簡潔にするために，ξ (ギリシャ文字のグザイ) と λ の二つの定数を導入して，次のような変数変換を行います．

$$\xi = \sqrt{\frac{m\omega}{\hbar}}x, \quad \lambda = \frac{2\varepsilon}{\hbar\omega} \tag{2.100}$$

そして，式 (2.100) で定義される ξ と λ を使って式 (2.99) を書き換えると，補足 2.7 に示すように，解くべき調和振動子の固有値方程式として，次の式が得られます．

$$\left(-\frac{\mathrm{d}^2}{\mathrm{d}\xi^2} + \xi^2\right)\psi(\xi) = \lambda\psi(\xi) \tag{2.101}$$

▶固有関数の備えるべき性質についての検討

解くべき固有値方程式として式 (2.101) が得られたので，この微分方程式を解けばよいが，この式の固有関数 $\psi(\xi)$ は波動関数の性質を備えていなければなりません．つまり，ξ の値がいくら大きくなっても，固有関数 $\psi(\xi)$ は無限大に発散しない関数になっていなければなりません．

そこで，ここでは固有関数 $\psi(\xi)$ を，次のように，多項式 $H(\xi)$ と ξ の指数関数 $e^{\xi^2/2}$ の積の形で表すことにします．

$$\psi(\xi) = H(\xi)\,e^{-\xi^2/2} \tag{2.102}$$

そして，多項式 $H(\xi)$ は次のように ξ で展開します．

◆ 補足 2.7　式 (2.101) を導く道筋

まず，式 (2.100) の ξ の x による 1 階微分，および 2 階微分は次のようになります．

$$\frac{\mathrm{d}\xi}{\mathrm{d}x} = \sqrt{\frac{m\omega}{\hbar}} \tag{S2.33}$$

$$\frac{\mathrm{d}^2\xi}{\mathrm{d}x^2} = 0 \tag{S2.34}$$

次に，$\mathrm{d}/\mathrm{d}x$ と $\mathrm{d}/\mathrm{d}\xi$ の関係および $\mathrm{d}^2/\mathrm{d}x^2$ と $\mathrm{d}^2/\mathrm{d}\xi^2$ の関係を求めると，次のようになります．

$$\frac{\mathrm{d}}{\mathrm{d}x} = \frac{\mathrm{d}}{\mathrm{d}\xi} \cdot \frac{\mathrm{d}\xi}{\mathrm{d}x} = \sqrt{\frac{m\omega}{\hbar}} \frac{\mathrm{d}}{\mathrm{d}\xi} \tag{S2.35}$$

$$\frac{\mathrm{d}^2}{\mathrm{d}x^2} = \frac{\mathrm{d}^2}{\mathrm{d}\xi^2} \cdot \left(\frac{\mathrm{d}\xi}{\mathrm{d}x}\right)^2 + \frac{\mathrm{d}}{\mathrm{d}\xi} \cdot \frac{\mathrm{d}^2\xi}{\mathrm{d}x^2} \tag{S2.36a}$$

$$= \frac{m\omega}{\hbar} \frac{\mathrm{d}^2}{\mathrm{d}\xi^2} \tag{S2.36b}$$

以上の演算で得られた式 (S2.36b) で表される $\mathrm{d}^2/\mathrm{d}x^2$ を，式 (2.99) に代入すると，次の式が得られます．

$$\left\{-\frac{\hbar^2}{2m}\left(\frac{m\omega}{\hbar}\frac{\mathrm{d}^2}{\mathrm{d}\xi^2}\right) + \frac{1}{2}m\omega^2\frac{\hbar}{m\omega}\xi^2\right\}\psi(\xi) = \varepsilon\psi(\xi) \tag{S2.37}$$

この式を整理すると，次の式が得られます．

$$\frac{\hbar\omega}{2}\left(-\frac{\mathrm{d}^2}{\mathrm{d}\xi^2} + \xi^2\right)\psi(\xi) = \varepsilon\psi(\xi) \tag{S2.38a}$$

$$\left(-\frac{\mathrm{d}^2}{\mathrm{d}\xi^2} + \xi^2\right)\psi(\xi) = \frac{2}{\hbar\omega}\varepsilon\psi(\xi) \tag{S2.38b}$$

ゆえに，式 (S2.38b) より，式 (2.100) の λ を使って本文の次の式 (2.101) が得られます．

$$\left(-\frac{\mathrm{d}^2}{\mathrm{d}\xi^2} + \xi^2\right)\psi(\xi) = \lambda\psi(\xi) \tag{2.101}$$

$$H(\xi) = c_0 + c_1\xi + c_2\xi^2 + c_3\xi^3 + \cdots + c_n\xi^n + \cdots \quad (l = 0, 1, 2, 3, \ldots)$$

$$= \sum_{l=0}^{\infty} c_l\xi^l \quad (l = 0, 1, 2, 3, \ldots) \tag{2.103}$$

この式 (2.103) を式 (2.101) に代入すると，次の式が得られます．

$$\psi(\xi) = c_0 e^{-\xi^2/2} + c_1\xi e^{-\xi^2/2} + c_2\xi^2 e^{-\xi^2/2} + \cdots + c_n\xi^n e^{-\xi^2/2} + \cdots$$

$$= \sum_{l=0}^{\infty} c_l\xi^l e^{-\xi^2/2} \tag{2.104}$$

多項式 $H(\xi)$ と指数関数 $e^{-(1/2)\xi^2}$ の積で書いた式 (2.104) の第 l 項を，ここで

$\psi_l(\xi)$ と書いて示しておくと，$\psi_l(\xi)$ は次のようになります．

$$\psi_l(\xi) = c_l \xi^l e^{-\xi^2/2} \tag{2.105}$$

式 (2.105) で表した $\psi_l(\xi)$ 項を使って関数 $\psi(\xi)$ の性質を考えると，次のことが言えます．多項式の第 l 項の成分を考えると，ξ の値が大きな値のときには，ξ の l 乗の ξ^l の値は非常に大きな値になります．しかし，指数関数の $e^{-\xi^2/2}$ は ξ^2 の減衰関数なので，ξ の値が大きくなると $e^{-\xi^2/2}$ の値は ξ^l よりも急激に減少します．したがって，二つの関数の積の $\xi^l e^{-\xi^2/2}$ の値は無限大に発散することはないことがわかります．

これで，関数 $\psi_l(\xi)$ の性質は一応波動関数の性質を充たしていると言えます．関数 $\psi(\xi)$ の式 (2.102) は，元の固有値方程式の式 (2.101) を充たさなければならないので，式 (2.102) を式 (2.101) の微分方程式に代入すると，演算は簡単なので省略するが，次の式が得られます．

$$H''(\xi) - 2H'(\xi)\xi + (\lambda - 1)H(\xi) = 0 \tag{2.106}$$

ここで，$H''(\xi)$ および $H'(\xi)$ は $H(\xi)$ の一階微分および二階微分を表しています．

この式 (2.106) は多項式 $H(\xi)$ の微分の入った微分方程式になっているので，この微分方程式 (2.106) を解くには $H(\xi)$, $H'(\xi)$, $H''(\xi)$ が必要です．$H(\xi)$ には式 (2.104) を用いることにし，これらの 1 階微分と 2 階微分を求めると次のようになります．

$$H'(\xi) = \sum_{l=0}^{\infty} l c_l \xi^{l-1} \quad (l = 0, 1, 2, 3, \dots) \tag{2.107a}$$

$$H''(\xi) = \sum_{l=0}^{\infty} (l-1) l c_l \xi^{l-2} \quad (l = 0, 1, 2, 3, \dots) \tag{2.107b}$$

次に，これらの $H'(\xi)$ と $H''(\xi)$ を式 (2.106) に代入して演算して係数 c_l に関する関係式を求めるが，それには ξ のべき乗を一定に統一する必要があります．いま，統一する ξ のべき乗を ξ^l としましょう．式 (2.106) を見ると，$H'(\xi)$ の項には ξ が掛っているので，この項は $H'(\xi)\xi$ で ξ^l になるが，$H''(\xi)$ の項は式 (2.107b) を使うと，ξ^{l-2} になってしまいます．そこで，係数 c_l を c_{l+2} に変更して，$H''(\xi)$ を次の式で表すことにします．

$$H''(\xi) = \sum_{l=0}^{\infty} (l+1)(l+2) l c_{l+2} \xi^l \quad (l = 0, 1, 2, 3, \dots) \tag{2.107c}$$

このように処理した後，式 (2.107a) と式 (2.107c) を式 (2.106) に代入すると，次の式が得られます.

$$\sum \{(l+2)(l+1)c_{l+2} - 2lc_l + (\lambda - 1)c_l\}\xi^l = 0 \tag{2.108a}$$

この式が任意の ξ の値に対して成り立つには，式 (2.108a) の ξ^l の係数の中かっこ $\{\quad\}$ の中の式が次のように 0 になる必要があります.

$$(l+2)(l+1)c_{l+2} - (2l+1-\lambda)c_l = 0 \tag{2.108b}$$

したがって，この式 (2.108b) より，係数 c_{l+2} と c_l の間には，次の式が成り立たねばなりません.

$$c_{l+2} = \frac{2l - \lambda + 1}{(l+2)(l+1)}c_l \tag{2.109}$$

以上の結果，$H(\xi)$ に関する微分方程式 (2.106) が成り立つ，つまり，式 (2.101) の $\psi(\xi)$ に関する固有値方程式が成り立つためには，係数 c_l について式 (2.109) の関係式が成り立つ必要があることがわかります．しかし，式 (2.109) の関係が成立しても，ξ の多項式が無限に続くと，$H(\xi)$ は無限大に発散します．そして，これに指数関数 $e^{-\xi^2/2}$ を掛けた固有関数 $\psi(\xi)$ も ξ の多項式が無限に続くと，やはり一定の値には収れんしないことが証明されています.

したがって，固有関数 $\psi(\xi)$ を収れんさせるためには多項式 $H(\xi)$ を一定の項で終わらせる必要があります．そのためには，式 (2.109) の c_l の係数を 0 にして，多項式の係数が $(l+2)$ 項 (c_{l+2}) 以上にならないようにしなければなりません．この条件を充たすためには，次の式が成り立つ必要があることがわかります.

$$\lambda = 2l + 1 \quad (l = 0, 1, 2, 3, \ldots) \tag{2.110}$$

しかし，係数 c_l と c_{l+2} の関係を見ると，l が奇数のときには係数 c_l と c_{l+2} は共に奇数番目の項の係数になり，l が偶数のときには c_l と c_{l+2} は共に偶数番目の項の係数になることがわかります．したがって，ξ の多項式 $H(\xi)$ に式 (2.110) の制限を加えることができるのは奇数項か偶数項かのいずれかの項だけになります．つまり，奇数項に制限を加えるだけでは，$H(\xi)$ の偶数項は無限大に発散することになります．偶数項に制限を加えても事情は同じで，式 (2.110) だけの制限では，$H(\xi)$ はやはり無限大に発散します.

これでは困るので，多項式の偶数番目の項に式 (2.110) の制限を加えるときは，多項式の奇数項の値をすべてゼロにして削除することにします．また，逆に奇数項に制限を加えるときには，偶数項はすべて削除します.

この規則を係数に簡単に課すには，多項式を偶数項のみにするときは最初の偶数項の係数に c_0 を使い，奇数項の最初の係数に c_1 を使い，これをゼロにします.

そして，奇数項のみにするときには最初の係数をゼロでない c_1 にし，偶数項の最初の係数の c_0 をゼロにします．

以上のように多項式の係数を決めることにして，l の数字の小さい最初の数個の多項式 $H_l(\xi)$ を求めると，次のようになります．

a.　$l = 0$ $(\lambda = 1)$ のとき [偶関数]　$H_0(\xi) = c_0$

b.　$l = 1$ $(\lambda = 3)$ のとき [奇関数]　$H_1(\xi) = c_1\xi$

c.　$l = 2$ $(\lambda = 5)$ のとき [偶関数]　$H_2(\xi) = c_0(1 - 2\xi^2)$

d.　$l = 3$ $(\lambda = 7)$ のとき [奇関数]　$H_3(\xi) = c_1\{\xi - (2/3)\xi^3\}$

e.　$l = 4$ $(\lambda = 9)$ のとき [偶関数]　$H_4(\xi) = c_0\{1 - 4\xi^2 + (4/3)\xi^4\}$

実は，この $a \sim e$ に示すような多項式 $H_l(\xi)$ は，古くから知られているエルミート多項式と一致することがわかっています．参考までに書くと，エルミート多項式 $H_n(\xi)$ は，次の式で定義されています．

$$H_n(\xi) = (-1)^n e^{\xi^2} \frac{\mathrm{d}^n}{\mathrm{d}\xi^n} e^{-\xi^2} \tag{2.111}$$

そして，エルミート多項式 $H_n(\xi)$ は次の微分方程式を満足することなどが知られています．

$$\left(\frac{\mathrm{d}^2}{\mathrm{d}\xi^2} - 2\xi\frac{\mathrm{d}}{\mathrm{d}\xi} + 2n\right) H_n(\xi) = 0 \tag{2.112}$$

▶調和振動子の固有関数とその形

以上の結果，調和振動子の固有関数 $\psi(x)$ はエルミート多項式で構成されることがわかったので，式 (2.100) を使って ξ を元の式に戻して，調和振動子の固有値方程式 (シュレーディンガー方程式，2.99) の解としての固有関数 $\psi(x)$ を求めると，$\psi(x)$ の第 n 項の $\psi_n(x)$ は次の式で表されます．

$$\psi_n(x) = A_n H_n\left(\sqrt{\frac{m\omega}{\hbar}}x\right) e^{-m\omega x^2/2\hbar} \tag{2.113a}$$

ここで，A_n は固有関数 $\psi_n(x)$ の規格化定数と呼ばれるもので，次の式で表されます．

$$A_n = \sqrt{\frac{1}{2^n n!}\sqrt{\frac{2m\omega}{h}}} \tag{2.113b}$$

そして，$n = 0, n = 1,$ および $n = 2$ のときの固有関数 (波動関数) $\psi_n(x)$ は図 2.25 に示すようになります．この図において，古典的な調和振動子の振動範囲は破線で示す $-a$ から a までなので，固有関数 $\psi_n(x)$ は，この調和振動子の振動範囲を超えた領域にも存在することがわかります．

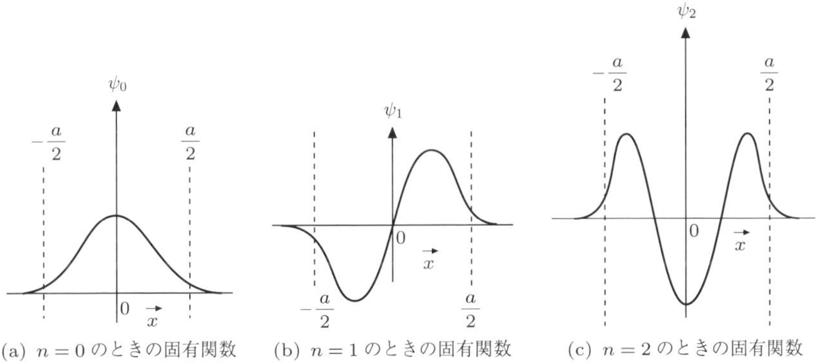

図 **2.25** 調和振動子の固有関数 (波動関数)

固有関数 (波動関数) の二乗は，波動関数が示す粒子の存在確率を表しているので，古典物理学で考えると振動子はばね付きおもりになるから奇妙なことになります．しかし，量子力学では，振動子は原子や電子などの量子論的な粒子なので，これらは元々確率的な性質を持っています．だから，振動範囲を超えて振動子の存在確率が有限であっても不思議ではないのです．

▶調和振動子のエネルギー

調和振動子のエネルギー固有値 ε は，固有値方程式 (2.99) を簡潔にするために導入した λ の式 (2.100) に含まれているので，λ の値を $\lambda = 2l+1$ とおいて，式 (2.100) からエネルギー ε を求めると，ε は次の式で表されます．

$$\varepsilon = \frac{1}{2}\hbar\omega\,(2l+1) \tag{2.114a}$$

エネルギーを表す量子数には n が使われるので，この式の l を n に置き換えて，かつ，少し形を整えると，調和振動子のエネルギー ε は次のようになります．

$$\varepsilon = \left(n + \frac{1}{2}\right)\hbar\omega \tag{2.114b}$$

式 (2.114b) を図に描くと，図 2.26 に示すようになります．

調和振動子のエネルギー ε の特徴は，図からもわかるように，まずはとびとびの値になることです．これは量子力学に共通な現象です．調和振動子のエネルギーのとびは図 2.26 で見ると，$\hbar\omega$ になっています．ところが，最初にプランクが提案した光 (光子，フォトン) のエネルギーのとびの値は $h\nu$ でした．

$\hbar\omega$ と $h\nu$ で見かけは違うようだが，これらの二つの式は実は同じになります．というのは，$\hbar = h/2\pi$, $2\pi\nu = \omega$ の関係があるから，$\omega = \nu/2\pi$ となり，この関係を使うと $\hbar\omega = h\nu$ となることがわかります．だから，エネルギー ε の

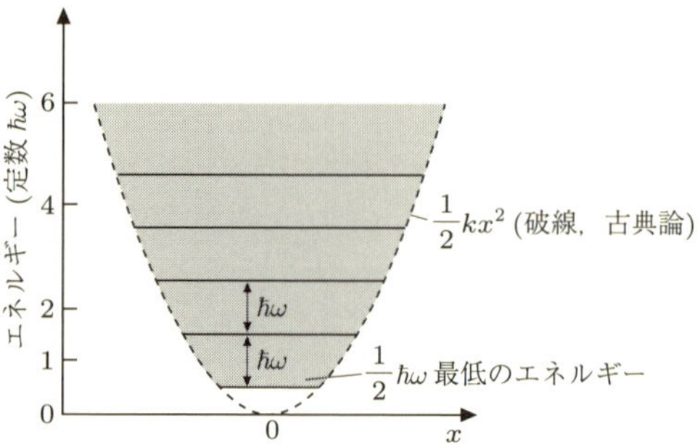

図 **2.26** 調和振動子のエネルギー

とびは, 原子など量子力学的な粒子を波として考えると $h\nu$ となり, 粒子ならば $\hbar\omega$ で表されるが, エネルギーのとびとしては同じ値になることがわかります.

量子力学ではあらゆるエネルギーが離散的な (とびとびの) 値ととると考えてよいと思います. しかし, これは特別のことを言っているわけではなく, エネルギーの最小単位は元々, このような離散的な値になっているのであって, 古典物理学ではこのとびの間隔が小さいとして 0 に近似しているだけです.

量子論における調和振動子のエネルギーのもう一つの特徴は, 最低のエネルギーがゼロにならないことです. 最低のエネルギーは量子数 n が 0 のときに相当するが, $n=0$ のときの調和振動子のエネルギーは, 図 2.26 に示すように, $(1/2)\hbar\omega$ となっていて確かに 0 ではありません.

最低のエネルギーがゼロにならないということは, 物理現象としては不思議なことです. というのは, 物体は静止しているとき運動エネルギーが 0 になるので, このとき物体に力が全く加わっていなければ位置のエネルギーも 0 になります. だから, 物体は静止したときに全エネルギーが 0 になるのです. ということは, 量子力学的な調和振動子は静止することがないことを示しています.

調和振動子が静止しないということは, あらゆる状態, つまり絶対零度においても成り立つはずだが, 確かに, 量子力学的な粒子の原子は絶対零度 (0 K) においても運動していると言われています. この運動は零点振動とかゼロ点振動と呼ばれるものであり, このエネルギーは零点エネルギーとかゼロ点エネルギーと呼ばれています.

実はゼロ点振動はハイゼンベルクの提案した不確定性原理に基づいているのです. 不確定性原理は 1 章において示したように, 次の式で表されます.

$$\Delta p \cdot \Delta x \gtrsim \hbar/2 \tag{1.16b}$$

この式 (1.16b) では, Δp は運動量の曖昧さ, Δx は位置 (座標) の曖昧さですが, 式 (1.16b) の不確定性原理の式は, これら Δp と Δx のどちらも 0 にすることはできないことを示しています. いずれかが 0 になると, 式 (1.16b) が成り立たないからです．

だから，量子力学的な粒子は位置 (座標) の曖昧さを 0 にして，一定の定まった箇所にその存在位置を決めることはできないのです．つまり，量子力学的な粒子は 1 箇所に静止することはできないのです．ということは，粒子は絶対零度においても振動し続けざるをえないことになり，これが原子のゼロ点振動の動作原理になっています．

演 習 問 題

2.1　井戸型ポテンシャルでは電子のエネルギーはとびとびの値をとるが，同じようなポテンシャル構造を持つと言われる通常の物質の中の電子については，とびとびのエネルギーを持つという話はあまり聞かない．これはなぜか？

2.2　水素原子の中の電子のエネルギーはとびとびの値をとるが，これはなぜか？　井戸型ポテンシャルと関連付けて解答せよ．

2.3　電子のトンネル現象では電子は穴のない壁をトンネルするが，これは常識的には考えにくい不思議なことである．量子力学でこのような不思議な現象が起こるのはなぜか？

2.4　電子は自分の持っているエネルギー (仕事をする能力) よりも大きいエネルギーを持つ壁もトンネル現象で通り抜けることができると言われている．このような原理的にありえないようなことが量子力学で起こる理由は何か？

2.5　調和振動子の最低のエネルギーは $(1/2)\hbar\omega$ であるが，このようになることを不確定性原理を使って数式的に説明せよ．ただし，不確定性原理の式としては次の式を使うこと．

$$\Delta p \cdot \Delta x \gtrsim \frac{1}{2}\hbar$$

2.6　量子力学の計算では波動関数がしばしば級数を使って展開されるが，これはなぜか？　また，波動関数が級数の和で表すことができても，波動関数はそれで必要十分な性質を備えたとはいえないと言われる．なぜか？

2.7　3 次元の井戸型ポテンシャルの中の電子のエネルギー ε は補足 2.2 の式 (S2.9) で表される．3 次元のポテンシャル井戸の 3 辺の長さ a, b, c が $a = b = c = 1 \times 10^{-10}$ m のときと，$a = b = 1 \times 10^{-10}$ m, $c = 1.5 \times 10^{-10}$ m のときのエネルギー ε の差 $\Delta\varepsilon$ を計算し，[eV] 単位で表せ．ただし，$n_x = n_y = n_z = 1$ とせよ．なお，電子の質量は $m_e = 9.11 \times 10^{-31}$ kg である．また，1 eV $= 1.9 \times 10^{-19}$ J である．

2.8　井戸型ポテンシャルの中の電子のエネルギー ε の式 (2.33) を使って $n = 1$ と $n = 2$ のときのエネルギー差を計算せよ．そして，前問 2.7 の場合のエネルギー差と比較して議論せよ．なお，$a = 1.0 \times 10^{-10}$ m とせよ．

2.9　式 (2.62b)，式 (2.63) および式 (2.64a) を式 (2.61b) に代入して式 (2.66) を導け．

2.10　式 (2.90) を用いて $n = 5$ と $n = 1$ のときの電子のエネルギーを計算して，これらの電子のエネルギー準位を求め，$n = 5$ から $n = 1$ の準位へ電子が遷移したときに発生する光の振動数と波長を求めよ．ただし，誘電率 $\epsilon_0 = 8.855 \times 10^{-12}$ F/m，電子の電荷 $q = 1.602 \times 10^{-19}$ C とし，次の単位換算式を使用せよ．[C]=[FV]，[VC]=[Nm]，[J]=[Nm].

2.11　式 (2.102) を式 (2.101) に代入して式 (2.106) が得られることを具体的に示せ.

Chapter 3

量子力学の基本事項と規則

2章までは具体的な物理現象の例題を利用して量子力学について述べてきたが，この章では固有関数の性質などの量子力学の基本事項や規則をまとめて説明しておきます．その中には自然界の物理現象の基礎ともなるフェルミ粒子やボース粒子の話題も含まれます．

それと共に，量子力学の計算に使われる道具，つまり，使いやすく便利な記号や比較的やさしい数学的な手法について感覚的にわかりやすい説明をして，4章以降の内容が納得して理解しやすくなるようにしておきます．

3.1 量子数と便利な記号

▶とびとびの概念を表す道具と風変わりで便利な記号

まず，量子力学では量子という単語が使われるが，量子というのは電子などの，それ以上小さく分割できない基本粒子，つまり素粒子に適用されるのが普通です．次に量子数ですが，量子力学では定常状態の物理量がとびとびの状態で現れるのが特徴で，このとびとびの状態を指定する数が量子数と呼ばれているものです．量子数にはこれが指定する物理量の違いに基づいて数種類あります．

エネルギーのとびの状態を指定する量子数は主量子数と呼ばれ，これには整数の n が使われます．また，角運動量のとびに関しては量子数として l が使われ，これは方位量子数と呼ばれています．磁気現象に関するものには m が使われ，これは磁気量子数と呼ばれています．さらに，スピンに関連するものに少し変わった量子数があって，半整数が使われています．この量子数には m_{s} が使われ，スピン量子数とかスピン磁気量子数と呼ばれています．

▶量子力学でよく使われる便利な記号

量子力学では特殊な記号が便利に使われています．これを知らなければ，量子力学の本を読んでもわかりにくいこともあるし，便利なものは早く知って使った方がいいので，ここで説明しておきます．

古くから数学や物理学で使われているもので，量子力学に限ったものではないが，量子力学においても便利に使われている記号に，次の式で示されるクロネッカーのデルタ記号があります.

$$\delta_{nm} = 1 \quad (n = m)$$
$$= 0 \quad (n \neq m) \tag{3.1}$$

たとえば，A_n と A_m の積が，n と m が等しいときは A^2 になり，n と m が等しくないときには 0 になるような場合に，この δ 記号を使うと次のように簡潔に表すことができます.

$$A_n A_m = A^2 \delta_{nm}$$

▶ディラックは記号作りの名人

次に，ディラックがブラケット記号 $\langle \quad \rangle$ を使って作った有名な記号があるので，これを紹介します．量子力学では波動関数を $\Psi(q)$ とすると，波動関数 $\Psi(q)$ とこれに複素共役な関数 $\Psi^*(q)$ で，物理量の演算子 F を挟んだ次の積分の式

$$\int \Psi^*(q)\, F\Psi(q)\, \mathrm{d}q \tag{3.2}$$

は，次に説明するように，物理量の期待値を表すが，この式はブラケット記号 $\langle \quad \rangle$ を使って次のように表されます.

$$\int \Psi^*(q)\, F\Psi(q)\, \mathrm{d}q = \langle \Psi | F | \Psi \rangle \tag{3.3}$$

ディラックは式 (3.3) の右辺の記号 $\langle \Psi | F | \Psi \rangle$ を，F より左の部分と F より右の部分の二つに分解して，次の 2 個の記号を作りました.

$$\langle \Psi | \tag{3.4a}$$

$$| \Psi \rangle \tag{3.4b}$$

そして，式 (3.4a) の記号 $\langle \Psi |$ をブラベクトル (またはブラ) とかブラ記号，式 (3.4b) の記号 $| \Psi \rangle$ をケットベクトル (またはケット) とかケット記号と名づけました.

また，ディラックはブラ記号とケット記号を使って次のような表示記号も作りました.

$$\int f^* g \mathrm{d}q = \langle f | g \rangle \tag{3.5}$$

$$\int \Psi_n^*(q)\, F\Psi_m(q)\, \mathrm{d}q = \langle \Psi_n | F | \Psi_m \rangle \tag{3.6a}$$

$$= \langle n | F | m \rangle \tag{3.6b}$$

なお，式 (3.2) で表される物理量の期待値は，ブラケットを使って次のように

表されることが多いことも指摘しておきたいと思います.

$$\langle F \rangle = \int \Psi^* (q) \, F \Psi (q) \, \mathrm{d}q \tag{3.7}$$

3.2 固有関数の性質

量子力学では演算子 F で表される物理状態が観測可能であれば，その物理量を表す各状態の固有関数は $u_1(r), u_2(r), u_1(r), \ldots, u_n(r), \ldots$ などで表されるが，これらの固有関数 $u_n(r)$ は直交関数系を作り，物理量の波動関数 $\Psi(r,t)$ は，この固有関数 $u_n(r)$ を使って展開でき，次のように固有関数の 1 次結合で表されます.

$$\Psi(r,t) = c_1(t)u_1(\boldsymbol{r}) + c_2(t)u_2(\boldsymbol{r}) + c_3(t)u_3(\boldsymbol{r}) + \cdots + c_n(t)u_n(\boldsymbol{r}) + \cdots \tag{3.8a}$$

$$= \sum_{n=1}^{\infty} c_n(t)u_n(r) \tag{3.8b}$$

ここで，係数 $c_n(t)$ は時間 t の関数です．ですから波動関数は固有関数の線形結合になっています.

固有関数の作る直交関数系に関連して，完全直交関数系について説明しておくと，次のようになります．まず，完全系とは，任意の関数を $f(x)$ とすると，この $f(x)$ を次の式

$$f(x) = a_1 u_1(x) + a_2 u_2(x) + a_3 u_3(x) + \cdots + a_n u_n(x) + \cdots \tag{3.9a}$$

$$= \sum_{n=1}^{\infty} a_n u_n(x) \tag{3.9b}$$

で示すように展開可能な，関数列 $u_n(x)$ のことです.

次に，関数の規格化と直交性について説明しましょう．この説明には予備知識として，関数の内積についての知識が必要だが，関数の内積とは次のようになっています．まず，次の定積分があるとしましょう.

$$\int_b^a u_n^*(x) \, u_m(x) \, \mathrm{d}x \tag{3.10a}$$

ここで，$u_n(x)$ は区間 $[a,b]$ の間で定義される複素関数であり，$u_n^*(x)$ は $u_n(x)$ の複素共役です．このような条件の下で成り立つ，式 (3.10a) で示す積分が関数の内積と呼ばれます.

そして，式 (3.10a) において $n = m$ とおくと，次の式が成り立ちます.

$$\int_b^a |u_n(x)|^2 \mathrm{d}x \tag{3.10b}$$

この式 (3.10b) は $a > b$ の条件の下で正になります．また，この式に適当な係数を掛けて $u_n(x)$ を調整すると，次のように式 (3.10b) の値が 1 になるようにすることができます．

$$\int_b^a |u_n(x)|^2 \mathrm{d}x = 1 \tag{3.11}$$

この式 (3.11) を充たすような関数 $u_n(x)$ が規格化された関数と呼ばれるものです．

また，関数の直交性だが，これは式 (3.10a) で表される関数の内積の値が 0 となるとき，関数 $u_n(x)$ と $u_m(x)$ は直交していると定義されています．これは $u_n(x)$ と $u_m(x)$ は同時には存在しえないということを表しています．なお，関数の規格化・直交性は，クロネッカーのデルタ記号を使うと，$n = m$ と $n \neq m$ の場合を同時に表すことができ，次のようになります．

$$\int_b^a u_n^*(x)\, u_m(x)\, \mathrm{d}x = \delta_{nm} \tag{3.12}$$

以上に説明したように，固有関数は完全系の関数であって，規格化・直交性の性質を持っていなければならないということです．

3.3 固有関数の重ね合わせと波動関数

水素原子の中の電子の状態について考えてみると，水素原子には多くのエネルギー準位があります．しかし，水素原子には電子は 1 個しかないので，電子はエネルギー準位のいずれかをとると考えられます．つまり，電子は多くのエネルギー準位のどの準位もとる可能性があるが，ある時点で実際にとるエネルギー準位はどれか一つです．

この状況で，電子の波動関数について考えてみましょう．まず，電子の波動関数が $\Psi(r,t)$ と書けるとすると，この波動関数を使って，次の固有値方程式が成り立ちます．

$$F\Psi(\boldsymbol{r},t) = f\Psi(\boldsymbol{r},t) \tag{3.13}$$

ここで，F は演算子で，f はその固有値です．

次に，いろいろなエネルギー準位をとる電子の固有関数を $u_1(\boldsymbol{r}), u_2(\boldsymbol{r}), u_3(\boldsymbol{r}), \ldots, u_i(\boldsymbol{r}) \cdots$ とすると，電子の全体の波動関数 $\Psi(\boldsymbol{r},t)$ は，次の式で表されます．

$$\begin{aligned}\Psi(\boldsymbol{r},t) &= c_1(t)\,u_1(\boldsymbol{r}) + c_2(t)\,u_2(\boldsymbol{r}) + c_3(t)\,u_3(\boldsymbol{r}) + \cdots + c_i(t)\,u_i(\boldsymbol{r}) + \ldots \\ &= \sum_{i=1}^{\infty} c_i(t)\,u_i(\boldsymbol{r}) \end{aligned} \tag{3.14}$$

ここで，係数 $c_i(t)$ は電子が i の状態をとる可能性 (確率) を表す係数で，時間の関数になっています．式 (3.14) では波動関数が固有関数の線形結合になっているので，波動関数は固有関数の重ね合わせになっているともいえます．

波動関数 $\Psi(\boldsymbol{r},t)$ に複素共役な関数を，*記号をサフィックスに用いて $\Psi^*(\boldsymbol{r},t)$ とすると，$\Psi^*(\boldsymbol{r},t)$ は次のように書けます．

$$\Psi^*(\boldsymbol{r},t) = \sum_{j=1}^{\infty} c_j^*(t)\, u_j^*(\boldsymbol{r}) \tag{3.15}$$

すると，$\Psi(\boldsymbol{r},t)$ と $\Psi^*(\boldsymbol{r},t)$ の積は式 (3.14) と式 (3.15) を使って，次のように演算できます．

$$\Psi(\boldsymbol{r},t)\,\Psi^*(\boldsymbol{r},t) = \sum_{j=1}^{\infty}\sum_{i=1}^{\infty} c_j^*(t)\, c_i(t)\, u_j^*(\boldsymbol{r})\, u_i(\boldsymbol{r}) \tag{3.16}$$

式 (3.16) を全空間で積分すると，次のようになります．

$$\int \Psi(\boldsymbol{r},t)\,\Psi^*(\boldsymbol{r},t)\,\mathrm{d}r = \int \sum_{j=1}^{\infty}\sum_{i=1}^{\infty} c_j^*(t)\, c_i(t)\, u_j^*(\boldsymbol{r})\, u_i(\boldsymbol{r})\,\mathrm{d}r \tag{3.17a}$$

$$= \sum_{j=1}^{\infty}\sum_{i=1}^{\infty} c_j^*(t)\, c_i(t) \int u_j^*(\boldsymbol{r})\, u_i(\boldsymbol{r})\,\mathrm{d}\boldsymbol{r}$$

$$= \sum_{j=1}^{\infty}\sum_{i=1}^{\infty} c_j^*(t)\, c_i(t)\, \delta_{ij} \tag{3.17b}$$

$$= \sum_{i=1}^{\infty} |c_i(t)|^2 \tag{3.17c}$$

この演算で，$\sum_{j=1}^{\infty}\sum_{i=1}^{\infty} c_j^*(t)c_i(t)$ は積分の変数の $\boldsymbol{r}$ とは関係がないので積分の外に出して演算しています．また，$u_i^*(\boldsymbol{r})u_i(\boldsymbol{r})$ の積分の演算では，次の式で表される固有関数の規格化・直交性の関係を使っています

$$\int u_j^*(\boldsymbol{r})\, u_i(\boldsymbol{r})\,\mathrm{d}\boldsymbol{r} = \delta_{ij} \tag{3.18}$$

式 (3.17a) の左辺は波動関数 $\Psi(\boldsymbol{r},t)$ の二乗積分になるが，この値は固有関数の係数 $c_i(t)$ の絶対値の二乗の重ね合わせによって与えられることがわかります．なお，積分は厳密には 3 重積分だが，積分記号は 1 個で略記します (以下も同じ)．

そして，各状態の電子の固有関数 $u_i(\boldsymbol{r})$ は，次の固有値方程式を充たしています．

$$Fu_i(\boldsymbol{r}) = f_i u_i(\boldsymbol{r}) \tag{3.19}$$

ここで，F は演算子で，f_i はそれぞれ異なったエネルギー準位をとる各電子の固

有値です．

以上をまとめると，電子の波動関数は式 (3.14) に示すように，固有関数 $u_i(\boldsymbol{r})$ を使って展開できると言えるが，逆に電子の全体の波動関数 $\Psi(\boldsymbol{r},t)$ は，電子の個々の状態を表す固有関数 $u_i(\boldsymbol{r})$ の重ね合わせによって表すことができるとも言えるのです．

また，複数の固有関数，たとえば $u_i(\boldsymbol{r})$ と $u_j(\boldsymbol{r})$ を使って固有値方程式が成り立つとき，演算子 F に対する固有値 f が，次に示すように二つの固有値方程式

$$Fu_i(\boldsymbol{r}) = fu_i(\boldsymbol{r}) \tag{3.20a}$$

$$Fu_j(\boldsymbol{r}) = fu_j(\boldsymbol{r}) \tag{3.20b}$$

において一致する場合は，これらの二つの固有値方程式の固有値 f は重なっているが，こうした重なった固有値の状態は固有値が縮退しているといわれます．

3.4 期　待　値

量子力学における物理量の期待値は，古典物理学では平均値と呼ばれてることもあります．古典物理学の平均値 (期待値) の例として，サイコロを投げたときに出る目の数の場合を考えてみましょう．サイコロの目の数は 1 から 6 までであるが，ここでは一般論にしてこれを記号 f_n で表すことにし，振ったときにどの目が出るかの確率を p_n とすると，1 個のサイコロを振ったときに出る目の期待値は，これを $\langle F\rangle$ とすると次のようになります．

$$\langle F\rangle = p_1f_1 + p_2f_2 + p_3f_3 + \cdots + p_6f_6 = \sum_{n=1}^{6} p_nf_n \tag{3.21}$$

サイコロの場合は一つの面の出る確率の p_n はすべて 1/6 で，サイコロの目の数 f_n は 1 から 6 までなので，式 (3.21) の期待値 $\langle F\rangle$ は，$(1/6)(1+2+3+4+5+6) = 3.5$ と計算できます．

一方，量子力学の期待値は，$\boldsymbol{r}$, $\boldsymbol{p}$ を位置および運動量として，期待値を求める物理量の演算子を $F(\boldsymbol{r},\boldsymbol{p})$ とし，この物理量に関わる波動関数を $\Psi(\boldsymbol{r},t)$ とすると，次の式で表されます．

$$\langle F\rangle = \int \Psi^*(\boldsymbol{r},t)\,F(\boldsymbol{r},\boldsymbol{p})\,\Psi(\boldsymbol{r},t)\,\mathrm{d}r \tag{3.22}$$

ここで，$\Psi^*(\boldsymbol{r},t)$ は波動関数 $\Psi(\boldsymbol{r},t)$ の複素共役です．

式 (3.22) の期待値 $\langle F\rangle$ を具体的に計算してみましょう．波動関数 $\Psi(\boldsymbol{r},t)$ が式

(3.14) に示したように，固有関数を $\chi_n(\boldsymbol{r})$ として，$\chi_n(\boldsymbol{r})$ で展開できるとすると，$\Psi(r,t)$ は次の式で表すことができます．

$$\Psi(\boldsymbol{r},t) = c_1(t)\chi_1(\boldsymbol{r}) + c_2(t)\chi_2(\boldsymbol{r}) + c_3(t)\chi_3(\boldsymbol{r}) + \cdots + c_n(t)\chi_n(\boldsymbol{r}) + \cdots$$
$$= \sum_{n=1}^{\infty} c_n(t)\chi_n(\boldsymbol{r}) \tag{3.23}$$

同様に，$\Psi(\boldsymbol{r},t)$ に複素共役な波動関数 $\Psi^*(\boldsymbol{r},t)$ は，$\chi_n(\boldsymbol{r})$ に複素共役な固有関数 $\chi_m^*(\boldsymbol{r})$ を使って，次のように展開することができます．

$$\Psi^*(\boldsymbol{r},t) = \sum_{m=1}^{\infty} c_m^*(t)\chi_m^*(\boldsymbol{r}) \tag{3.24}$$

これらの式 (3.23) と式 (3.24) を，期待値 $\langle F\rangle$ の式 (3.22) に代入すると，期待値 $\langle F\rangle$ は次のように表されます．

$$\langle F\rangle = \sum_{n=1}^{\infty}\sum_{m=1}^{\infty} c_m^*(t)c_n(t)\int \chi_m^*(\boldsymbol{r})F(\boldsymbol{r},\boldsymbol{p})\chi_n(\boldsymbol{r})\,\mathrm{d}\boldsymbol{r} \tag{3.25}$$

式 (3.25) において，積分記号の中の $F(\boldsymbol{r},\boldsymbol{p})\chi_n(\boldsymbol{r})$ は，式 (3.19) と同様に固有値方程式を充たし，次のように書けます．

$$F(\boldsymbol{r},\boldsymbol{p})\chi_n(\boldsymbol{r}) = f_n\chi_n(\boldsymbol{r}) \tag{3.26}$$

この関係を使うと，f_n は固有値だから積の順序を変更してもよいので，$\chi_m^*(\boldsymbol{r})F(\boldsymbol{r},\boldsymbol{p})\chi_n(\boldsymbol{r})$ は次のように演算できます．

$$\chi_m^*(\boldsymbol{r})F(\boldsymbol{r},\boldsymbol{p})\chi_n(\boldsymbol{r}) = \chi_m^*(\boldsymbol{r})f_n\chi_n(\boldsymbol{r}) = f_n\chi_m^*(\boldsymbol{r})\chi_n(\boldsymbol{r}) \tag{3.27a}$$

したがって，式 (3.25) の積分記号以降の式は，次の式で書くことができます．

$$\int \chi_m^*(\boldsymbol{r})F(\boldsymbol{r},\boldsymbol{p})\chi_n(\boldsymbol{r})\,\mathrm{d}\boldsymbol{r} = f_n\int \chi_m^*(\boldsymbol{r})\chi_n(\boldsymbol{r})\,\mathrm{d}\boldsymbol{r} \tag{3.27b}$$

この式 (3.27b) では f_n を積分の前に出したが，f_n は固有値で定数とみなせるので，積分記号の外に出すことができるからです

また，式 (3.27b) の積分は，固有関数の規格化・直交性を使うと，次のようになります．

$$\int \chi_m^*(\boldsymbol{r})\chi_n(\boldsymbol{r})\,\mathrm{d}r = \delta_{nm} \tag{3.28}$$

式 (3.28) の関係を式 (3.27b) に使い，その結果を式 (3.25) に代入すると，期待値として次の式が得られます．

$$\langle F\rangle = \sum_{n=1}^{\infty}\sum_{m=1}^{\infty} c_m^*(t)c_n(t)f_n\delta_{nm} \tag{3.29a}$$

式 (3.29a) の意味を具体的に書くと，期待値 $\langle F\rangle$ は次のようになります．

$$\langle F\rangle=\sum_n|c_n(t)|^2f_n \quad (n=m\text{ のとき}) \tag{3.29b}$$

$$=0 \quad (n\neq m\text{ のとき}) \tag{3.29c}$$

期待値が 0 では意味がないので，期待値は式 (3.29b) ということになります．なお $|c_n(t)|^2$ は確率を表すので，すべて加えると 1 になり，次の式が成り立ちます．

$$\sum|c_n(t)|^2=1 \tag{3.30}$$

古典物理学の期待値の式は式 (3.21) だから，古典物理学の確率 p_n は量子力学の $|c_n(t)|^2$ に相当するので，量子力学による今回の計算の結果の式 (3.29b) は，古典物理学と同じように表されることを示しています．

3.5 ディラックのデルタ関数と位置および運動量の固有関数

▶ディラックの発見した奇妙な超関数

クロネッカーのデルタ記号に似た，デルタ関数がディラック (P. Dirac, 1902〜1984) によって発見されました．この関数が提案されたとき，数学界の人々は奇異な関数の提案に驚きました．そして，しばらくはディラックの提案したデルタ関数を正式の関数としては認めませんでした．ディラックの提案したデルタ関数は，それまでの関数の常識を逸脱していたからです．

デルタ関数とはどんなものでしょうか？　いま，デルタ関数を $f(x)$ とすると，$f(x)$ は次の式で表すことができます．

$$f(x)=\delta(x-x_0)=\frac{1}{2\pi}\int_{-\infty}^{\infty}e^{ik(x-x_0)}\mathrm{d}k \tag{3.31}$$

この式 (3.31) を図に描くと，図 3.1 に示すようになります．つまり，デルタ関数は x の値が x_0 に等しいときその値が無限大になり，x の値が x_0 以外のときにはその値が 0 になるという，およそ関数らしからぬ形をしています．

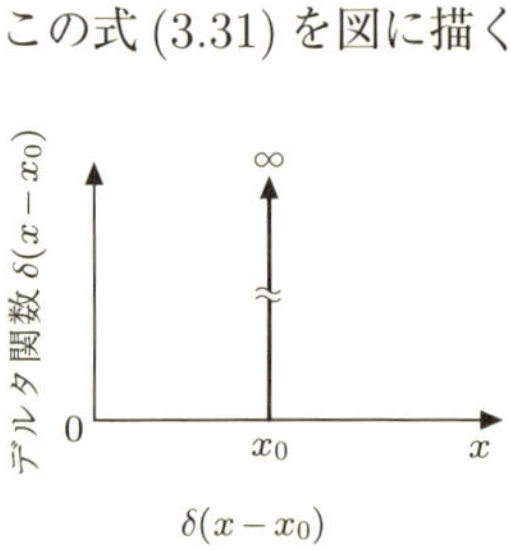

図 3.1　デルタ関数

また，デルタ関数を $-\infty$ からある値 ξ まで積分すると，ξ の値が x_0 より小さければ，デルタ関数の値は 0 になり，ξ の値が x_0 より大きければ 1 になります．そして，デルタ関数を積分した値を $F(\xi)$ として式で表すと，$F(\xi)$ は次のようになります．

$$F(\xi)=\int_{-\infty}^{\xi}\delta(x-x_0)\,\mathrm{d}x=0 \quad (\xi<x_0)$$

$$=1 \quad (\xi \geq x_0) \qquad (3.32)$$

だから，デルタ関数を積分した関数 $F(\xi)$ は，図3.2 に示すようにデルタ関数の積分範囲が x_0 を含むなら関数 $F(\xi)$ の値は 1 になるが，x_0 を含まなければ $F(\xi)$ の値は 0 になります．デルタ関数を導く演算方法については煩雑になるので，ここでは省略します．興味のある方は他書を参考にしてほしいと思います．

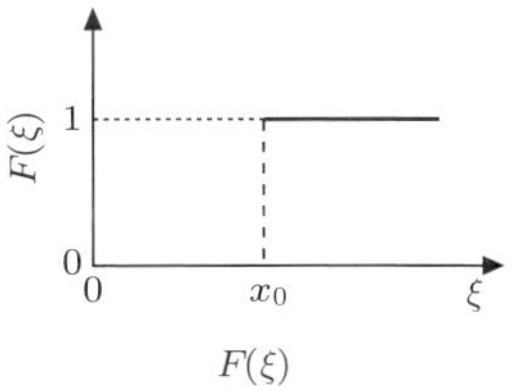

図 **3.2** デルタ関数の積分の値

このデルタ関数の性質について，そのほかの重要なものを二つ述べておきます．

① 任意の関数を $g(x)$ と，$g(x)$ とデルタ関数の積 $g(x)\delta(x-x_0)$ を $-\infty$ から ∞ まで積分すると，次の式が成り立ちます．

$$\int_{-\infty}^{\infty} g(x)\,\delta(x-x_0)\,\mathrm{d}x=g(x_0) \qquad (3.33)$$

この式は，関数 $g(x)$ の $x=x_0$ における値が求めにくい場合でも，デルタ関数を使えばこの式を使って容易に求めることができることを表しています．

② デルタ関数は次の関係式を充たします．

$$\delta(x-x_0)=\delta(x_0-x) \qquad (3.34)$$

式 (3.34) は関数 $f(x)$ が $f(x)=f(-x)$ の関係を充たしているので，デルタ関数 $\delta(x-x_0)$ は偶関数の性質を持っています．

A. 位置の固有関数

▶位置の固有関数はデルタ関数！

少し唐突で奇妙に聞こえるかもしれないが，デルタ関数の理解に役立つので，ここで位置 $\boldsymbol{r}$ の固有関数を求めてみましょう．いま，位置の固有関数を仮に $\chi(\boldsymbol{r})$ とします．また，位置の演算子は物理量と同じで $\boldsymbol{r}$ です．そして，位置の固有値を r_0 とすることにしましょう．すると，位置の固有値方程式は，次のようになります．

$$r\chi(\boldsymbol{r})=r_0\chi(\boldsymbol{r}) \qquad (3.35)$$

次に，位置 $\boldsymbol{r}$ の正式の固有関数を決めましょう．この決め方は少し変わっているが，デルタ関数を利用するのです．すなわち，デルタ関数 $\delta(x-x_0)$ にある関数 $G(x)$ と変数 x の積，$G(x)x$ を左から掛けたものを，$-\infty$ から ∞ まで積分します．そして式 (3.33) の関係を使うと，この積分の値は，次のようになります．

$$\int_{-\infty}^{\infty} G(x)\, x\delta(x-x_0)\, \mathrm{d}x = G(x_0)\, x_0 \tag{3.36}$$

ここでは，$G(x)x$ を一つの x の関数とみなしています．

次に，$\delta(x-x_0)$ に関数 $G(x)$ と定数 x_0 の積，つまり $G(x)x_0$ を左から掛けたものを，$-\infty$ から ∞ まで積分します．すると，次のようになります．

$$\int_{-\infty}^{\infty} G(x)\, x_0\delta(x-x_0)\, \mathrm{d}x = x_0 \int_{-\infty}^{\infty} G(x)\, \delta(x-x_0)\, \mathrm{d}x \tag{3.37}$$

ここで，右辺の積分以降の式に，式 (3.33) の関係を適用すると，式 (3.37) は次のようになります．

$$x_0 \int_{-\infty}^{\infty} G(x)\, \delta(x-x_0)\, \mathrm{d}x = x_0 G(x_0) \tag{3.38}$$

x_0 は定数なので，この式 (3.38) を使うと，式 (3.36) と式 (3.37) の右辺同士は等しいことがわかります．したがって，式 (3.37) と式 (3.36) の左辺同士も等しくなり，次の等式が成り立ちます．

$$\int_{-\infty}^{\infty} G(x)\, x\delta(x-x_0)\, \mathrm{d}x = \int_{-\infty}^{\infty} G(x)\, x_0\delta(x-x_0)\, \mathrm{d}x \tag{3.39}$$

したがって，式 (3.39) の左右の被積分関数 $G(x)x\delta(x-x_0)$ と $G(x)x_0\delta(x-x_0)$ は等しくなるので，$G(x)$ を省略すると，次の等式が成り立つことがわかります．

$$x\delta(x-x_0) = x_0\delta(x-x_0) \tag{3.40a}$$

ここで，x と x_0 を $\boldsymbol{r}$ と $\boldsymbol{r}_0$ に置き換えると，次の式が得られます．

$$\boldsymbol{r}\delta(\boldsymbol{r}-\boldsymbol{r}_0) = \boldsymbol{r}_0\delta(\boldsymbol{r}-\boldsymbol{r}_0) \tag{3.40b}$$

この式 (3.40b) と式 (3.35) を比較すると，次の関係

$$\chi(\boldsymbol{r}) = \delta(x-x_0) \tag{3.41}$$

が成り立ちます．つまり，式 (3.41) は最初に仮定した位置の固有関数 $\chi(\boldsymbol{r})$ がデルタ関数 $\delta(x-x_0)$ に等しくなることを示しています．したがって，位置の固有関数はデルタ関数 $\delta(x-x_0)$ ということに決定できます．

位置というものは，ある特定の位置，たとえば $\boldsymbol{r}_0$ の位置を考えるときには，位置は $\boldsymbol{r}_0$ の箇所のみで意味があります．デルタ関数も $\boldsymbol{r}=\boldsymbol{r}_0$ のときにのみ意味があるので，位置の固有関数がディラックのデルタ関数になることは納得できると思います．

B.　運動量の固有関数

▶運動量の固有関数は平面波になる！

量子力学では，位置とくれば運動量，運動量とくれば位置というように，両者は密接な関係があるので，ここでついでに運動量の固有関数を求めておきましょう．運動量 p はド・ブロイの関係式 (1.18) の $p = h\nu/c$ で表されるので，$\lambda = c/\nu$，$\hbar = h/2\pi$ および $k = \lambda/2\pi$ の関係を使うと，運動量 p は次の式で表されます

$$p = \frac{h}{\lambda} \tag{3.42a}$$

$$p = \hbar k \tag{3.42b}$$

そこで，式 (3.42b) の関係を使って，運動量の固有値を $\hbar k$ とし，固有関数を $\chi(r)$ とすると，運動量の 3 次元の演算子は $-i\hbar\nabla$ なので，運動量に関する固有値方程式は次のようになります．

$$-i\hbar\nabla\chi(\boldsymbol{r}) = \hbar k\chi(\boldsymbol{r}) \tag{3.43a}$$

式 (3.43a) を 1 次元の式で書くと，次のようになります．

$$-i\hbar\frac{\mathrm{d}}{\mathrm{d}x}\chi(x) = \hbar k\chi(x) \tag{3.43b}$$

この式を書き変えると，次の微分方程式 (3.44) ができ，その解は A を定数として，次の式 (3.45) が得られます．

$$\frac{\mathrm{d}}{\mathrm{d}x}\chi(x) - ik\chi(x) = 0 \tag{3.44}$$

$$\chi(x) = Ae^{ikx} \tag{3.45}$$

この $\chi(x)$ の式 (3.45) が微分方程式 (3.44) の解として正しいことは，この解の式 (3.45) を式 (3.43b) の両辺に代入して演算すると，右辺と左辺が等しくなることから確かめることができます．そして，式 (3.45) で表される関数 $\chi(x)$ は平面波を表しているので，運動量の固有関数は平面波ということになります．

3.6　スピンとパウリの排他律とモノの大きさの関係

▶一つの軌道には **3** 個以上の電子が存在できないのはなぜ？

パウリが排他律の構想を考える元になったのは，ボーアの提案した，量子論に基づく，原子模型に対する疑問であったと言われています．というのは，ボーアの提案した原子模型では，図 3.3 に示すように，電子は原子核の周りの軌道に 2 個ずつ配置されているとしているからです．なぜ，電子は軌道に 2 個ずつなの

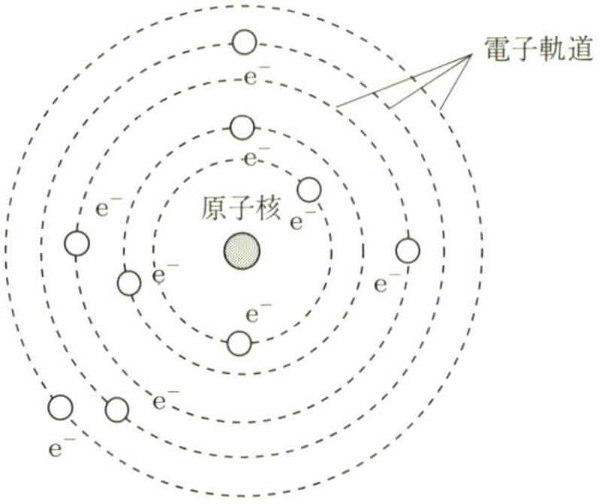

図 **3.3**　電子配置

か？というのがパウリの疑問の出発点でした.

パウリは不思議でならなかったのです. 電子はなぜ同じ軌道に 3 個, 4 個いやそれ以上にたくさん配置できないか？と. なぜ不思議かというと, ボーアも指摘しているように電子の存在する軌道では, 原子核に近いほどエネルギーが低いのです. 現在は軌道のエネルギーはエネルギー準位とされており, 電子が軌道に存在するという説明は妥当でないとされているが, ともかく, 原子核の近くにある電子のエネルギーは低いのです.

だから, (当時の考えに従うと) 電子は原子核に一番近い軌道に存在すると, 電子のエネルギーが低くなるので, より安定になります. 電子が原子核に一番近い軌道に集まって, その軌道にすべての電子が存在するときに原子はエネルギー的に最も安定なはずです.

自然界の物理現象はエネルギー的に安定な方向に進んで, より安定な状態をとるのが普通です. ボーアの提案している原子構造の中の電子の配置は, エネルギー的に最も安定な状態をとるという自然界の原則に反しているのです.

▶一つの物理状態には同じ種類の粒子は 1 個しか存在できない

この難問を解決するために, パウリは大胆で奇抜なアイデアを提案しました. というのは, パウリは「一つの軌道には同じ電子は 1 個しか存在できない」という仮説を提案したからです.「では, なぜ電子は各軌道に 2 個ずつ配置されているのか？」と人々は疑問を示しました. パウリの答えは「各軌道に存在する 2 個の電子は同じ種類の電子ではないに違いない. 異なった種類の電子が 1 個ずつ並んで 2 個の配置をとっているのだ！」と説明したのでした. パウリのこの強引な説明は素人目には詭弁に聞こえます.

しかし, 当時の科学者の何人かは「詭弁にも聞こえるが, パウリの説明は当たっているかもしれない！？」と電子の性質を詳しく調べ始めたのです. その結果, 軌道に存在する電子は, 図 3.4 に示すように, 自転しており, しかも電子の自転には右回りと左回りの 2 種類があることがわかったのです. これが電子のスピンですが, 2 種類のスピンは現在では上向きスピン, 下向きスピンと呼ばれています.

図 3.4 に示すように, 電子がスピンを持つということは, パウリの「2 種類の

電子があるはずだ」という一見強引とも思える説の妥当性を検証しようとして努力した科学者の素晴らしい成果でした．電子に 2 種類あることは，次の二つの実験事実よって確かめられています．

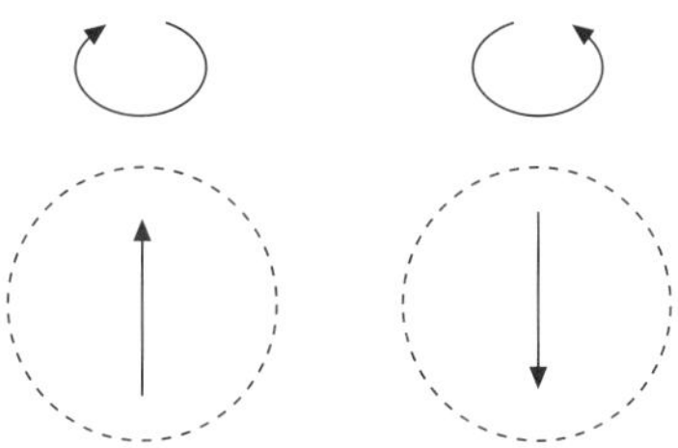

図 3.4　電子スピン

まず当時，それまで 1 本のスペクトル線であると信じられていたナトリウム原子の放出する光のスペクトルが，詳しく調べてみると，2 本に分かれていることがわかったのでした．このスペクトルは Na-D 線と呼ばれるものですが，これを研究していたウーレンベック (G. Uhkenbeck) とハウトシュミット (G. Gaudsmit) が Na-D 線が分離する原因を説明するために，電子は自転による角運動量を持っていると提唱したのでした．これがスピン (spin; 回転するという意味) とか，スピン角運動量と言われるものになったのです．

続いて，シュテルン (O. Stern) とゲルラッハ (W. Gellach) が，磁石で作ったトンネルの中を銀粒子のビームを通過させて，銀粒子のビームが上下 2 本に分離する実験結果を得ました．そして，二人はこのビームの上下 2 本への分離が電子の自転によって説明できることを明らかにしました．こうして，電子はスピンを持つという説が確立したのでした．

もっとも，電子のスピンは量子力学的な現象なので，現在では，古典物理学を用いて単純に電子の自転現象で説明するのは正しくないとされていて，電子の二つのスピンは上向きスピン，下向きスピンと呼ばれています．電子がスピンを持つことの正確な記述は，この後ディラックによって，電子の相対論的波動方程式の発見の過程で明らかにされるのですが，これについては 7 章で説明します．

▶ものに大きさがあるのはパウリの排他律のため

こうして「一つの物理状態には同じ種類の粒子はただ一つしか存在できない」というパウリの排他律が実験的にも確かめられたのでした．ここで一つ面白い話を紹介しましょう．私たちの身の回りにある物はすべて，それ自体のサイズ，つまり大きさがあるが，実は「もの」に大きさがあるのはパウリの排他律が存在するからなのです．

いま，ここに原子 1 個が入るとちょうど満杯に詰まるような，変形可能なごく小さな球状の箱があるとしましょう．変な話ですが，もしも，この箱の中で原子がすでに詰まっている同じ位置に原子を何個でも詰め込むことができるとすると，この球状の箱のサイズは変化しません．つまり，原子が同じ位置 (球状の箱の中) にいくらでも存在できれば箱の大きさは一定で変化しません．ですから，このときは「もの」に大きさが存在しないことになります．

しかし，実際には多くの原子を詰め込んだ箱は原子の位置が少しずつずれて膨張してサイズが大きくなるでしょう．なぜなら，全く同じ位置には原子は 1 個しか置くことができないからです．同じ箱にたくさんの原子を入れると，原子はわずかに別々の位置をとることになり，箱の中の原子の数と体積が増加して原子の入った箱は大きな塊になるでしょう．

これは，とりもなおさず二つの原子は同じ位置に存在できないことを表していて，パウリの排他律が成り立っていることを示しているのです．実は，次に説明するが，同じ場所にいくらでも詰め込むことができる粒子も自然界には存在するのです．

3.7 フェルミ粒子とボース粒子，およびその正体

自然界の基本粒子は量子力学では素粒子と呼ばれているが，素粒子や素粒子の複合粒子には 2 種類あります．ここで複合粒子を持ちだしたのは，いまや陽子や中性子も基本粒子ではなく，複合粒子だからです．陽子や中性子を構成している基本粒子はクォークと呼ばれる素粒子 (量子) です．そして，陽子も中性子も 3 個のクォークからできています．また，原子は電子，陽子，そして中性子から構成されている複合粒子です．

さて，基本粒子は大別すると 2 種類に分けることができます．一つはフェルミオン (フェルミ粒子) と呼ばれ，もう一つの粒子はボソン (ボース粒子) と呼ばれます．フェルミオンとかボソンという専門用語が出てきて難しいと感じる人に，これらの粒子に対して親しみを持ってもらうために，フェルミオンとボソンの名前の由来をここで説明しておきましょう．

まず，フェルミオンですがこの粒子の名称はイタリア出身の科学者フェルミの名前に因んでいます．フェルミは電子の性質について詳しく研究しました．実は，この後説明するように電子はフェルミオンなのです．フェルミは電子がパウリの排他律に従うことに注目して，電子の配置，分布などの電子の集団が従う統計法則について詳しく調べました．

フェルミの研究した電子の統計法則はフェルミ統計と呼ばれるのですが，実はフェルミ統計に従う粒子がフェルミ粒子，すなわちフェルミオンと呼ばれるので

す．なお，電子の統計については同じ頃ディラックも詳しく研究したので，フェルミ統計はしばしばフェルミ-ディラック統計とも呼ばれています．

次にボソン (ボース粒子) ですが，この粒子の名称はインドの科学者ボースの名前に因んでいます．量子論が生まれた頃，これが発展した西欧から遠く離れたインドにおいて，ボースは光の粒子である光子について，ただ一人で孤立して研究していました．つまり，ボースは光子の統計的な性質に興味を持ち，光子の統計法則について詳しく調べたのです．このために光子に関する統計法則はボース統計と呼ばれます．

フォトン (光子) のようにボース統計に従う粒子がボソンと呼ばれます．ボースは彼が書いた光子の統計についての論文をアインシュタインに送ってコメントを求めました．ボースの論文を読んだアインシュタインは非常に感心して，彼自身光子 (フォトン) には興味を持っていたので，フォトンの統計について熱心に検討して，有益なコメントをしたと言われています．こうしてフォトンの統計にはアインシュタインも大変貢献したのでした．このためにボース統計はボース-アインシュタイン統計とも呼ばれています．

次に，フェルミオンとボソンの二つの粒子の性質と，自然界の量子がどのようにフェルミオンとボソンに分類されるかを見てみましょう．まず，フェルミオンに属する粒子は物質を構成する粒子です．ですから，電子，陽子，中性子などがフェルミオンです．

正確には陽子と中性子は共に，基本粒子のクォーク 3 個から構成される複合粒子ですが，クォークがフェルミオンなのです．そして，フェルミオンはすべてパウリの排他律に従う粒子で，スピンを持っており，フェルミオンのスピンは半整数の 1/2 です．物質を構成する粒子はフェルミオンだからフェルミオンには当然質量があります．この粒子 (フェルミオン) はパウリの排他律に従うので，「もの」に大きさがあるのは当然ということになります．

ボース粒子 (ボソン) は物質を構成しない粒子で，ほかの粒子との相互作用において働く粒子です．たとえば，マイナス電荷を持つ二つの電子があればクーロン反発力が働くが，このクーロン力を生む原動力になっている粒子はフォトン (光子) で，これはボソンなのです．

ボソンに分類される量子にはフォトンのほかに，中間子，ウィークボソン，グルーオンなどがあります．ウィークボソンやグルーオンは素粒子論で活躍する素粒子ですので，本書のカバーする範囲を超えています．ここではこれらの粒子については，こういう名前の素粒子があるということだけにとどめておきたいと思います．

しかし，粒子間の相互作用には自然界の基本的な物理現象と関わっている重要な事項が含まれているので，この点についてだけ簡単に触れておきます．というのは，反発力や引力を示すクーロン力はフォトンの交換で生まれると言われているし，原子核の安定に欠くことのできない核力は，π 中間子というボソンの交換によって発生しているからです．

図 3.5　ボソンの交換による引力や反発力の発生

引力や反発力の起源は漫画的に描くと，図 3.5 に示すように，これらの力はボソンをキャッチボールすることによって生まれるといわれています．原子核の中で核力を生む π 中間子は，これも複合粒子で，π 中間子は，粒子と反粒子で構成されているとされています．

ボソンには質量を持つものと持たないものがあります．フォトン (光子) には多くの人が知っているように質量はありません．しかし，π 中間子やウィークボソンは質量を持っています．ことにウィークボソンは陽子の 80〜90 倍もの大きな質量を持っていると言われています．

3.8 エルミート演算子

▶**物理量を演算子化して作った演算子はエルミート演算子**

量子力学では，これまで何度も説明してきたように，演算子が使われます．しかも，物理量を演算子化した演算子が使われています．実は，この物理量を演算子化した演算子はエルミート演算子になっているのです．

シュレーディンガー方程式では，波動関数に演算子を作用させると固有値が得られます．そしてエネルギー固有値などは実数ですが，固有値が実数の演算子はエルミート演算子と呼ばれています．しかし，エルミート演算子自体は必ずしも実数にはなりません．実数になる演算子は自己共役である必要があります．この説明は，エルミート行列を使うとわかりやすく説明できるので，次の 3.9 節で説明することにします．

一般には量子力学で使われる演算子は必ずしもエルミート演算子ではありません．では，波動方程式を使って問題を解く前に，使用する演算子がエルミート演算子であるかどうかは，どのようにして判定するのでしょうか？　このことを量子力学でよく使われる期待値を使って調べてみましょう．

期待値は 3.4 節で説明したように，正式には式 (3.22) で表されるとしたが，簡単には，次の式 (3.2) によっても記述できるとも述べました．

$$\int \Psi^* (q)\, F\Psi (q)\, \mathrm{d}q \tag{3.2}$$

よって，いま，ある物理量の演算子を A とし，この演算子 A の期待値を $\langle a \rangle$ とすると，物理量の期待値 $\langle a \rangle$ は，波動関数を $\Psi(r)$ として，次の式で表されます．

$$\langle a \rangle = \int \Psi^* (\boldsymbol{r})\, A\Psi (\boldsymbol{r})\, \mathrm{d}r \tag{3.46}$$

実はエルミート演算子を使って計算される期待値は，式 (3.46) で表される期待値とこの期待値に複素共役な $\langle a \rangle^*$ が，次に示すように等しくなければならないとされています．

$$\langle a \rangle = \langle a \rangle^* \tag{3.47}$$

ここで，$\langle a \rangle^*$ は式 (3.46) を使って，次の式で表されます．

$$\langle a \rangle^* = \left\{ \int \Psi^* (\boldsymbol{r})\, A\Psi (\boldsymbol{r})\, \mathrm{d}\boldsymbol{r} \right\}^* \tag{3.48}$$

したがって，$\langle a \rangle$ として式 (3.46) を使うと，次の関係が成り立たなければなりません．

$$\int \Psi^* (\boldsymbol{r})\, A\Psi (\boldsymbol{r}) = \left\{ \int \Psi^* (\boldsymbol{r})\, A\Psi (\boldsymbol{r})\, \mathrm{d}\boldsymbol{r} \right\}^* \tag{3.49}$$

式 (3.49) の右辺は，次のように書けます．

$$\left\{ \int \Psi^* (\boldsymbol{r})\, A\Psi (\boldsymbol{r}) \right\}^* = \int \Psi (\boldsymbol{r})\, \{A\Psi (\boldsymbol{r})\}^*\, \mathrm{d}r \tag{3.50}$$

以上の結果，演算子 A の期待値 $\langle a \rangle$ がエルミート演算子であって，式 (3.47) の関係を充たすとすると，式 (3.49) の左辺と式 (3.50) の右辺が等しくなり，次の式が成り立たなければなりません．

$$\int \Psi^* (\boldsymbol{r})\, A\Psi (\boldsymbol{r})\, \mathrm{d}\boldsymbol{r} = \int \Psi (\boldsymbol{r})\, \{A\Psi (\boldsymbol{r})\}^*\, \mathrm{d}\boldsymbol{r} \tag{3.51}$$

以上の結果，この式 (3.51) は演算子 A がエルミート演算子であるための条件になります．

最初，固有値を使ってエルミート演算子について説明したのに，エルミート演算子の定義では期待値を使ったことに疑問が出るかもしれないので，ここで，固有値と期待値の関係について簡単に説明しておきましょう．

期待値は 3.4 節で説明したように，次の式で表されます．

$$\langle F\rangle = \sum_n |c_n(t)|^2 f_n \quad (n=m\text{ のとき}) \tag{3.29b}$$

この式では，左辺の $\langle F\rangle$ が期待値，右辺の f_n は固有値で，$|c_n(t)|^2$ は固有値 f_n の得られる確率を表しているので，期待値は固有値の重ね合わせになり，物理的な本質は，両者は同じようなものと考えてよいのです．

3.9 エルミート行列

3.9.1 波動関数のベクトル表示と行列表示

この節では，エルミート行列を説明するが，この説明には波動関数の行列表示が必要です．そこで，ここでは波動関数の行列表示についてまず調べておきましょう．

波動関数は固有関数の線形結合になるので，いま，波動関数を ψ とすると波動関数 ψ とこれに複素共役な波動関数 ψ^* は，固有関数を u_n, u_n^*，その係数を c_n，c_n^* として，次のように書けます．

$$\psi = c_1u_1 + c_2u_2 + c_3u_3 + \cdots + c_nu_n + \cdots \tag{3.52a}$$

$$\psi^* = c_1^*u_1^* + c_2^*u_2^* + c_3^*u_3^* + \cdots + c_n^*u_n^* + \cdots \tag{3.52b}$$

そして，波動関数 ψ の展開に使ったこれらの固有関数 u_n は基底関数と呼ばれます．

実は，この基底関数は基底ベクトルとみなすことができるので，式 (3.52a,b) の基底関数を基底ベクトルとみなしますと，波動関数 ψ はベクトルになります．そして，ベクトルは行列で表すことができるので，波動関数 ψ は次のように縦行列になり，複素共役な波動関数 ψ^* は横行列になります．

$$\psi = \begin{bmatrix} c_1 \\ c_2 \\ c_3 \\ \vdots \\ c_n \end{bmatrix} \tag{3.53a}$$

$$\psi^* = \begin{bmatrix} c_1^* & c_2^* & c_3^* & \cdots & c_n^* \end{bmatrix} \tag{3.53b}$$

また，式 (3.53a) と式 (3.53b) の行列を使って波動関数 ψ と ψ^* の積を作ると (行列の計算方法は次の 3.10 節で説明するが)，次のようになります．

$$\psi^*\psi = \begin{bmatrix} c_1^* & c_2^* & c_3^* & \cdots & c_n^* \end{bmatrix} \begin{bmatrix} c_1 \\ c_2 \\ c_3 \\ \vdots \\ c_n \end{bmatrix} \tag{3.54a}$$

$$= |c_1|^2 + |c_2|^2 + |c_3|^2 + \cdots + |c_n|^2 + \cdots \tag{3.54b}$$

これまでも説明してきたように，$\psi^*\psi$ は波動関数の絶対値の二乗になるから，波動関数を行列で表したときにも同じになります．だから，すでに 3.3 節でも説明したが，波動関数の積は式 (3.54b) に示すように，固有関数の二乗の和で表されることがわかります．この式 (3.54b) は，当然のことですが，式 (3.52a) と式 (3.52b) を行列表示にしないで，直接掛け合わせても同じように得られます．

3.9.2 エルミート行列

以上で準備が終わったのでエルミート行列の説明を始めましょう．エルミート行列とは，エルミート演算子を行列で表したものです．いま，演算子 A とこれに複素共役な演算子 A^* が，次のように行列を使って表すことができるとしましょう．

$$A = \begin{bmatrix} a_{11} & a_{12} \\ a_{21} & a_{22} \end{bmatrix} \tag{3.55a}$$

$$A^* = \begin{bmatrix} a_{11}^* & a_{12}^* \\ a_{21}^* & a_{22}^* \end{bmatrix} \tag{3.55b}$$

次に，演算方法をわかりやすくするために波動関数に簡単なものを使うことにして，波動関数 ψ とその複素共役 ψ^* が，次の式で表されるとしましょう．

$$\psi = c_1u_1 + c_2u_2 = \begin{bmatrix} c_1 \\ c_2 \end{bmatrix} \tag{3.56a}$$

$$\psi^* = c_1^*u_1^* + c_2^*u_2^* = \begin{bmatrix} c_1^* & c_2^* \end{bmatrix} \tag{3.56b}$$

さてエルミート行列ですが，演算子 A がエルミート演算子である条件は $\langle a\rangle$ と $\langle a\rangle^*$ を A の期待値とその複素共役として，次の関係

$$\langle a\rangle = \langle a\rangle^* \tag{3.57}$$

が成り立つことだったので，このことを使って，エルミート行列を考えてみましょう．

$\langle a\rangle$ と $\langle a\rangle^*$ の元の式は，波動関数の記号を $\Psi(r)$ から ψ に書き換えると，次のようになります．

$$\langle a\rangle=\int\psi^*A\psi\mathrm{d}r \tag{3.58a}$$

$$\langle a\rangle^*=\left\{\int\psi^*A\psi\mathrm{d}r\right\}^*=\int\psi\{A\psi\}^*\mathrm{d}r \tag{3.58b}$$

だから，演算子 A がエルミート演算子であるためには，式 (3.58a,b) から判断して $\psi^*A\psi$ と $\psi\{A\psi\}^*$ が等しければよいことになります．そこで，$\psi^*A\psi$ と $\psi\{A\psi\}^*$ を行列で表して，このことを調べてみましょう．まず，$A\psi$ は行列で表すと，次のように縦行列なります．

$$A\psi=\begin{bmatrix}a_{11} & a_{12}\\ a_{21} & a_{22}\end{bmatrix}\begin{bmatrix}c_1\\ c_2\end{bmatrix}=\begin{bmatrix}a_{11}c_1+a_{12}c_2\\ a_{21}c_1+a_{22}c_2\end{bmatrix} \tag{3.59a}$$

$\{A\psi\}^*$ の行列表示は，式 (3.56a) と式 (3.56b) の ψ と ψ^* の例を参考にすると，横行列になるべきなので，上の $A\psi$ の行列表示を使って，次のように書くことができます．

$$\{A\psi\}^*=\begin{bmatrix}a_{11}^*c_1^*+a_{12}^*c_2^* & a_{21}^*c_1^*+a_{22}^*c_2^*\end{bmatrix} \tag{3.59b}$$

したがって，これらの式 (3.59a,b) を使うと，$\psi^*A\psi$ と $\psi\{A\psi\}^*$ は次のように演算できます．

$$\psi^*A\psi=\begin{bmatrix}c_1^* & c_2^*\end{bmatrix}\begin{bmatrix}a_{11}c_1+a_{12}c_2\\ a_{21}c_1+a_{22}c_2\end{bmatrix}$$

$$=\left[a_{11}c_1^*c_1+a_{12}c_1^*c_2+a_{21}c_2^*c_1+a_{22}^*c_2^*c_2\right] \tag{3.60a}$$

$$\psi\{A\psi\}^*=\left[a_{11}^*c_1^*c_1+a_{12}^*c_1c_2^*+a_{21}^*c_2c_1^*+a_{22}^*c_2^*c_2\right] \tag{3.60b}$$

以上の結果，$\psi^*A\psi$ と $\psi\{A\psi\}^*$ が等しい，つまり式 (3.60a) と式 (3.60b) が等しいためには，二つの式を比較して演算子 A と A^* の行列要素 a_{nm} と a_{mn}^* の間に，次の関係が成立すればよいことがわかります．

$$a_{nm}=a_{mn}^* \tag{3.61}$$

実は，演算子 A と A^* の行列要素の間に，式 (3.61) の関係が成り立つ行列がエルミート行列といわれる行列なのです．

そして，$n=m$ のときには，式 (3.61) は次の式で示すように

$$a_{nn}=a_{nn}^* \tag{3.62}$$

となるが，このときには，補足 3.1 に示すように，複素数は実数になるので，すべての行列要素は実数になります．実は，このような演算子は自己共役な演算子といわれます．

◆ **補足 3.1** 複素数が実数になる条件の説明

演算子の行列要素 a_{nm} が実数であるためには，本文に書いたように，次の関係

$$a_{nn} = a_{nn}^* \tag{3.62}$$

が成り立たなければならないが，これを簡単な複素数を使って説明してみましょう．いま，複素数を D とし，この複素数 D に共役な複素数 D^* が，次の式で与えられたとしましょう．すなわち，D と D^* は，次の式で表されるとします．

$$D = c + id \tag{S3.1a}$$

$$D^* = c - id \tag{S3.1b}$$

複素数では c と d は実数なので，$D = D^*$ の関係が成り立つということは，虚数項の d が 0 になることです．だから，式 (3.62) の関係が成り立つということは，行列要素に虚数項が含まれていない，つまり a_{nn} は実数であることを表していることになります．

だから，エルミート演算子も $n = m$ が成り立つような条件では実数になるが，$n \neq m$ のときには行列要素 a_{nm} は必ずしも実数ではないので，エルミート演算子は実数とは限らないのです．常に実数になる演算子は自己共役なエルミート演算子だけなのです．

3.10 行列と行列式の量子力学との関係

3.10.1 行列の掛け算と演算子の交換関係

$$\begin{bmatrix} 1 & 2 & 3 \\ 1 & 0 & 0 \\ 0 & 1 & 2 \end{bmatrix} \qquad \begin{vmatrix} 1 & 2 & 3 \\ 1 & 2 & 3 \\ 3 & 2 & 5 \end{vmatrix}$$

(a) 行列　(b) 行列式

図 **3.6** 行列と行列式

行列は，図 3.6(a) に示すように，数 (または，文字式など) を縦と横に並べて，両側にカッコ [ ] を付けたものです．行列もこの後で説明する行列式も同じですが，カッコの中に並んだ数や文字式は行列要素と呼ばれます．そして，行列には縦と横の行列要素の数が等しい行列とそうでない行列があります．

行列はベクトルに作用して，そのベクトルを別のベクトルに変換させる演算子の働きをするものです．つまり行列は演算子の一つです．この後行列を使って，もう一度演算子の交換関係について説明するが，この準備のためにここで行列の掛け算について説明しておきます．

行列も演算子だから，1 章 (1.4 節) で説明したように，ほかの演算子と同様に乗法 (掛け算) の交換則以外は，代数四則 (加法などの交換則や分配則など) が成り立ちます．そこで，ここでは行列の掛け算を実際に行って，行列の積の交換則

が成り立つかどうか調べてみましょう.

いま，次のような二つの行列 A と B があるとしましょう.

$$A = \begin{bmatrix} a & 0 \\ 0 & 1 \end{bmatrix} \quad B = \begin{bmatrix} 0 & a \\ 1 & 0 \end{bmatrix} \tag{3.63}$$

すると，二つの行列 A と B の積の，AB と BA は，次のようになります.

$$AB = \begin{bmatrix} a & 0 \\ 0 & 1 \end{bmatrix}\begin{bmatrix} 0 & a \\ 1 & 0 \end{bmatrix} = \begin{bmatrix} a\times 0 + 0\times 1 & a\times a + 0\times 0 \\ 0\times 0 + 1\times 1 & 0\times a + 1\times 0 \end{bmatrix} = \begin{bmatrix} 0 & a^2 \\ 1 & 0 \end{bmatrix} \tag{3.64a}$$

$$BA = \begin{bmatrix} 0 & a \\ 1 & 0 \end{bmatrix}\begin{bmatrix} a & 0 \\ 0 & 1 \end{bmatrix} = \begin{bmatrix} 0\times a + a\times 0 & 0\times 0 + a\times 1 \\ 1\times a + 0\times 0 & 1\times 0 + 0\times 1 \end{bmatrix} = \begin{bmatrix} 0 & a \\ a & 0 \end{bmatrix} \tag{3.64b}$$

したがって，a が 1 でないならば ($a \neq 1$)，行列の積の AB と BA は等しくならないので，この場合には AB と BA は交換可能ではなく，交換則は成り立たないことがわかります.

行列の掛け算の方法については，式 (3.64a) と式 (3.64b) に計算の途中経過も記入したのでわかると思うが，参考までに行列の掛け算の公式 (2 行 2 列の場合，一般式については 6 章の補足 6.2 参照) を書いておくと，次のようになります.

$$\begin{bmatrix} a & b \\ c & d \end{bmatrix}\begin{bmatrix} \alpha & \beta \\ \gamma & \delta \end{bmatrix} = \begin{bmatrix} a\alpha + b\gamma & a\beta + b\delta \\ c\alpha + d\gamma & c\beta + d\delta \end{bmatrix} \tag{3.65}$$

掛け算の公式もわかったことなので，次に，A, B の行列を次のようにおいて，AB と BA を計算して，交換則が成り立つかどうか見てみましょう.

$$A = \begin{bmatrix} 0 & a \\ a & 0 \end{bmatrix} \quad B = \begin{bmatrix} 0 & 1 \\ 1 & 0 \end{bmatrix} \tag{3.66}$$

この行列 A，B の場合には，AB と BA の積は，それぞれ次のようになります.

$$AB = \begin{bmatrix} 0 & a \\ a & 0 \end{bmatrix}\begin{bmatrix} 0 & 1 \\ 1 & 0 \end{bmatrix} = \begin{bmatrix} 0\times 0 + a\times 1 & 0\times 1 + a\times 0 \\ a\times 0 + 0\times 1 & a\times 1 + 0\times 0 \end{bmatrix} = \begin{bmatrix} a & 0 \\ 0 & a \end{bmatrix} \tag{3.67a}$$

$$BA = \begin{bmatrix} 0 & 1 \\ 1 & 0 \end{bmatrix}\begin{bmatrix} 0 & a \\ a & 0 \end{bmatrix} = \begin{bmatrix} 0\times 0 + 1\times a & 0\times a + 1\times 0 \\ 1\times 0 + 0\times a & 1\times a + 0\times 0 \end{bmatrix} = \begin{bmatrix} a & 0 \\ 0 & a \end{bmatrix} \tag{3.67b}$$

この場合には，行列の積 AB と BA は等しくなり，AB と BA は交換可能 (可換) で，行列の積 AB と BA の間には交換則が成り立ちます．この結果，演算子として行列を使った場合にも，1.4 節で示したように，演算子の掛け算の値の AB と BA は，等しい場合と等しくない場合があることがわかります．このことは，行列は演算子の性質を持っているので，当然と言えば当然のことではあります.

3.10.2 行列式とパウリの排他律の関係

初めての人に興味を持ってもらうために，ここの結論を最初に書いておくと，パウリの排他律は行列式を使って簡単に表すことができるのです．しかし，このことを納得するには行列式の性質を知る必要があります．行列式の知識だけなら，直ちに行列式の規則を示すことはできるが，意味もわからず，やみくもに規則を知らされても面白くないと思われるので，最初に行列式の値の求め方について説明することにします．

まず行列式ですが，行列式は図 3.6(b) に示したように，数などを縦横に並べて，両側に縦棒 |　| を付けたものです．形の上では行列と同じように見えます．行列と行列式の違いは，並べた数の両側に付けるものがカッコ [　] か，縦棒 |　| かの違いだけです．

しかし，行列 (英語ではマトリックス matrix) と行列式 (同じくディターミナント determinant) は全く別のもので，意味も性質も大きく異なります．行列にはその値はないが，行列式には値があるのです．そこで，ここでは行列式の値の求め方 (計算方法) について説明することにします．

▶行列式の値とその計算方法

いま，次の式で表される 2 行 2 列の行列式 A があるとしましょう．

$$A = \begin{vmatrix} 2 & 1 \\ 1 & 3 \end{vmatrix} \tag{3.68}$$

この行列式 A の値は 5 となるが，この値は次のように演算して求めることができます．

$$A = \begin{vmatrix} 2 & 1 \\ 1 & 3 \end{vmatrix} = 2 \times 3 - 1 \times 1 = 5 \tag{3.69}$$

つまり，行列式 A の左上の数 2 と右下の数字 3 を掛けて得られる数の 6 から，右上と左下の数字 1 を掛けて得られる数 1 を引き算すればよいのです．

では，次の 3 行 3 列の行列式 B の値はどうなるでしょうか？

$$B = \begin{vmatrix} 2 & 1 & 2 \\ 1 & 3 & 0 \\ 1 & 4 & 2 \end{vmatrix} \tag{3.70}$$

3 行 3 列の行列式も補足 3.2 に示すように，たすき掛けの計算方法である「サラスの方法」を使って行列式の値を求めることができます．しかし，この計算方法では 4 行 4 列以上の行列式の値は計算できないので，ここでは，より一般的な行列式の計算方法を説明することにします．

その行列式の計算方法を，式 (3.70) に示した行列式を用いて説明すると，次のようになります．すなわち，式 (3.70) で表される 3 行 3 列の行列式を，行と列の数が一つずつ小さい 2 行 2 列の小行列式に，次のように分解して展開するのです．

$$B = \begin{vmatrix} 2 & 1 & 2 \\ 1 & 3 & 0 \\ 1 & 4 & 2 \end{vmatrix} = 2 \times \begin{vmatrix} 3 & 0 \\ 4 & 2 \end{vmatrix} - 1 \times \begin{vmatrix} 1 & 0 \\ 1 & 2 \end{vmatrix} + 2 \times \begin{vmatrix} 1 & 3 \\ 1 & 4 \end{vmatrix} \tag{3.71a}$$

2 行 2 列の小行列式への分解では，1 行目の行列要素 (1 行目に並んだ数値) の 2, 1, 2 を，行列の展開に用いる 2 行 2 列の各行列式の前に付ける係数に使って，各行列式の前におきます．そして，式 (3.71a) に示すように，奇数番目に並べる行列式の係数の前に付ける符号はプラスにし，偶数番目の係数の前にはマイナス符号を付けます．

また，新しく作る小行列式の 2 行 2 列の行列式は，分割する前の 3 行 3 列の行列式の 2 行目と 3 行目の行列要素を使うが，1 行目数字の直下にある 2 行目と 3 行目の行列要素を除き，残りの行列要素を使って，式 (3.71a) に示すように作ります．そして，係数も 1 の場合には省略して，次のように書いて演算します．

$$B = \begin{vmatrix} 2 & 1 & 2 \\ 1 & 3 & 0 \\ 1 & 4 & 2 \end{vmatrix} = 2\begin{vmatrix} 3 & 0 \\ 4 & 2 \end{vmatrix} - \begin{vmatrix} 1 & 0 \\ 1 & 2 \end{vmatrix} + 2\begin{vmatrix} 1 & 3 \\ 1 & 4 \end{vmatrix} \begin{aligned} &= 2 \times (6-0) - (2-0) + 2 \times (4-3) \\ &= 12 \end{aligned} \tag{3.71b}$$

式 (3.71b) を計算すると，この式に示したように，行列式 B の値は 12 と求めることができます．この行と列の数が一つ少ない小行列式に分解して展開する，行列式の計算方法は，補足 3.2 に示す「サラスの方法」ではその値が計算できない，4 行 4 列以上の行列式の値を求める計算にも適用できます．

▶量子力学との関係で重要な行列式の性質

次に，パウリの排他律や波動関数との関係で重要となる，行列式の性質のみ抜き出して箇条書きにすると，次のようになります．

a) 行列式に行列要素が全く同じ行，または列が 2 個あるときは，その行列式の値は 0 になる．

b) 二つの行または二つの列の間で，行列要素をそっくり入れ替えると，行列式の符号が逆転する．

c) 行列式の一つの行または列の行列要素がすべて 0 のときは，その行列式の値は 0 である．

上の a に示した性質を持つ行列式の例を挙げると，次の二つの行列式があります．

◆ 補足 3.2　「サラスの方法」による 3 行 3 列の行列式の計算方法

このサラスの方法は 3 行 3 列以下の比較的小さい行列式の計算にだけしか適用できないことを最初に注意しておきます．さて，「サラスの方法」だが，この計算方法では，図 S3.1 に示すように，まず実線の矢印 → の方向に沿って右回りに，左上から右下へ並ぶ行列要素の数字を掛け合わせます．そして，これら掛け合わせた値を，次の式 (S3.2) に示すように加え合わせます．これを右回りの値としましょう．

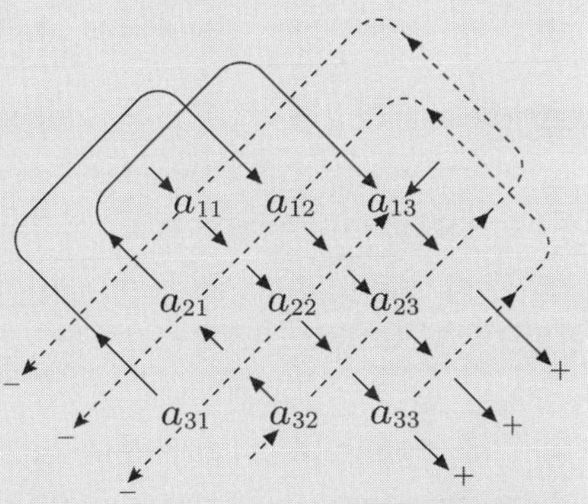

図 **S3.1**　「サラスの方法」による行列式の計算

次に，破線で示す矢印に沿って左回りに，右上から左下に並ぶ数字を掛け合わせて加えて合計し，得られた値を左回りの値としましょう．そして，右回りの合計の値から左回りの合計の値を，次の式で示すように引き算します．

$$\begin{aligned}\text{行列式の値} &= a_{11}a_{22}a_{33} + a_{31}a_{12}a_{23} + a_{32}a_{21}a_{13} \\ &\quad - (a_{13}a_{22}a_{31} + a_{33}a_{12}a_{21} + a_{32}a_{23}a_{11})\end{aligned} \tag{S3.2}$$

式 (S3.2) の値を計算して求めると，「サラスの方法」によって 3 行 3 列の行列式の値を求めることができます．

$$\begin{vmatrix} 2 & 3 & 1 \\ 1 & 1 & 1 \\ 1 & 1 & 1 \end{vmatrix} = 0 \qquad \begin{vmatrix} 1 & 3 & 1 \\ 1 & 2 & 1 \\ 1 & 1 & 1 \end{vmatrix} = 0 \tag{3.72}$$

式 (3.72) の二つの行列式の値が 0 になることは，上に示した行列式の計算方法の式 (3.71a,b) を使うことによって容易に確かめることができます．

また，上に示した行列式の性質の b は，二つの行列式を使って次のようになります．

$$\begin{vmatrix} 1 & 3 & 1 \\ 1 & 2 & 2 \\ 1 & 1 & 1 \end{vmatrix} = -\begin{vmatrix} 1 & 1 & 1 \\ 1 & 2 & 2 \\ 1 & 3 & 1 \end{vmatrix} \tag{3.73}$$

そして，行列式の性質 c の例としては，次の行列式があります．

$$\begin{vmatrix} 0 & 0 & 0 \\ 1 & 2 & 2 \\ 1 & 1 & 1 \end{vmatrix} = 0 \qquad \begin{vmatrix} 1 & 3 & 0 \\ 1 & 2 & 0 \\ 1 & 1 & 0 \end{vmatrix} = 0 \tag{3.74}$$

上記の式 (3.73) や式 (3.74) が成り立つことも，行列式の計算方法の式 (3.71a,b)

を使うと簡単に確かめることができるので，試してみると計算方法の理解に役立ちます．

3.10.3 行列式とフェルミ粒子の波動関数との関係

ここまでの本書の記述内容においては，扱ってきた波動関数はすべて電子の数が 1 個で構成される波動関数でした．しかし，自然界で起こっている物理現象では多くの粒子が関係しています．たとえば，ほとんどすべての物質は無数ともいえるほど多くの原子でできています．このような場合の問題を解くには多くの粒子で構成される波動関数が使われます．

そして，物質の性質は原子の中の電子の振る舞いや密度，分布などで決まります．だから，物質の性質を調べるには，多数の電子で作られる波動関数を使ったシュレーディンガー方程式を用いて課題を解く必要があります．ここで，直ちに多くの電子で作られる波動関数を使うわけではないが，多くの電子などの (フェルミ粒子の) 多粒子の波動関数は行列式を使って表されるので，このことについて，ここで見ておこうと思います．

いま，多数の電子で作られる波動関数を $\boldsymbol{\Psi}_{\mathrm{F}}(r_1, r_2, r_3, r_4, \ldots, r_n)$ とすると，スレーター (J. Slater) によると，波動関数 $\boldsymbol{\Psi}_{\mathrm{F}}(r_1, r_2, r_3, r_4, \ldots, r_n)$ は次の行列式で表されます．

$$\boldsymbol{\Psi}_{\mathrm{F}}(r_1, r_2, r_3, r_4, \ldots, r_n) = \frac{1}{\sqrt{N!}} \begin{vmatrix} \psi_{l'}(r_1) & \psi_{l''}(r_1) & \psi_{l'''}(r_1) & \cdots \\ \psi_{l'}(r_2) & \psi_{l''}(r_2) & \psi_{l'''}(r_2) & \cdots \\ \psi_{l'}(r_3) & \psi_{l''}(r_3) & \psi_{l'''}(r_3) & \cdots \\ \vdots & \vdots & \vdots & \ddots \\ \psi_{l'}(r_n) & \psi_{l''}(r_n) & \psi_{l'''}(r_n) & \cdots \end{vmatrix} \tag{3.75}$$

ここで，波動関数 $\boldsymbol{\Psi}_{\mathrm{F}}(r_1, r_2, r_3, r_4, \ldots, r_n)$ の右下についているサフィックスの F はフェルミ粒子を表しています．そして，N は (固有) 関数の総数です．また，行列式の各行に並ぶ関数 (この関数は各軌道の関数を表している) の全部が一つ一つの粒子に対応しています．だから，1 行目の関数の群れの $\psi_{l'}(r_1), \psi_{l''}(r_1), \psi_{l'''}(r_1), \ldots$ は，全部が一つの電子の状態に関する固有関数です．そして，2 行目，3 行目は別の電子の状態に関する固有関数です．

多 (数) 電子の全体の波動関数 $\Psi_{\mathrm{F}}(r_1, r_2, r_3, r_4, \ldots, r_n)$ には，パウリの排他律の制約のために，同じ粒子の二つの固有関数が含まれることは許されないが，この規則 (原理) が，多数の電子の波動関数に行列式を使って表すことによって，うまく表現できているのです．

すなわち，前項で説明した行列式の性質 a によって，1 行目に並ぶ固有関数とそっくり同じ固有関数が並ぶほかの行が存在すると，このとき行列式の値は 0 になり，その波動関数 Ψ_{F} は存在できないことになるのです．

フェルミ粒子の波動関数にはもう一つ重要な規則があり，その規則とは，フェルミ粒子の波動関数は粒子の交換に対して，反対称性を示すというものです．どういうことかについて，簡単に説明すると，いま，式 (3.75) が電子全体の波動関数を表す式だとして，1 行目の $\psi_{l'}(r_1), \psi_{l''}(r_1), \psi_{l'''}(r_1), \ldots$ がある電子の固有関数とすると，r_1 を r_2 に変更した 2 行目の固有関数群は別の電子の固有関数を表しています．

だから，式 (3.75) の波動関数 $\Psi_{\mathrm{F}}(r_1, r_2, r_3, r_4, \ldots, r_n)$ において，r_1 と r_2 の位置を変更した波動関数 $\Psi_{\mathrm{F}}(r_2, r_1, r_3, r_4, \ldots, r_n)$ は別の波動関数ですが，これらの二つの波動関数は，フェルミ粒子の場合にはお互いに反対称でなければならないので，次の関係式が成り立たなければならないのです．

$$\Psi_{\mathrm{F}}\left(r_2, r_1, r_3, r_4, \ldots, r_n\right) = -\Psi_{\mathrm{F}}\left(r_1, r_2, r_3, r_4, \ldots, r_n\right) \tag{3.76}$$

つまり，r_1 と r_2 を交換した波動関数 $\Psi_{\mathrm{F}}(r_2, r_1, r_3, r_4, \ldots, r_n)$ は，元の関数 $\Psi_{\mathrm{F}}(r_1, r_2, r_3, r_4, \ldots, r_n)$ に対して，この式 (3.76) に示すように，全体の波動関数の符号が逆転していなくてはならないのです．

しかし，ここでは波動関数 Ψ_{F} は行列式で表されているので，この式 (3.76) の関係は，これも前項で説明した行列式の性質の b によって自然と充たされることがわかります．だから，行列式は多数のフェルミ粒子の波動関数を表す式として極めて便利な演算の (数学) の道具になっているのです．

演 習 問 題

3.1 いま，二つの関数 B_n, B_m があるとして，B_n と B_m の積の値は n と m が等しいときには B^2 になり，n と m が等しくないときに積は 0 になる．このような場合には B_n と B_m の積はクロネッカーのデルタ記号を使って簡単に $B_n B_m = B^2 \delta_{nm}$ と表すことができるが，この理由を説明せよ．

3.2 ある関数 $f(x)$ が $f(x) = Axe^{-ikx}$ で表されるとき，次の式が充たされるように定数 A の値を決定せよ．

$$\int_{-1}^{1} f^*(x)\, f(x)\, \mathrm{d}x = 1$$

3.3 波動関数 $\Psi(r,t)$ が固有関数 $u_i(r)$ 列とこれらの係数 $c_i(t)$ によって，次のように展開できるとする．

$$\Psi\,(r,t) = c_1\,(t)\,u_1\,(r) + c_2\,(t)\,u_2\,(r) + \cdots + c_n\,(t)\,u_n\,(r) + \cdots$$

このとき，次の式が充たされるように波動関数 $\Psi(r,t)$ が規格化されているためには，固有関数の係数 $c_i(t)$ にはどのような条件が課されるか？

$$\int \Psi^*(r,t)\Psi(r,t)\mathrm{d}r = 1$$

ただし，$\int u_i^*(r)u_j(r)\mathrm{d}r = \delta_{ij}$ とせよ．

3.4 いま，関数 $f(x)$ が $f(x) = x^2 + 1$ で表されるとする．また，デルタ関数 $\delta(x - x_0)$ の x_0 が $x_0 = 1$ として，$x = 1$ のとき次の二つの式の値がどのようになるかについて答えよ (必要なら計算すること).

$$\text{(a)}\,\delta\,(x - x_0)\,f\,(x)\,,\quad \text{(b)}\int_{-\infty}^{\infty}\delta\,(x - x_0)\,f\,(x)\,\mathrm{d}x$$

3.5 次の行列の掛け算の演算を経過も示して具体的に実行せよ．

$$\begin{bmatrix} 1 & 0 \\ 0 & 1 \end{bmatrix}\begin{bmatrix} 1 & 0 \\ 1 & 0 \end{bmatrix}$$

3.6 各列の行列要素が a_i, b_i, c_i $(i = 1 \sim 3)$ で表される 3 行 3 列の行列式を使って，行列式が 0 になる場合を 2 例示し，実際に 0 になることを経過も含めて演算して示せ.

Chapter 4

量子力学の巧みな近似法

この章では実際の物理現象において起こる課題を，量子力学を用いて解くための計算方法とその重要性について述べます．量子力学の計算では近似法が使われるが，なぜこれが必要なのかを明らかにし，量子力学で近似法が使われる必然性について説明します．

次に，量子力学の近似法には摂動論，変分法があること，およびこれらの近似法の量子力学の計算への適用方法について説明します．最後に，多粒子，ことに多数の電子の波動関数が関係する計算においては，電子がフェルミオン (フェルミ粒子) であるために，特別な処理が必要なこと，ならびに量子力学に特有な結果が現れることについても触れます．

4.1 量子力学において近似計算が重要な理由

本書においてもすでに2章で井戸型ポテンシャル，水素原子，調和振動子の問題を具体的に解いたので，いまさら近似計算の説明とはどういうことか？と疑問に思われる人もいるかもしれません．しかし，2章で解いた問題はすべて1個の電子が関わる物理現象の課題だったから，これらの課題では1個の電子の波動関数で作られる単純なシュレーディンガー方程式を解けばよかったのです．

ところが，私たちの身の回りで起こる実際の物理現象には多くの原子が関わっています．たとえば，「もの」の性質を知るには量子力学を使って問題を解く必要があるが，物質の性質には，無数のといってもよいくらい多数の電子が関係しているので，極めて多数の電子の波動関数で作られるシュレーディンガー方程式を解かなければなりません．

しかし，量子力学が誕生する前の古典物理学の時代から言われている有名な言い伝えに「3体以上の多体問題の厳密解は得られない」ということがあります．つまり，3個以上の物体がお互いに相互作用をするような物理現象の問題では，この問題を力学の方程式を立てて厳密に解くのは不可能である，ということなのです．3個以上の電子が関わる量子力学の問題も，事情は同じで多体問題になるので，3個以上の電子が関わる課題ではシュレーディンガー方程式を解いて厳密解を得ることはできないのです.

「厳密解が得られないので問題を解くのは諦める！」というわけにはいかないので，研究者たちが多粒子の波動方程式を解く方法に思い悩んだ末に，考えついたのが古典物理学でこれまで使われてきた近似計算法の摂動論と変分法であったというわけです.

しかし，古典物理学の場合と全く同じ手法を量子力学に適用することはできないので，ここで述べる摂動論や変分法は量子力学の波動方程式にうまく適用できるように工夫され，修正された量子力学特有の摂動論や変分法なのです.

4.2 摂動論

4.2.1 天文学で生まれた摂動論

量子力学で使われている摂動論は，元はと言えば天文学で使われていたものだったので，ここでは，まず天文学の摂動論から話を始めます．天文学は人類が扱った最初の物理学と言えるものです.

初期の頃の天文学で重要な課題は天体の運行の計算でした．ことに，太陽，月，そして地球の動きを知ること，つまりは太陽系の運行を詳しく記述することや運行を予想することが重要でした．というのは，地球の運行によって1年の春夏秋冬が決まり，暦が決まるからです．逆に言うと，毎日の生活に必須な，毎年の暦は地球や月の正しい運行の知識なしには作ることはできません.

正しい暦を作るためには，まず地球の運動の軌跡や周期を正確に計算する必要があるが，この計算は簡単ではありませんでした．地球は太陽の周りを公転しているので，太陽の周りにある天体が地球だけならば，地球に働く力は太陽の引力だけなので，太陽の周囲を回る地球の回転軌道は簡単に計算することができ，楕円軌道が得られます.

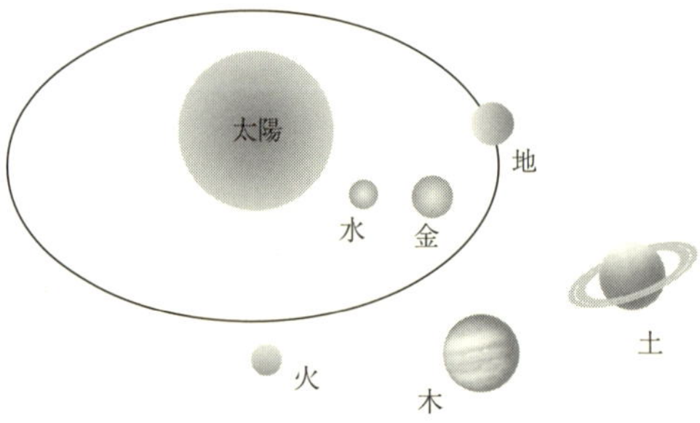

図 4.1　太陽系の惑星の運行

しかし，地球に働く引力は太陽の引力だけではありません．地球の周りにある (図 4.1)，水星，金星，火星，木星などすべての惑星の引力が働いています．だから地球の運動を計算する問題は，完全に3体以上の複雑な計算になる多体問題です．すると，すでに説明したように，地球の公転軌道についての厳密解を求めることはできないことがわかります．

厳密解が得られないので地球の運行について正しい計算ができないとなれば，正しい暦は作れないが，天文学者たちは計算を諦めるわけにはいきませんでした．悩んだ天文学者たちは，次のような発想で天体の運行についての計算方法に工夫を凝らしました．

すなわち，まず太陽と地球の二つだけを考え，この単純な条件で仮に地球の公転軌道を楕円と答えを出し，この答えをおおよその解とします．

そして，そのほかの惑星の引力はこのおおよその解に小さい影響しか与えないと考えるのです．つまり，そのほかの惑星の影響は小さいじょう乱 (摂動，perturbation) にすぎないとして，このじょう乱の影響を補正項としてとらえ，おおよその解 (楕円軌道) に，摂動による補正項を加えたものが正しい解になると考えたのです．

すなわち，おおよその解 (ゼロ次近似という) に，摂動による補正項を加える計算方法を考えたのです．この摂動による補正項を使う計算法では，ゼロ次近似の解に逐次近似の方法で順次修正を加えるが，このような計算方法で厳密解に近い解を得る計算方法が摂動論という計算方法なのです．

天文学の摂動論は近似計算法ではあるが，極めて正しい計算結果が得られます．2012 年に日本の各地で金環日食や金星の太陽面通過などの天体ショーが観測できたが，これらの天体現象が起こると予想された時刻に，実際にも起こったことを経験して，多くの人が天体運行の計算の正確さを実感したのではないでしょうか．

というのは，金環日食や金星の太陽面通過の起こる時間帯について，あらかじめテレビや新聞が伝えた時間帯と実際に観測された時間帯が分秒の単位まで一致しました．これは驚くべき正確さだが，報道機関が伝えた天体ショーの起こる予想時間帯は，天文学者たちがかつて開発した計算方法に基づいて近似計算されているのです．

4.2.2 量子力学の摂動論 I：時間に依存しない摂動論

さて，量子力学の摂動論だが，まず時間に依存しない摂動論から始めることにします．だから，基本式としては次の時間に依存しないシュレーディンガー方程式を使います．なお，この章以降では波動関数を ψ，固有関数は u などと略記することにします．すると H をハミルトニアン，ε をエネルギー固有値として，基本式は次の式で表されます．

$$H\psi = \varepsilon\psi \tag{4.1}$$

ここでの時間に依存しない摂動論の説明では，初期条件としてハミルトン H が与えられていて，これを使って波動関数 ψ とエネルギー固有値 ε のできるだけ正しい近似解を求める方法について説明することにします．

まず，ハミルトニアン H についてはゼロ次近似のハミルトニアンを H_0 とし，その補正項 (摂動項) を H' として，H を次のように書きます．

$$H = H_0 + \lambda H' \tag{4.2}$$

ここで，λ は求めようとする近似解の近似度をできるだけ高めて正しい解に近づけるために使うもので，演算においては摂動の次数を表す係数になります．これ以降の式では摂動の次数を λ のべき乗で表すことにします．たとえば，1 次摂動は λ の 1 乗 ($= \lambda^1$) を使い，2 次の摂動には λ の 2 乗 λ^2 を使います．

いま，ゼロ次の摂動，つまり無摂動の場合の固有関数を $u_n^{(0)}$，エネルギー固有値を $\varepsilon_n^{(0)}$ とすると，ハミルトニアンを H_0 として次の固有値方程式が成立します．

$$H_0 u_k^{(0)} = \varepsilon_k^{(0)} u_k^{(0)} \tag{4.3}$$

ここで，固有関数や固有値の右下に付けたサフィックスの k はエネルギーの次数を表しています．

そして，固有関数 u_k とエネルギー固有値 ε_k は，それぞれ各次数の摂動項 (括弧の付いた右肩のサフィックスで摂動の次数を表す) の $u_k^{(n)}$ と ${}_k^{(n)}$ を使って，次のように展開式で表すことにします．

$$u_k = u_k^{(0)} + \lambda u_k^{(1)} + \lambda^2 u_k^{(2)} + \lambda^3 u_k^{(3)} + \cdots + \lambda^n u_k^{(n)} \tag{4.4a}$$

$$\varepsilon_k = \varepsilon_k^{(0)} + \lambda \varepsilon_k^{(1)} + \lambda^2 \varepsilon_k^{(2)} + \lambda^3 \varepsilon_k^{(3)} + \cdots + \lambda^n \varepsilon_k^{(n)} \tag{4.4b}$$

次に，式 (4.1) の H, ψ, ε に，それぞれ式 (4.2) の $H_0 + \lambda H'$ および固有関数 u_k とエネルギー固有値 ε_k を使って，次の固有値方程式を作ります．

$$\left(H_0 + \lambda H'\right) u_k = \varepsilon_k u_k \tag{4.5}$$

そして，この式 (4.5) に式 (4.4a,b) の u_k と ε_k を代入すると，補足 4.1 に示す式 (S4.1) ができます．式 (S4.1) の等式が，摂動の次数の λ の値の如何にかかわらず成立するためには，同じ摂動の次数 (同じ λ のべき乗) の項は等式の左右で等しくなければならないので，次の一連の式が成り立つことがわかります (ここではその一部だけを以下に書きます)．

◆ 補足 4.1　式 (4.5) に式 (4.4a,b) を代入して得られる式

式 (4.5) の ε_k と u_k に式 (4.4a,b) の ε_k と u_k の展開式を代入して，両辺を λ の次数ごとにまとめると，次の式が得られます．

$$H_0u_k^{(0)} + \lambda(H'u_k^{(0)} + H_0u_k^{(1)}) + \lambda^2(H'u_k^{(1)} + H_0u_k^{(2)}) + \cdots$$
$$= \varepsilon_k^{(0)}u_k^{(0)} + \lambda(\varepsilon_k^{(1)}u_k^{(0)} + \varepsilon_k^{(0)}u_k^{(1)}) + \lambda^2(\varepsilon_k^{(2)}u_k^{(0)} + \varepsilon_k^{(1)}u_k^{(1)} + \varepsilon_k^{(1)}u_k^{(2)}) + \cdots \quad \text{(S4.1)}$$

$$H_0u_k^{(0)} = \varepsilon_k^{(0)}u_k^{(0)} \tag{4.6a}$$
$$H'u_k^{(0)} + H_0u_k^{(1)} = \varepsilon_k^{(1)}u_k^{(0)} + \varepsilon_k^{(0)}u_k^{(1)} \tag{4.6b}$$
$$H'u_k^{(1)} + H_0u_k^{(2)} = \varepsilon_k^{(2)}u_k^{(0)} + \varepsilon_k^{(1)}u_k^{(1)} + \varepsilon_k^{(1)}u_k^{(2)} \tag{4.6c}$$

式 (4.6a,b,c) の等式の式の中で，式 (4.6a) は式 (4.3) と同じなので当然成り立ちます．そこで，摂動の次数を 2 次まで考えるとして，以下では式 (4.6b,c) を考えることにします．

式 (4.6b) の等式を検討するためには，1 次摂動の固有関数 $u_k^{(1)}$ が必要だが，これは係数 c_{nk} とゼロ次摂動の各固有関数の $u_n^{(0)}$ を使って，次のように展開できます．

$$u_k^{(1)} = c_{1k}u_1^{(0)} + c_{2k}u_2^{(0)} + c_{3k}u_3^{(0)} + \cdots \tag{4.7a}$$
$$= \sum_n c_{nk}u_n^{(0)} \tag{4.7b}$$

この式 (4.7b) を式 (4.6b) に代入して H_0 や $\varepsilon_k^{(0)}$ を積算記号 $\sum_n$ の中に入れると，次の式が得られます．

$$H'u_k^{(0)} + \sum_n c_{nk}H_0u_n^{(0)} = \varepsilon_k^{(1)}u_k^{(0)} + \sum_n c_{nk}\varepsilon_k^{(0)}u_n^{(0)} \tag{4.8}$$

ここで，式 (4.6a) の関係にならうと，次の関係

$$H_0u_n^{(0)} = \varepsilon_n^{(0)}u_n^{(0)} \tag{4.9}$$

が成り立つので，この関係を使うと式 (4.8) は次のようになります．

$$H'u_k^{(0)} + \sum_n c_{nk}\varepsilon_n^{(0)}u_n^{(0)} = \varepsilon_k^{(1)}u_k^{(0)} + \sum_n c_{nk}\varepsilon_k^{(0)}u_n^{(0)} \tag{4.10a}$$
$$\therefore \quad H'u_k^{(0)} + \sum_n c_{nk}(\varepsilon_n^{(0)} - \varepsilon_k^{(0)})u_n^{(0)} = \varepsilon_k^{(1)}u_k^{(0)} \tag{4.10b}$$

この式の両辺に左から $u_k^{(0)}$ の複素共役 $u_k^{*(0)}$ を掛けて内積をとると，次の式が得られます．

$$\int u_k^{*(0)} H' u_k^{(0)} \mathrm{d}q + \sum_n c_{nk}(\varepsilon_n^{(0)} - \varepsilon_k^{(0)}) \int u_k^{*(0)} u_n^{(0)} \mathrm{d}q = \varepsilon_k^{(1)} \int u_k^{*(0)} u_k^{(0)} \mathrm{d}q \tag{4.11a}$$

固有関数の規格化・直交性 ($\int u_k^{*(0)} u_n^{(0)} \mathrm{d}q = \delta_{kn}$) の性質を使うと共に，ディラックの記号を使って式 (4.11a) を簡潔な式に書き直すと，次のようになります．

$$\langle u_k^{*(0)} | H' | u_k^{(0)} \rangle + \sum_n c_{nk}(\varepsilon_n^{(0)} - \varepsilon_k^{(0)}) \delta_{kn} = \varepsilon_k^{(1)} \tag{4.11b}$$

この式 (4.11b) の左辺の第 2 項ではデルタ関数 δ_{kn} は $n \neq k$ のときには 0 となり，$n = k$ のときには $\varepsilon_n^{(0)} - \varepsilon_k^{(0)}$ が 0 になるので，結局第 2 項は 0 になります．だから，式 (4.11b) より，エネルギー ε の 1 次摂動項 $\varepsilon_k^{(1)}$ は，次の式で与えられることがわかります．

$$\varepsilon_k^{(1)} = \langle u_k^{*(0)} | H' | u_k^{(0)} \rangle \tag{4.12a}$$

$$\text{または} \quad \varepsilon_k^{(1)} = \langle k | H' | k \rangle = H'_{kk} \tag{4.12b}$$

次に固有関数 u_k の近似解の求め方だが，これは少し難しく複雑なので，詳細は省略して要点と結論だけ述べると次のようになります．すなわち，固有関数を求めるためには，まず式 (4.7) で示した係数 c_{lk}, c_{kk} を決める必要があります．これらは次のようになります．

$$c_{lk} = -\frac{\langle l | H' | k \rangle}{\varepsilon_l^{(0)} - \varepsilon_k^{(0)}} \quad (l \neq k) \tag{4.13a}$$

$$c_{kk} = 0 \tag{4.13b}$$

この式 (4.13) で表される係数 c_{lk} と式 (4.4a) および式 (4.7a) の $u_k^{(1)}$ の展開式を使うと，固有関数 u_k は次のように求めることができます．

$$u_k = u_k^{(0)} + \sum_{l \neq k} \frac{\langle l | H' | k \rangle}{\varepsilon_k^{(0)} - \varepsilon_l^{(0)}} u_l^{(0)} \tag{4.14}$$

4.2.3 量子力学の摂動論 II：時間に依存する摂動論

時間に依存する摂動論を使って解くことのできる問題には電子の遷移による光の発生などの興味深い問題があります．しかし，これらの演算は少し複雑で高度なので，ここでは時間に依存する摂動論の詳細は割愛して，この方法の概略だけを述べることにします．

この場合には，まず時間に依存するハミルトニアン $H(t)$ と前項で説明したゼロ次近似のハミルトニアン H_0 の関係を調べる必要があります．また，波動関数

$\Psi(\boldsymbol{r},t)$ についても，この近似法を適用するにはこれは位置座標 $\boldsymbol{r}$ のみの固有関数 $u_n(\boldsymbol{r})$ と時間のみの (指数) 関数 $\exp\{-(i/\hbar)\varepsilon_n t\}$ の積の形に近似できる必要があり，かつ，波動関数がこれらの式を使って展開式で表される必要があります．

まず，時間に依存するハミルトニアン $H(t)$ は，ゼロ次近似のハミルトニアン H_0 と時間に依存する部分のハミルトニアン $H'(t)$ の和として，次のように表されると仮定します．

$$H(t) = H_0 + H'(t) \tag{4.15}$$

時間に依存する部分のハミルトニアン $H'(t)$ がゼロ次近似のハミルトニアン H_0 に比べて同等またはそれ以上の場合には，摂動論を用いて問題を解くことは難しいとされています．

しかし，光の放出の場合などの多くの現実の物理問題では，$H'(t)$ は H_0 に比べて非常に小さい場合が多いのです．たとえば，高い電界の中に置いた励起状態の原子から発する光の放出を考えると，$H'(t)$ は電界の影響によって変化するエネルギーです．これに対して H_0 は原子の内部のエネルギーに関係するので，$H'(t)$ に比べて非常に大きな値を持つのが普通です．時間に依存する摂動論ではこのような場合の問題が取り扱われます．

いま，ゼロ次近似のハミルトニアン H_0 に対する固有関数を u_n，固有値を ε_n とすると，次の固有値方程式が成立します．

$$H_0 u_n = \varepsilon_n u_n \tag{4.16}$$

したがって，この場合のシュレーディンガー方程式は波動関数 $\Psi(\boldsymbol{r},t)$ と式 (4.15) のハミルトニアン $H(t)$ を使って，次のようになります．

$$\left\{H_0 + H'(t)\right\}\Psi(\boldsymbol{r},t) = i\hbar\frac{\mathrm{d}\Psi(\boldsymbol{r},t)}{\mathrm{d}t} \tag{4.17}$$

ここで，すでに述べたように波動関数 $\Psi(\boldsymbol{r},t)$ が位置座標 $\boldsymbol{r}$ の関数と時間 t の関数の積で表されるものとして，波動関数 $\Psi(r,t)$ を位置座標のみの固有関数 $u_n(r)$ と時間のみの関数 $e^{-(i/\hbar)\varepsilon n t}$，および展開係数 $c_n(t)$ 使って，まず次のように展開します．

$$\Psi(\boldsymbol{r},t) = \sum_n c_n(t)\,u_n(\boldsymbol{r})\,e^{-i\varepsilon_n t/\hbar} \tag{4.18}$$

次に，式 (4.18) を式 (4.17) に代入し，$c_n(t)$ の t による 1 階微分を $\dot{c}_n(t)$ とすると，次の式が得られます．

$$H_0 \sum_n c_n(t)\, u_n(\boldsymbol{r})\, e^{-i\varepsilon_n t/\hbar} + H'(t) \sum_n c_n(t)\, u_n(\boldsymbol{r})\, e^{-i\varepsilon_n t/\hbar}$$
$$= i\hbar \sum_n \dot{c}_n(t)\, u_n(\boldsymbol{r})\, e^{-i\varepsilon_n t/\hbar} + \sum_n \varepsilon_n c_n(t)\, u_n(\boldsymbol{r})\, e^{-i\varepsilon_n t/\hbar} \tag{4.19}$$

式 (4.16) の関係を使うと，式 (4.19) の左辺の第 1 項と右辺の第 2 項が等しくなるので，式 (4.19) から次の式が得られます．

$$i\hbar \sum_n \dot{c}_n(t)\, u_n(\boldsymbol{r})\, e^{-i\varepsilon_n t/\hbar} = H'(t) \sum_n c_n(t)\, u_n(\boldsymbol{r})\, e^{-i\varepsilon_n t/\hbar} \tag{4.20}$$

この式 (4.20) の両辺に，左から $u_n(\boldsymbol{r})$ に複素共役な (サフィックス n を k に変えた) $u_k^*(\boldsymbol{r})$ を掛けて内積をとり，デルタ記号 δ_{kn} と ディラックの記号を使って積分 $\int$ の項を略記すると，次の式ができます．

$$i\hbar \sum_n \dot{c}_n(t)\, e^{-i\varepsilon_n t/\hbar} \delta_{kn} = \sum_n c_n(t)\, \langle k|H'|n\rangle e^{-i\varepsilon_n t/\hbar} \tag{4.21}$$

さらに，慣例に従って，$\langle k|H'|n\rangle$ を H'_{nk} と書き式を整えた後，この式 (4.21) の両辺を $i\hbar e^{-(i/\hbar)\varepsilon_k t}$ で割ると，係数 $c_k(t)$ の 1 次微分に関して次の式が得られます．

$$\dot{c}_k(t) = \frac{1}{i\hbar} \sum_n c_n(t)\, H'_{nk} e^{i(\varepsilon_k - \varepsilon_n)t/\hbar} \tag{4.22}$$

さらに近似計算をすすめるためにはこの式 (4.22) を使って，前項の 4.2.2 で説明した手法に従って，ハミルトニアンを摂動項 $H'(t)$ に摂動の次数を表す λ を付加して $\lambda H'(t)$ などとして摂動計算を実行すればよいのです．すると係数 $c_n(t)$ およびエネルギー差 $\varepsilon_k - \varepsilon_n$ などを求めるなどして問題を解くことができます．すなわち，時間に依存する摂動計算をすることによって，エネルギー準位間を電子が遷移するときに起こる光の放出や吸収の強さなどを計算することができます．なぜなら，係数 $c_n(t)$ の二乗は電子の遷移確率を表すからです．

4.3 変　分　法

4.3.1 変分原理を使って近似計算法ができる理由

▶変分原理はハミルトンの原理とも呼ばれる解析力学の手法

量子力学の計算では変分法という近似法も使われているが，量子力学の変分法では，古典力学の中の解析力学で昔から知られている変分原理，あるいはハミルトンの原理と呼ばれるものが使われています．

解析力学の変分原理ではラグランジアン L が使われ，L を使って次の作用積分と呼ばれる時間 t_1 から t_2 までの積分の値 I を考えます．

$$I = \int_{t1}^{t2} L\mathrm{d}t \tag{4.23}$$

そして，この式 (4.23) で表される作用積分の値 I が極値をとる条件を求めて，運動方程式の解を得るようになっています．

前置きはこの程度にして，量子力学の変分法に進みましょう．量子力学の変分法では，式 (4.23) の作用積分の代わりに，波動関数を ψ とし，これとハミルトニアン H を使って，次の積分 I を考えます．

$$I = \int \psi^* H \psi \mathrm{d}q \tag{4.24}$$

そして，波動関数 ψ に次の規格化条件を課し，

$$\int \psi^* \psi \mathrm{d}q = 1 \tag{4.25}$$

この条件の下に積分の値 I が停留値 (極大値，極小値などの極値の総称，ここでは $I_{\min}$ とする) をとる波動関数が，求める波動関数 ψ であり，得られた停留値 ($I_{\min}$) が固有値 ε であるとして，シュレーディンガー方程式 $H\psi = \varepsilon\psi$ の波動関数 ψ と固有値 ε を決める方法です．

この変分法を用いて波動関数と固有値を決定する方法が，妥当であることを証明することは可能ですが，ここでは煩雑なので詳細は省略し，概略だけ述べると次のようになります．まず，波動関数 ψ が次のように完全直交系の関数 u_n を使って展開できるとします．

$$\psi = c_1 u_1 + c_2 u_2 + c_3 u_3 + \cdots + c_n u_n + \cdots \tag{4.26a}$$

また，ψ に複素共役な ψ^* も同様に，次にように展開できるとします．

$$\psi^* = c_1^* u_1^* + c_2^* u_2^* + c_3^* u_3^* + \cdots + c_m^* u_m^* + \cdots \tag{4.26b}$$

そして，式 (4.26a,b) を式 (4.24) に代入すると，補足 4.2 に示すように，I として次の式が得られます．

$$I = \sum_m \sum_n c_m^* c_n h_n \int u_m^* u_n \mathrm{d}q = \sum_n c_n^* c_n h_n \tag{4.27a}$$

この式 (4.27a) で表される I の最小値 $I_{\min}$ は，補足 4.2 に示すように，最小の固有値を h_1 として次のように得られ，これが固有値 ε になります．

$$I_{\min} = h_1 \to \varepsilon = h_1 \tag{4.27b}$$

式 (4.27a) が極値をとるということは，次の条件が充たされることになります．

$$\frac{\partial I}{\partial c_m^*} = 0, \quad \frac{\partial I}{\partial c_n} = 0 \tag{4.28}$$

◆ 補足 4.2 停留値 $I_{\rm min}$(固有値) および波動関数の近似値を求める方法

量子力学の変分法の手法に従って，まず，式 (4.26a,b) を規格化条件の式 (4.25) に代入して演算すると，次の式が得られます．

$$c_1^* c_1 + c_2^* c_2 + c_3^* c_3 + \cdots + c_n^* c_n + \cdots = 1 \tag{S4.2}$$

この式 (S4.2) より，$c_n^* c_n = |c_n|^2$ として次の式が得られます．

$$|c_1|^2 = 1 - \left(|c_2|^2 + |c_3|^2 + |c_4|^2 + \cdots + |c_n|^2 + \cdots\right) \tag{S4.3}$$

また，ハミルトニアン H に対する固有関数を u_n とし，固有値を h_n として式 (4.26a,b) を式 (4.24) に代入して演算すると，次の式が得られます．

$$I = \int \psi^* H \psi \mathrm{d}q = \sum_m \sum_n c_m^* c_n h_n \int u_m^* u_n \mathrm{d}q \tag{S4.4a}$$

$$= \sum_n c_n^* c_n h_n \tag{S4.4b}$$

$$= |c_1|^2 h_1 + |c_2|^2 h_2 + |c_3|^2 h_3 + \cdots + |c_n|^2 h_n + \cdots \tag{S4.4c}$$

ここで，3 章の 3.4 節における類似の演算で示したように，式 (S4.4a) の演算においては $Hu_n = h_n u_n$ と $\int u_n^* u_n \mathrm{d}q = 1$ の関係を使っています．また，式 (S4.3) の $|c_1|^2$ をこの式に代入すると，式 (S4.4c) の I は次のようになります．

$$I = h_1 + |c_2|^2 (h_2 - h_1) + |c_3|^2 (h_3 - h_1) + \cdots + |c_n|^2 (h_n - h_1) + \cdots \tag{S4.5}$$

いま，h_1 を最少の固有値とする，すなわち $h_1 < h_2 < h_3 \cdots < h_n < \cdots$ とすると，I は $c_2 = c_3 = c_4 = \cdots = c_n = \cdots = 0$ のとき極小値をとるので，固有関数 u_1 の固有値は h_1 と決まります．そして，1 次近似の波動関数の解は式 (4.25) と式 (4.26a) から u_1 と決まります．

2 次の近似解を求めるには，付加条件として次の式が成立することを追加します．

$$\int u_1^* \psi \mathrm{d}q = 0 \tag{S4.6}$$

この式に本文の式 (4.26a) を代入すると，次の式が得られます．

$$c_1 \int u_1^* u_1 \mathrm{d}q + c_2 \int u_1^* u_2 \mathrm{d}q + c_3 \int u_1^* u_3 \mathrm{d}q + \cdots + c_n \int u_1^* u_n \mathrm{d}q = 0 \tag{S4.7}$$

この式の第 2 項以降は固有関数の規格化直交性の性質により 0 となるので，結局次の式が成り立ちます．

$$c_1 \int u_1^* u_1 \mathrm{d}q = 0 \tag{S4.8}$$

式 (S4.8) の内積の値は 1 だから，この式 (S4.8) より c_1 は 0 となります．したがって，このとき極値 I は式 (S4.4c) より次のようになります．

$$I = |c_2|^2 h_2 + |c_3|^2 h_3 + \cdots + |c_n|^2 h_n + \cdots \tag{S4.9}$$

また，$c_1 = 0$ の関係を，式 (S4.3) に代入すると次の式が得られます．

$$|c_2|^2 = 1 - \left(|c_3|^2 + |c_4|^2 + \cdots + |c_n|^2 + \cdots\right) \tag{S4.10}$$

この式 (S4.10) を式 (S4.9) に代入すると，1 次近似のときと同じようにして，2 次近似の固有値は h_2，固有関数は u_2 と決まります．

3 次以上の近似解を求めるときにも，同様の方法を用いるが，そのときは次の付加条件を 1 ずつ追加する必要があります．

$$\int u_2^* \psi \mathrm{d}q = 0, \quad \int u_3^* \psi \mathrm{d}q = 0, \quad \ldots, \quad \int u_n^* \psi \mathrm{d}q = 0 \tag{S4.11}$$

m や n の異なるすべての c_m^* と c_n について式 (4.28) と同様な関係式を作り，これらを使って連立方程式を立てて，これらを行列の形に変更して演算すると，シュレーディンガー方程式 $H\psi = \varepsilon\psi$ の関係が得られます．詳細は省略するが，こうして波動関数が ψ，固有値が ε であるということが証明できます．

4.3.2 試行関数を使った変分法の演算方法

実際に変分法を使って波動関数 (たとえば，式 (4.26a) の ψ) を求めようとすると，波動関数を構成する固有関数や固有値を，まず決める必要があります．しかし，このことは一般にはそれほどやさしくはありません．

そこで，ここではこの欠点を補う変分法の一つである試行関数を使って波動関数を決定する方法を説明します．試行関数を使う変分法では，波動関数 ψ に近いと思われる関数，たとえばこれを χ (ギリシャ文字のカイ) とすると，この χ を試行関数として用い，この χ が波動関数になる条件を探索して波動関数を求める手法がとられます．

この方法では仮定する試行関数 χ の形を最初は完全には固定しないで関数 χ に未知のパラメータを持たせ，χ の関数の形にある程度変化できる余地を残します．そして，このパラメータを，演算を行って決めることにより，波動関数 χ を決定し波動関数を求めます．

以下に具体的に説明しましょう．いま，未知のパラメータを α とし，これを含む試行関数を χ として，変分法の基本式の式 (4.24) と式 (4.25) をディラック記号を用いて書き，これらを使って，次の式で表される I を考えます．

$$I = \frac{\langle\chi|H|\chi\rangle}{\langle\chi|\chi\rangle} \tag{4.29}$$

そして，試行関数を使う方法では，式 (4.29) の I の値が極小値をとる条件を探し

て χ を決めます．こうして決められた χ が基底状態 (1 次近似に相当) の固有関数 u_1 となり，I の極値として得られる停留値 (最小値) を ε_1 として，これが基底状態の固有値になります．励起状態 (2 次近似に相当) の固有関数を求めるには，前の 4.3.1 項で述べたように，次の付加条件を追加する必要があります．

$$\int u_1^* \chi \mathrm{d}q = 0 \tag{4.30}$$

以上が試行関数を使う方法の原理ですが，次に具体例を使って演算方法を説明することにしましょう．ここではこの方法を試行関数法と呼ぶことにします．まず，ハミルトニアン (演算子) H と，試行関数 χ を次のように仮定します．

$$H = -\frac{\hbar^2}{2m}\frac{\mathrm{d}^2}{\mathrm{d}x^2} + \frac{1}{2}x^2 \tag{4.31}$$

$$\chi(x) = e^{-\alpha x^2} \tag{4.32}$$

次に，試行関数法に従って，補足 4.3 に示すように，$\langle\chi|H|\chi\rangle$ と $\langle\chi|\chi\rangle$ を求めると，次のようになります．

$$\langle\chi|H|\chi\rangle = \left(\frac{\alpha\hbar^2}{2m} + \frac{1}{8\alpha}\right)\sqrt{\frac{\pi}{2\alpha}} \tag{4.33}$$

$$\langle\chi|\chi\rangle = \int_{-\infty}^{\infty} e^{-2\alpha x^2}\mathrm{d}x = \sqrt{\frac{\pi}{2\alpha}} \tag{4.34}$$

式 (4.33) と式 (4.34) を，式 (4.29) の I の式に代入すると I は次のように得られます．

$$I = \frac{\alpha\hbar^2}{2m} + \frac{1}{8\alpha} \tag{4.35}$$

この式の I を α で微分して $dI/d\alpha = 0$ とおいて極値をとる α の値を求めると，α は次のようになります．

$$\alpha = \pm\frac{\sqrt{m}}{2\hbar} \tag{4.36}$$

しかし，α の値が負のときには，式 (4.32) から明らかのように，試行関数 $\chi(x)$ が無限大になって発散するので，正しい解は $\sqrt{m}/2\hbar$ のみです．

以上のように α の値を決定して確定した試行関数 $\chi(x)$ を固有関数として，固有関数 $\chi(x)$ と固有値は次のように求めることができます．

$$\chi(x) = e^{-\alpha x^2}, \quad \text{固有値}\,(I_{\min}) = \frac{\hbar}{2\sqrt{m}} \tag{4.37}$$

量子力学では試行関数を使う近似計算方法の考え方は，次の多数粒子系の波動関数を使った波動方程式の計算においても，ハートリー法やハートリー-フォック法で使われています．

◆ **補足 4.3**　$\langle\chi|H|\chi\rangle$ と $\langle\chi|\chi\rangle$ を求める演算

本文の式 (4.29) の $\langle\chi|H|\chi\rangle$ を求めるには，次のように，まず $H\chi$ を求め，これに複素共役な χ^*(ここでは χ は実数の関数なので $\chi^* = \chi$) を掛けた $\chi^* H\chi$ を，次のようにして求める必要があります．

$$H\chi = \left(-\frac{\hbar^2}{2m}\frac{\mathrm{d}^2}{\mathrm{d}x^2} + \frac{1}{2}x^2\right)e^{-\alpha x^2}$$

$$= -\frac{\hbar^2}{2m}\left(-2\alpha + 4\alpha^2 x^2\right)e^{-\alpha x^2} + \frac{1}{2}x^2 e^{-\alpha x^2} \tag{S4.12a}$$

$$\chi^* H\chi = \left\{-\frac{\hbar^2}{2m}\left(-2\alpha + 4\alpha^2 x^2\right) + \frac{1}{2}x^2\right\}e^{-2\alpha x^2} \tag{S4.12b}$$

これらを使うと，$\langle\chi|H|\chi\rangle$ と $\langle\chi|\chi\rangle$ は，次のようになります．

$$\langle\chi|H|\chi\rangle = -\frac{\hbar^2}{2m}\int_{-\infty}^{\infty}\left(-2\alpha + 4\alpha^2 x^2\right)e^{-2\alpha x^2}\mathrm{d}x + \frac{1}{2}\int_{-\infty}^{\infty}x^2 e^{-2\alpha x^2}\mathrm{d}x \tag{S4.13a}$$

$$= \frac{\alpha\hbar^2}{m}\int_{-\infty}^{\infty}e^{-2\alpha x^2}\mathrm{d}x - \frac{\hbar^2}{2m}\int_{-\infty}^{\infty}4\alpha^2 x^2 e^{-2\alpha x^2}\mathrm{d}x$$

$$+ \frac{1}{2}\int_{-\infty}^{\infty}x^2 e^{-2\alpha x^2}\mathrm{d}x \tag{S4.13b}$$

$$= \left(\frac{\alpha\hbar^2}{m} - \frac{\alpha\hbar^2}{2m} + \frac{1}{8\alpha}\right)\sqrt{\frac{\pi}{2\alpha}} \tag{S4.13c}$$

$$= \left(\frac{\alpha\hbar^2}{2m} + \frac{1}{8\alpha}\right)\sqrt{\frac{\pi}{2\alpha}} \tag{S4.13d}$$

$$\langle\chi|\chi\rangle = \int_{-\infty}^{\infty}e^{-2\alpha x^2}\mathrm{d}x = \sqrt{\frac{\pi}{2\alpha}} \tag{S4.13e}$$

となります．ここで，次の積分の公式を使いました．

$$\int_{-\infty}^{\infty}e^{-2\alpha x^2}\mathrm{d}x = \sqrt{\frac{\pi}{2\alpha}} \tag{S4.14a}$$

$$\int_{-\infty}^{\infty}x^2 e^{-2\alpha x^2}\mathrm{d}x = \frac{1}{4\alpha}\sqrt{\frac{\pi}{2\alpha}} \tag{S4.14b}$$

4.4 多粒子系の波動方程式の近似法

4.4.1 ハートリー近似

本書でもしばしば記述してきたように，物質 (個体) は多くの原子で構成されています．そして，原子の中の電子の状態や電子の振る舞いで物質の性質が決まるので，物質の性質を知るには多くの電子 (多粒子) の相互作用の問題を，量子力学を使って解かねばなりません．多粒子の相互作用の問題は古典力学においても解くことが難しい多体問題として知られているが，この事情は量子力学においても同じです．

量子力学では多くの粒子が関わる多体問題を解くために，特別に工夫された二つの近似法があります．一つはハートリー近似，またはハートリーのつじつまの合う場の方法と呼ばれている方法であり，もう一つは，次の項で述べる，ハートリー-フォック近似と呼ばれる近似計算法です．

さて，ハートリー近似では多くの粒子の位置座標を $r_1, r_2, r_3, \ldots, r_N$ として，全体のハミルトニアン $\mathcal{H}$ を次のようにおきます．

$$\boldsymbol{H} = \sum_{j=1}^{N} \left\{ -\frac{\hbar^2}{2m} \nabla_j^2 + \boldsymbol{V}(\boldsymbol{r}_j) \right\} + \sum_{i<j} \left(\frac{q^2}{4\pi\epsilon_0 \boldsymbol{r}_{ij}} \right) \tag{4.38}$$

式 (4.38) の大括弧 $\{ \quad \}$ の中は多数の粒子を代表するある状態のハミルトニアンを表す項で，最後の項は粒子間の相互作用を表す項になり，これはポテンシャル項の一つですがクーロン項とも呼ばれます．また，クーロン項の和の記号 $\sum$ の下に $i < j$ と書いてあるのは，各項を重複して数えないための処置です．

式 (4.38) のハミルトニアン $\boldsymbol{H}$ を使い波動関数に $\boldsymbol{\Psi}(\boldsymbol{r}_1, \boldsymbol{r}_2, \boldsymbol{r}_3, \ldots, \boldsymbol{r}_N)$ を用いて，エネルギー固有値を $\boldsymbol{E}$ とすると，シュレーディンガー方程式は次の式で表されます．

$$\boldsymbol{H\Psi}(\boldsymbol{r}_1, \boldsymbol{r}_2, \boldsymbol{r}_3, \ldots, \boldsymbol{r}_N) = \boldsymbol{E\Psi}(\boldsymbol{r}_1, \boldsymbol{r}_2, \boldsymbol{r}_3, \ldots, \boldsymbol{r}_N) \tag{4.39}$$

ここでは，波動関数 Ψ は各粒子 $\boldsymbol{r}_1$, $\boldsymbol{r}_2$, $\boldsymbol{r}_3$, ... の固有関数 $\Phi_n(\boldsymbol{r}_N)$ の積として次のように表されるものとします．

$$\boldsymbol{\Psi}(\boldsymbol{r}_1, \boldsymbol{r}_2, \boldsymbol{r}_3, \ldots, \boldsymbol{r}_N) = \Phi_1(\boldsymbol{r}_1)\Phi_2(\boldsymbol{r}_2)\Phi_3(\boldsymbol{r}_3)\cdots\Phi_N(\boldsymbol{r}_N) \tag{4.40}$$

そして，多粒子の問題を解くために，このシュレーディンガー方程式を用いるが，式 (4.39) を厳密に解いて (厳密) 解を得ることはできません．

そこで，近似法が使われるが，ここでは変分法の一つである試行関数を使う方法を使います．すなわち，試行関数として次の関数 $\langle \boldsymbol{I} \rangle$ を使います．

$$\langle \boldsymbol{I} \rangle = \int \cdots \int \boldsymbol{\Psi}^*(\boldsymbol{r}_1, \boldsymbol{r}_2, \boldsymbol{r}_3, \ldots, \boldsymbol{r}_N)\, \boldsymbol{E\Psi}(\boldsymbol{r}_1, \boldsymbol{r}_2, \boldsymbol{r}_3, \ldots, \boldsymbol{r}_N)\, \mathrm{d}\boldsymbol{r}_1 \mathrm{d}\boldsymbol{r}_2 \cdots \mathrm{d}\boldsymbol{r}_N \tag{4.41}$$

そして，変分法に従って $\langle \boldsymbol{I} \rangle$ が停留値をとる条件を決めることにより，波動関数 $\boldsymbol{\Psi}$ の最終的な形 (式) を決定します．

ハートリー近似法の，多数粒子のシュレーディンガー方程式への適用方法を具体的に述べると複雑で専門的になりすぎるので，ここでは概略のみを以下に述べることにします．まず，式 (4.40) の波動関数 $\boldsymbol{\Psi}$ と式 (4.38) のハミルトニアン $\boldsymbol{H}$ を，$\langle \boldsymbol{I} \rangle$ の式 (4.41) に代入して変分法に従って $\langle \boldsymbol{I} \rangle$ が停留値をとる条件を探索するが，ここでは j 番目の粒子を考えることにします．

すると式 (4.38) の j 番目のハミルトニアンを使うことになるので，ハミルトニアン $\boldsymbol{H}$ の項を二つに分けて，前の項を用いて作った $\langle \boldsymbol{I} \rangle$ の部分をハミルトニアン項 $\langle \boldsymbol{I}_1 \rangle$ とし，後のクーロン項を用いて作った部分をクーロン項 $\langle \boldsymbol{I}_2 \rangle$ とすると，$\Phi_N(\boldsymbol{r}_N)$ などを Φ_N と略記するとして，$\langle \boldsymbol{I}_1 \rangle$ と $\langle \boldsymbol{I}_2 \rangle$ は次のようになります．

$$\langle \boldsymbol{I}_1 \rangle = \int \cdots \int \Phi_1^* \Phi_2^* \cdots \Phi_N^* \left\{ -\frac{\hbar^2}{2m} \nabla_j^2 + V(\boldsymbol{r}_j) \right\} \Phi_1 \Phi_2 \cdots \Phi_N \mathrm{d}\boldsymbol{r}_1 \mathrm{d}\boldsymbol{r}_2 \cdots \mathrm{d}\boldsymbol{r}_N \tag{4.42a}$$

$$\langle \boldsymbol{I}_2 \rangle = \int \cdots \int \Phi_1^* \Phi_2^* \cdots \Phi_N^* \left(\frac{q^2}{4\pi\varepsilon_0 \boldsymbol{r}_{ij}} \right) \Phi_1 \Phi_2 \cdots \Phi_N \mathrm{d}\boldsymbol{r}_1 \mathrm{d}\boldsymbol{r}_2 \cdots \mathrm{d}\boldsymbol{r}_N \tag{4.42b}$$

式 (4.42a) ではハミルトニアンの成分は位置座標が $\boldsymbol{r}_j$ の粒子のハミルトニアンだけなので，このハミルトニアンの作用によって変化する固有関数は $\Phi_j(\boldsymbol{r}_j)$ のみです．

だから，いま $j=1$ とすると，固有関数が $\Phi_1(r_1)$ 以外の固有関数については，固有関数の規格化・直交性の性質により，次の一連の式が成り立ちます．

$$\int \Phi_2^* \Phi_2 \mathrm{d}\boldsymbol{r}_2 = 1, \quad \int \Phi_3^* \Phi_3 \mathrm{d}\boldsymbol{r}_3 = 1, \quad \ldots, \quad \int \Phi_N^* \Phi_N \mathrm{d}\boldsymbol{r}_N = 1 \tag{4.43}$$

したがって，この関係式 (4.43) を使うと，ハミルトニアン項 $\langle I_1 \rangle$ とクーロン項 $\langle I_2 \rangle$ は次のように簡単になります．

$$\langle I_1 \rangle = \int \Phi_1^*(\boldsymbol{r}_1) \left\{ -\frac{\hbar^2}{2m} \nabla_1^2 + V(\boldsymbol{r}_1) \right\} \Phi_1(\boldsymbol{r}_1) \mathrm{d}\boldsymbol{r}_1 \tag{4.44a}$$

$$\langle I_2 \rangle = \iint \Phi_1^*(\boldsymbol{r}_1) \Phi_2^*(\boldsymbol{r}_2) \left(\frac{q^2}{4\pi\epsilon_0 r_{12}} \right) \Phi_1(\boldsymbol{r}_1) \Phi_2(\boldsymbol{r}_2) \mathrm{d}\boldsymbol{r}_1 \mathrm{d}\boldsymbol{r}_2 \tag{4.44b}$$

なお，$\langle I_2 \rangle$ では座標位置 $\boldsymbol{r}_1$ の粒子と相互作用する粒子は $\boldsymbol{r}_2$ の粒子のみとしました．

次に位置座標が $\boldsymbol{r}_2, \boldsymbol{r}_3, \ldots, \boldsymbol{r}_N$ の粒子について考える必要があるが，これらの場合のすべての粒子について，式 (4.44a,b) と同様な式が得られます．したがって，式 (4.41) の $\langle \boldsymbol{I} \rangle$ はこれらをすべて加え合わせた合計になります．こうして作られた $\langle \boldsymbol{I} \rangle$ が停留値を持つように，連立方程式を立てて固有関数 $\Phi_1(\boldsymbol{r}_1)$, $\Phi_2(\boldsymbol{r}_2)$,

$\Phi_3(\boldsymbol{r}_3), \ldots, \Phi_N(\boldsymbol{r}_N), \ldots$ を決めなければならないが，これはまたきわめて多数の関数の連立方程式になって複雑になるので，実際には実行不可能です．

そこで，ハートリー近似では最初に位置座標が $\boldsymbol{r}_1$ の粒子の固有関数 $\Phi_1(\boldsymbol{r}_1)$ のみを未知の関数とし，それ以外の固有関数 $\Phi_2(\boldsymbol{r}_2), \Phi_3(\boldsymbol{r}_3), \ldots, \Phi_N(\boldsymbol{r}_N), \ldots$ はすべて既知とします．すなわち，これらの関数には適当な関数を仮定して，これを既知の関数とみなして使います．

すると，固有関数 $\Phi_1(\boldsymbol{r}_1)$ 以外の固有関数によって得られる $\langle \boldsymbol{I} \rangle$ の成分は定数になるので，これを C とおくと，結局式 (4.41) の $\langle \boldsymbol{I} \rangle$ は，$\boldsymbol{r}_1$ を変数だから $\boldsymbol{r}$ と変更することにして，次の式で表されることになります．

$$\langle \boldsymbol{I} \rangle = \int \Phi_1^*(\boldsymbol{r})\, H_a \Phi_1(\boldsymbol{r})\, \mathrm{d}r + C \tag{4.45}$$

ここで，H_a は固有関数 $\Phi_1(\boldsymbol{r})$ に関わるハミルトニアンです．もちろん固有関数は規格化・直交性により次の関係が成立します．

$$\int \Phi_1^*(\boldsymbol{r})\, \Phi_1(\boldsymbol{r})\, \mathrm{d}\boldsymbol{r} = 1 \tag{4.46}$$

この結果，4.3.1 項で説明したように，式 (4.45) で表される $\langle I \rangle$ が停留値を持つとき固有関数 $\Phi_1(r)$ は，次の固有値方程式を充たすことになります．

$$H_a \Phi_1(\boldsymbol{r})\, \mathrm{d}\boldsymbol{r} = \varepsilon \Phi_1(\boldsymbol{r}) \tag{4.47}$$

以上に説明したように，固有関数として $\Phi_1(\boldsymbol{r})$ 以外の固有関数を適当に仮定して既知の関数とみなせば，多粒子のシュレーディンガー方程式を解く問題は 1 個の粒子のシュレーディンガー方程式を解く問題に帰着することがわかります．ただ，この場合には，ハミルトニアンのポテンシャル項 $V_a(\boldsymbol{r})$ は次の式で与えられるとする必要があります．

$$V_a(\boldsymbol{r}) = V(\boldsymbol{r}) + \frac{1}{4\pi\epsilon_0} \int \frac{q^2}{|\boldsymbol{r} - \boldsymbol{r}'|} \{|\Phi_2(\boldsymbol{r}')|^2 + |\Phi_3(\boldsymbol{r}')|^2 + \cdots + |\Phi_N(\boldsymbol{r}')|^2 + \cdots\} \mathrm{d}\boldsymbol{r}' \tag{4.48}$$

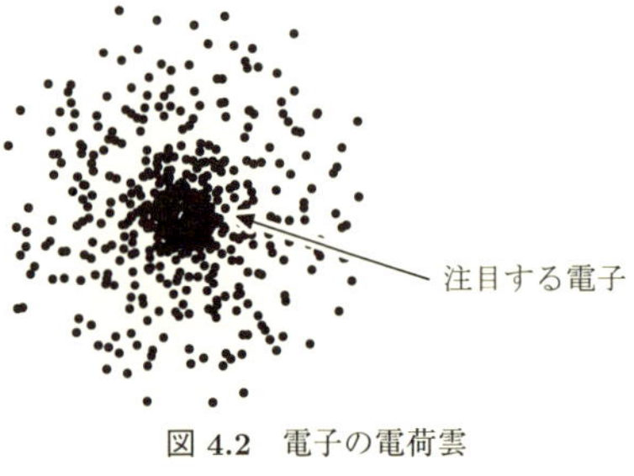

図 4.2　電子の電荷雲

式 (4.48) において粒子が電子であれば，この式の第 2 項のクーロン項は，電子の電荷 q と電子の存在確率を表す固有関数の二乗の積になっているので，図 4.2 に示すような，電荷の雲のようなものを想定することができます．ですから，ハートリー近似では 1 個の電子を取り巻く多くの電子は電荷雲に置き換えて取り扱っています．しかし，この電荷雲は実際に実在する電荷雲ではなく電子の存在確率を表す電荷雲です．

以上の説明では未知の固有関数を $\Phi_1(\boldsymbol{r})$ だけとし，これを求めるために，$\Phi_1(\boldsymbol{r})$ 以外の固有関数 $\Phi_2(\boldsymbol{r}), \Phi_3(\boldsymbol{r}), \ldots, \Phi_N(\boldsymbol{r}), \ldots$ はすべて既知として適当に仮定するとしたが，ハートリー近似では，この方法を $\Phi_1(\boldsymbol{r})$ 以外のすべての固有関数の決定にも適用します．

すなわち，$\Phi_1(\boldsymbol{r})$ に関する 1 個の固有値方程式を解くことにより固有関数 $\Phi_1(\boldsymbol{r})$ を求めた後，次には $\Phi_2(\boldsymbol{r})$ 以外の固有関数を適当に仮定して，今度は $\Phi_2(\boldsymbol{r})$ を未知の固有関数とする固有値方程式を計算して $\Phi_2(\boldsymbol{r})$ を求めます．このようにして $\Phi_3(\boldsymbol{r}), \ldots, \Phi_N(\boldsymbol{r}), \ldots$ のすべての固有関数を次々に 1 個ずつ未知の固有関数として，これらの固有値方程式を計算して各固有関数を求めます．

そして，このようにして計算して得られた固有関数と最初に仮定した固有関数を比較します．すると，一般には両者は一致しません．そのときは，仮定する関数を最初に仮定した関数から少し変更して再度計算し，計算結果と少し変更して仮定した関数と再び比較します．しかし，またもや両者は一致しないことも起こります．

こうした場合には仮定する関数をもう一度少し変更して計算するというように，計算して得られた関数と仮定した関数が一致するまで何度でも計算します．つまり，この方法ではつじつまが合う結果が得られるまで何度でも繰り返し計算を続行します．ですから，最初に述べたように，ハートリー法は「ハートリーのつじつまの合う場の方法」と呼ばれるのです．

4.4.2 ハートリー-フォック近似

電子という粒子は，すでに 3 章で説明したように，古典物理学で扱うような普通の粒子ではなく，量子力学に特有な粒子のフェルミオン (フェルミ粒子) です．この粒子はパウリの排他律に従わなくてはなりません．しかし，ハートリー近似の計算ではこのことが何も考慮されていません．だから，多粒子が電子などのフェルミオンで構成されている場合には，ハートリー近似を使ったのでは正しい近似計算の結果は得られないのです．

そこで次のハートリー-フォック近似の説明に入るが，この近似法の説明に必要になるので，最初にフェルミオンの波動関数の性質について，以下に簡単に補足説明をしておきます．いま，固有関数が $\phi_a(r_1)$ と $\phi_b(r_2)$ の 2 個のフェルミオンがあったとします．すると，この 2 個のフェルミオンで構成される波動関数

$\Psi(r_1, r_2)$ は，次のように 2 個のフェルミオンの固有関数 $\phi_\alpha(r_1)$ と $\phi_\beta(r_2)$ の 1 次結合で表されます．

$$\Psi(r_1, r_2) = C_1 \phi_\alpha(r_1)\phi_\beta(r_2) + C_2 \phi_\beta(r_1)\phi_\alpha(r_2) \tag{4.49a}$$

実は，複数のフェルミオンで作られる複合粒子の波動関数は粒子の交換に対して反対称でなければならない，という規則があります．そこで粒子の交換だが，複合粒子の波動関数において粒子を交換することは，波動関数の位置座標を交換することに相当します．

式 (4.49a) に示す波動関数で考えることにすると，電子の座標位置は r_1 と r_2 だから，波動関数 $\Psi(r_1, r_2)$ の r_1 と r_2 を交換すると，その波動関数 $\Psi(r_2, r_1)$ は次のようになります．

$$\Psi(r_2, r_1) = C_1 \phi_\alpha(r_2)\phi_\beta(r_1) + C_2 \phi_\beta(r_2)\phi_\alpha(r_1) \tag{4.49b}$$

式 (4.49a) と式 (4.49b) の二つの波動関数がお互いに反対称性を示すということは，次の関係が充たすことです．

$$\Psi(r_2, r_1) = -\Psi(r_1, r_2) \tag{4.50}$$

ここで，複合粒子の波動関数 $\Psi(r_1, r_2)$ の次の規格化・直交性の性質

$$\iint \Psi^*(r_1, r_2)\Psi(r_1, r_2)\,\mathrm{d}r_1\mathrm{d}r_2 = 1 \tag{4.51}$$

を使うことにより，補足 4.4 に示すように，式 (4.49a,b) の係数 C_1 と C_2 は次のように決まります．

$$C_1 = \frac{1}{\sqrt{2}}, \quad C_2 = -\frac{1}{\sqrt{2}} \tag{4.52}$$

この C_1 と C_2 を使うと式 (4.49a) の波動関数 $\Psi(r_1, r_2)$ は次の式で表されることがわかります．

$$\Psi(r_1, r_2) = \frac{1}{\sqrt{2}}\left\{\phi_\alpha(r_1)\phi_\beta(r_2) - \phi_\beta(r_1)\phi_\alpha(r_2)\right\} \tag{4.53}$$

実は，この式 (4.53) は行列式を使って表すことができ，$\Psi(r_1, r_2)$ は次のようになります．

$$\Psi(r_1, r_2) = \frac{1}{\sqrt{2}}\begin{vmatrix} \phi_\alpha(r_1) & \phi_\beta(r_1) \\ \phi_\alpha(r_2) & \phi_\beta(r_2) \end{vmatrix} \tag{4.54}$$

2 の階乗は 2 ($2! = 2 \cdot 1 = 2$) だから，この行列式 (4.54) は 3 章の 3.10.3 項で説明したスレーター行列式 (と同じ形) になっています．

◆ 補足 4.4　係数 C_1 と C_2 の計算

式 (4.49a) に複素共役な波動関数 $\Psi^*(r_1, r_2)$ は次の式

$$\Psi^*(r_1, r_2) = C_1^* \phi_\alpha^*(r_1)\phi_\beta^*(r_2) + C_2^* \phi_\beta^*(r_1)\phi_\alpha^*(r_2) \tag{S4.15}$$

で表されるので，波動関数 $\Psi(r_1, r_2)$ の規格化・直交性の演算は次のようになります．

$$\begin{aligned}\iint \Psi^*(r_1, r_2)\Psi(r_1, r_2)\,\mathrm{d}r_1\mathrm{d}r_2 &= |C_1|^2 \int \phi_\alpha^*(r_1)\phi_\alpha(r_1)\,\mathrm{d}r_1 \int \phi_\beta^*(r_2)\phi_\beta(r_2)\,\mathrm{d}r_2 \\ &\quad + C_1^* C_2 \int \phi_\alpha^*(r_1)\phi_\beta(r_1)\,\mathrm{d}r_1 \int \phi_\beta^*(r_2)\phi_\alpha(r_2)\,\mathrm{d}r_2 \\ &\quad + C_2^* C_1 \int \phi_\alpha^*(r_2)\phi_\beta(r_2)\,\mathrm{d}r_2 \int \phi_\beta^*(r_1)\phi_\alpha(r_1)\,\mathrm{d}r_1 \\ &\quad + |C_2|^2 \int \phi_\alpha^*(r_2)\phi_\alpha(r_2)\,\mathrm{d}r_2 \int \phi_\beta^*(r_1)\phi_\beta(r_1)\,\mathrm{d}r \\ &= |C_1|^2 + |C_2|^2 = 1 \end{aligned} \tag{S4.16}$$

また，式 (4.50) に示した波動関数 $\Psi(r_1, r_2)$ の反対称性の関係から，$C_2 = -C_1$ の関係が成り立つので，この関係を式 (S4.16) に代入して計算すると C_1 と C_2 は次のように求まります．

$$C_1 = \frac{1}{\sqrt{2}}, \quad C_2 = -\frac{1}{\sqrt{2}} \tag{S4.17}$$

▶ハートリー–フォック近似の演算に現れる特殊な積分の交換積分

以上で準備が終わったので，ハートリー–フォック近似の話に戻ります．ハートリー–フォック近似は簡単に言うと，ハートリー近似を改良して，多数の電子などのフェルミオンで構成される波動関数の，多粒子のシュレーディンガー方程式の計算に使えるようにした近似計算法です．

すなわち，ハートリー–フォック近似では波動関数としてパウリの排他律を充たすような波動関数が使われます．パウリの排他律は，電子などフェルミオンの波動関数が持つ，波動関数の反対称性の性質から生まれたものです．フェルミオン(電子) の波動関数に反対称性を持たせるために，ハートリー–フォック近似を用いた波動関数の計算では，波動関数は行列式を使って表されます．

そして，ハートリー–フォック近似でも近似計算の演算処理の方法自体はハートリー近似と同じように，試行関数として波動関数を用い，つじつまの合う場の方法に従って計算が行われます．ハートリー–フォック近似では，前の 4.4.1 項の式 (4.38) で表されるハミルトニアン $\boldsymbol{H}$ を使った式 (4.41) と同じような $\langle \boldsymbol{I} \rangle$ が計算されるが，この演算では次の式で表される $\langle \boldsymbol{I} \rangle$ の計算において，以下に述べるように特殊な積分計算が現れます．

$$\langle \boldsymbol{I} \rangle = \int \cdots \int \boldsymbol{\Psi}^* \boldsymbol{H} \boldsymbol{\Psi} \mathrm{d}q_1 \mathrm{d}q_2 \mathrm{d}q_3 \cdots \mathrm{d}q_N \tag{4.55}$$

特殊な積分の内容の詳細は複雑になるし多少専門的なので，ここでは詳細は省略して結論のみ述べることにします．すなわち，式 (4.55) を演算した結果において，$\langle \phi_\alpha^*(r_1)|\boldsymbol{H}|\phi_\alpha(r_1)\rangle = \langle \alpha|\boldsymbol{H}|\alpha\rangle$, $\langle \phi_\beta^*(r_1)|\boldsymbol{H}|\phi_\beta(r_1)\rangle = \langle \beta|\boldsymbol{H}|\beta\rangle$ などと書くことにすると，(4.55) の $\langle \boldsymbol{I} \rangle$ の演算結果は次のように書けます．

$$\langle \boldsymbol{I} \rangle = \langle \alpha|\boldsymbol{H}|\alpha\rangle + \langle \beta|\boldsymbol{H}|\beta\rangle + \cdots + \langle \alpha\beta|\boldsymbol{H}|\alpha\beta\rangle + \langle \alpha\beta|\boldsymbol{H}|\beta\alpha\rangle + \cdots \tag{4.56}$$

式 (4.56) に現れている二つの固有関数の α や β で $\boldsymbol{H}$ を挟んだ $\langle \alpha|\boldsymbol{H}|\alpha\rangle$ や $\langle \beta|\boldsymbol{H}|\beta\rangle$ の項は，お互いに複素共役な固有関数で $\boldsymbol{H}$ を挟んでいるので，これらの項はこれまでも出てきた (挟んだものの) 期待値を表すものです．

ところが式 (4.56) には，このような項のほかに $\alpha\beta$ の二つの固有関数で $\mathcal{H}$ を挟んだ $\langle \alpha\beta|\boldsymbol{H}|\alpha\beta\rangle$ や $\langle \alpha\beta|\boldsymbol{H}|\beta\alpha\rangle$ の項があります．これらの項は二つの固有関数でハミルトニアン $\mathcal{H}$ を挟んでいることを示しているので，これらの項は粒子間の相互作用を表す項を表しています．

この中で $\mathcal{H}$ の左右の二つの α と β の固有関数の積の順序が同じになっている $\langle \alpha\beta|\mathcal{H}|\alpha\beta\rangle$ の項はクーロン積分と呼ばれるもので，二つの電子の間で働くクーロンエネルギーを表しています．

しかし，式 (4.56) をよく見ると固有関数の $\alpha\beta$ の積の順序が，$\boldsymbol{H}$ の左右で逆の関係になっている $\langle \alpha\beta|\boldsymbol{H}|\beta\alpha\rangle$ の項があります．この項は電子などのフェルミオンの波動関数が反対称性の性質を持っているために相互作用の積分演算に新しく現れた項で，量子力学に独特に現れる交換積分と呼ばれるものです．

交換積分の項は分子結合における原子同士を結び付ける作用とか，物質の磁性の発生原因などとも関係し，量子力学によって初めて明らかになった物性 (物の性質) に関わる重要事項ばかりです．この交換積分に関連する事項には興味深い内容のものが多いのですが，かなり専門的になるのでここでは割愛することにします．

演　習　問　題

4.1　天文学では摂動論を使って惑星軌道を計算して成功している．たとえば，地球の周回軌道も摂動論を用いて極めて正しい解が得られている．量子力学でも摂動論を用いて近似度の高い解が得られている．両者に共通する摂動論による近似計算の成功の原因は何か．

4.2　次の式 (4.10b) の両辺に，左から $u_l^{(0)*}$ $(l \neq k)$ を掛けて内積をとり，係数 c_{lk} を求める数式を導け．

$$H' u_k^{(0)} + \sum_n c_{nk} (\varepsilon_n^{(0)} - \varepsilon_k^{(0)}) u_n^{(0)} = \varepsilon_k^{(1)} u_k^{(0)} \tag{4.10b}$$

4.3　ハミルトニアン H を $H = -(\hbar^2/2m)(\mathrm{d}^2/\mathrm{d}x^2) + x^2$，試行関数 $\chi(x)$ を $\chi(x) = e^{-\alpha x^2}$ として，試行関数を使った変分法を用いて，波動関数と固有値を求めよ．

4.4　粒子がフェルミオンの場合の多粒子の波動関数 $\boldsymbol{\Psi}(r, t)$ は，3 章に示したスレーター行列式 (3.75) で表されるが，いま，波動関数 $\boldsymbol{\Psi}(r_1, r_2, r_3)$ が次のスレーター行列式で表されるとして，次の問いに答えよ．

$$\boldsymbol{\Psi}(r_1, r_2, r_3) = \frac{1}{\sqrt{3!}} \begin{vmatrix} \phi_\alpha(r_1) & \phi_\alpha(r_1) & \phi_\alpha(r_1) \\ \phi_\alpha(r_2) & \phi_\alpha(r_2) & \phi_\alpha(r_2) \\ \phi_\alpha(r_3) & \phi_\alpha(r_3) & \phi_\alpha(r_3) \end{vmatrix} \tag{M4.1}$$

スレーター行列式はパウリの排他律の条件を充たすといわれているが，このことをこの行列式を使って説明せよ．

4.5　式 (4.49a) と式 (4.49b) で表される波動関数 $\psi(r_1, r_2)$ と $\psi(r_2, r_1)$ がお互いに反対称性の性質を持つ関係にあることを表す，次の関係式

$$\psi(r_2, r_1) = -\psi(r_1, r_2)$$

と，波動関数の規格化に関する式 (S4.16) の演算における固有関数の規格化・直交性の関係を使って，係数 C_1 と C_2 が，次の式で表されることを説明せよ．

$$C_1 = \frac{1}{\sqrt{2}}, \quad C_1 = -\frac{1}{\sqrt{2}}$$

Chapter 5

第二量子化と場の量子論

この章から量子力学の少しアドバンストなテーマを取り扱います．とはいっても初歩的な本では紙幅も限られるので，場の量子論は入門的な事柄に限定して簡潔に述べることにします．しかし，これから場の量子論を学びたいと考えている人にとって，有益と思われる，場の量子論で使われる演算子などは丁寧にやや詳しく説明することにします．

また，場の量子論は一般にはなじみが薄いと思われるので，理論的な内容は控えて，考え方を中心に説明をすると共に，場の量子論の応用として，フォノンと低温比熱をとりあげて，これらのわかりやすい説明を試みます．

5.1 第二量子化と場の量子論の基本事項

5.1.1 第二量子化と場の量子論の意味は？

まず量子化という言葉は古典力学から量子力学への移行の手続きを表す言葉として使われます．そして，物理現象がシュレーディンガー方程式で表されることは，物理現象がシュレーディンガーの波動場で表されたということになります．シュレーディンガーの波動場は古典物理学における電場 (電界) とか磁場 (磁界) に対応するものです．

これから説明する第二量子化との関係では，図 5.1 に示すように，物理現象をシュレーディンガーの波動場で表すことは第一量子化だと言えます．物理現象をシュレーディンガーの波動場で表すとは，簡単にいうと，粒子を波に置き換えて扱うということです．

第二量子化とは，シュレーディンガーの波動場をもう一度量子化することです．だから，第二量子化されると第一量子化によって波で表された物理現象が，再び粒子として表されることになります．数学的な処理としてはシュレーディンガー方程式で使われている波動関数が演算子化されることです．

物理現象が第二量子化されると，第一量子化されたシュレーディンガー方程式で波動関数であったものが，演算子として使われることになります．そして，この後説明するように演算子化された波動関数に交換関係が課されます．

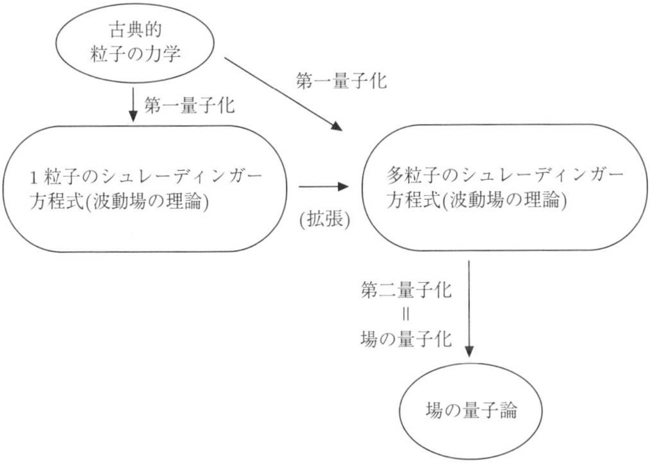

図 5.1 第一量子化，第二量子化と場の量子論の関係

量子力学では，場の量子化という言葉もしばしば使われます．以上の説明からわかると思うが，場の量子化は第二量子化とほとんど同じ意味です．そして，第二量子化された量子力学は場の量子論と呼ばれます．また，この後の説明では，場の演算子という言葉も使うが，これは場の量子論で使われる演算子という意味です．

5.1.2 場の演算子とその性質

場の量子論の演算において基本となる演算子に場の演算子というものがあります．そして，場の演算子にはボース演算子とフェルミ演算子があります．ボース演算子はボソン (ボース粒子) を，フェルミ演算子はフェルミオン (フェルミ粒子) を扱う式の演算を行うときに用いる演算子です．

ボース演算子は位置 (座標) x や運動量 p を表すことにも使われるし，ボース演算子は場の演算子の基本になるので，ここではボース演算子を使って場の演算子の説明を始めることにします．

ボース演算子は調和振動子の波動方程式を用いて作られます．どのようにして作られるかを，これまで 2 章などにおいて使ってきた調和振動子の波動方程式を使って見てみましょう．ここでは，2 章で使った次の式 (2.99) を使うことにします．

$$\left\{-\frac{\hbar^2}{2m}\frac{\mathrm{d}^2}{\mathrm{d}x^2}+\frac{1}{2}m\omega^2x^2\right\}\psi(x)=\varepsilon\psi(x) \tag{2.99}$$

しかし，場の量子論では位置 (座標) として x ではなしに，一般化座標の q が使われるのが慣例なので，式 (2.99) の変数を x から q に変更した，次の式を使うことにします．

$$\left\{-\frac{\hbar^2}{2m}\frac{\mathrm{d}^2}{\mathrm{d}q^2}+\frac{1}{2}m\omega^2q^2\right\}\psi(q)=\varepsilon\psi(q) \tag{5.1}$$

そして，2 章でも行ったが，ここでも式を簡略にするために，2 章と同じように，新しい変数 ξ を導入して，q を次のように書き換えます．

$$q=\sqrt{\frac{\hbar}{m\omega}}\xi \tag{5.2a}$$

演算の都合上，ここで ξ を次のように q で表しておきましょう．

$$\xi=\sqrt{\frac{m\omega}{\hbar}}q \tag{5.2b}$$

準備として，まず式 (5.2b) を使って，ξ の q による 1 階微分と 2 階微分を求めておくと，ξ は q の 1 次の関数だから，次のようになります．

$$\frac{\mathrm{d}\xi}{\mathrm{d}q}=\sqrt{\frac{m\omega}{\hbar}} \tag{5.3a}$$

$$\frac{\mathrm{d}^2\xi}{\mathrm{d}q^2}=0 \tag{5.3b}$$

次に，式 (5.1) の波動関数 ψ (これ以降，変数 q を省略して簡略化したこの式を使用) の，変数 q による 1 階微分と 2 階微分を行うと次のようになります．

$$\frac{\mathrm{d}\psi}{\mathrm{d}q}=\frac{\mathrm{d}\psi}{\mathrm{d}\xi}\frac{\mathrm{d}\xi}{\mathrm{d}q}=\sqrt{\frac{m\omega}{\hbar}}\frac{\mathrm{d}\psi}{\mathrm{d}\xi} \tag{5.4a}$$

$$\frac{\mathrm{d}^2\psi}{\mathrm{d}q^2}=\sqrt{\frac{m\omega}{\hbar}}\frac{\mathrm{d}^2\psi}{\mathrm{d}\xi^2}\frac{\mathrm{d}\xi}{\mathrm{d}q}=\frac{m\omega}{\hbar}\frac{\mathrm{d}^2\psi}{\mathrm{d}\xi^2} \tag{5.4b}$$

そして，式 (5.4a,b) を波動方程式 (5.1) に代入すると，次の式が得られます．

$$\frac{\hbar\omega}{2}\left(-\frac{\mathrm{d}^2}{\mathrm{d}\xi^2}+\xi^2\right)\psi=\varepsilon\psi \tag{5.5}$$

この式 (5.5) の括弧 (　) の中の式 $(-\mathrm{d}^2/\mathrm{d}\xi^2)+\xi^2$ は演算子で，この式は，たとえば $(-\alpha^2+\beta^2)$ のような式と同じように扱うことができるとします．すると，$(-\alpha^2+\beta^2)$ の式は $(-\alpha+\beta)(\alpha+\beta)$ と因数分解できるので，大括弧に (1/2) を掛けた式も次のように因数分解できるとします．

$$\frac{1}{2}\left(-\frac{\mathrm{d}^2}{\mathrm{d}\xi^2}+\xi^2\right)=\sqrt{\frac{1}{2}}\left(-\frac{\mathrm{d}}{\mathrm{d}\xi}+\xi\right)\cdot\sqrt{\frac{1}{2}}\left(\frac{\mathrm{d}}{\mathrm{d}\xi}+\xi\right) \tag{5.6}$$

▶ボソンのボース演算子 b と b^+

この式 (5.6) の右辺の積の二つの成分を，新しい記号 b^+ と b を使って，次のようにおきます．

$$b^+ = \sqrt{\frac{1}{2}}\left(-\frac{\mathrm{d}}{\mathrm{d}\xi} + \xi\right) \tag{5.7a}$$

$$b = \sqrt{\frac{1}{2}}\left(\frac{\mathrm{d}}{\mathrm{d}\xi} + \xi\right) \tag{5.7b}$$

こうして作られた b と b^+ がボース演算子と呼ばれるものです．この後でその理由を説明するが，ボース演算子の中で b は消滅演算子と呼ばれ，b^+ の方は生成演算子と呼ばれます．

式 (5.7a,b) のボース演算子を使って式 (5.5) を書き換えると，次の式ができます．

$$\hbar\omega b^+ b\psi = \varepsilon\psi \tag{5.8}$$

この式 (5.8) はボース演算子 b^+ と b を使って表した，調和振動子の波動方程式ということになります．

次に，ボース演算子 b と b^+ の交換関係を求めておきましょう．これには前準備が必要です．まず，位置 (座標) の演算子 q と運動量の演算子 p の交換関係は，1 章に示したように，式 (1.44) で表されるが，ここでは式の番号を改めて，次の式で表しておくことにします．

$$qp - pq = i\hbar \tag{5.9a}$$

ここで，復習になるが運動量の演算子 p は，次の式で表されます．

$$p = -i\hbar\frac{\mathrm{d}}{\mathrm{d}q} \tag{5.9b}$$

したがって，式 (5.9b) の p を式 (5.9a) に代入すると，次の式が得られます．

$$-i\hbar q\frac{\mathrm{d}}{\mathrm{d}q} + i\hbar\frac{\mathrm{d}}{\mathrm{d}q}q = i\hbar \tag{5.9c}$$

この式の両辺を $i\hbar$ で割って整理すると，$\mathrm{d}/\mathrm{d}q$ と q に関して，次の交換関係が得られます．

$$\frac{\mathrm{d}}{\mathrm{d}q}q - q\frac{\mathrm{d}}{\mathrm{d}q} = 1 \tag{5.10a}$$

ここで，式 (5.4a) において，両辺の波動関数 ψ を省略すると，次の式が得られます．

$$\frac{\mathrm{d}}{\mathrm{d}q} = \sqrt{\frac{m\omega}{\hbar}}\frac{\mathrm{d}}{\mathrm{d}\xi} \tag{5.10b}$$

この関係式 (5.10b) を式 (5.10a) に代入して演算し，式 (5.2a) の関係を使うと，$\mathrm{d}/\mathrm{d}\xi$ と ξ に関する，次の交換関係が得られます．

$$\frac{\mathrm{d}}{\mathrm{d}\xi}\xi - \xi\frac{\mathrm{d}}{\mathrm{d}\xi} = 1 \tag{5.10c}$$

準備が終わったので，次にボース演算子の b と b^+ の交換関係を導きましょう．まず，式 (5.7a,b) を使って b^+b と bb^+ を掛ける順序に注意して計算すると，それぞれ次の式が得られます．

$$b^+b = \frac{1}{2}\left(-\frac{\mathrm{d}^2}{\mathrm{d}\xi^2} - \frac{\mathrm{d}}{\mathrm{d}\xi}\xi + \xi\frac{\mathrm{d}}{\mathrm{d}\xi} + \xi^2\right) \tag{5.11a}$$

$$bb^+ = \frac{1}{2}\left(-\frac{\mathrm{d}^2}{\mathrm{d}\xi^2} + \frac{\mathrm{d}}{\mathrm{d}\xi}\xi - \xi\frac{\mathrm{d}}{\mathrm{d}\xi} + \xi^2\right) \tag{5.11b}$$

次に，式 (5.11b) から式 (5.11a) の両辺を辺々引き算すると次の式が得られます．

$$bb^+ - b^+b = \frac{\mathrm{d}}{\mathrm{d}\xi}\xi - \xi\frac{\mathrm{d}}{\mathrm{d}\xi} \tag{5.12}$$

ここで，式 (5.10c) で表される $\mathrm{d}/\mathrm{d}\xi$ と ξ の交換関係を使うと，この式 (5.12) の右辺は 1 になるので，ボース演算子の次の交換関係が得られます．

$$bb^+ - b^+b = 1 \tag{5.13}$$

さて，次にボース演算子の b と b^+ の性質について考えましょう．いま，ψ_0 を波動関数 ψ の基底状態 (最低のエネルギー状態) の固有関数 (波動関数) として，式 (5.8) のボース演算子 b, b^+ を使った波動方程式 (固有値方程式) を使って，次の波動方程式 (固有値方程式) が成り立つとしましょう．

$$\hbar\omega b^+b\psi_0 = \varepsilon\psi_0 \tag{5.14a}$$

この式 (5.14a) では固有値 ε が最低のエネルギー固有値になることに注意して，この式の両辺に左からボース演算子 b を掛けると，次の式が得られます．

$$b\hbar\omega b^+b\psi_0 = b\varepsilon\psi_0 \tag{5.14b}$$

b が演算子であることに注意して式 (5.14b) を整理すると，次の式になります．

$$\hbar\omega bb^+b\psi_0 = \varepsilon b\psi_0 \tag{5.14c}$$

式 (5.14b) から式 (5.14c) への移行では，両辺に掛けたボース演算子 b を左辺では $\hbar\omega$ の右へ移動させ，右辺では ε の右へ移動させたが，これは $\hbar\omega$ や ε は定数で関数や演算子ではないので積の順序を変更しても構わないからです．しかし，演算子 b をこれ以上右へ移動させることはできません．b の右にあるものは演算子 b^+ や固有関数 ψ_0 だからです．場の演算子の入った式の演算では，このことを常に注意して演算しないと，とんでもない誤りを犯すことになるので，ここで指摘しておきます.

さて，次に式 (5.14c) を見ると，左辺ではボース演算子の 3 個の積 bb^+b があるので，これを式 (5.13) のボース演算子の交換関係を使って，次のように変形します.

$$bb^+b = \left(1 + b^+b\right) b = b + b^+bb \tag{5.15a}$$

この式 (5.15a) を式 (5.14c) に代入すると，次の式が得られます.

$$\hbar\omega b^+bb\psi_0 = (\varepsilon - \hbar\omega)\, b\psi_0 \tag{5.15b}$$

ここで，$b\psi_0$ を新しい固有関数と考えると，この式 (5.15b) は $b\psi_0$ を新しく固有関数とする固有値方程式であると考えることができます．そうすると，この固有値方程式では $\varepsilon - \hbar\omega$ が固有値になります．この固有値 $\varepsilon - \hbar\omega$ は最低の固有値 ε の値より小さくなるので，ε が最低の固有値であるとしたことと矛盾をきたします.

この論理矛盾を解消するには，最低以下の準位は存在しないとして，固有関数 $b\psi_0$ が 0，つまり次の式が成り立つ必要があります.

$$b\psi_0 = 0 \tag{5.15c}$$

この式 (5.15c) が成り立つということは，基底状態の固有関数 ψ_0 にボース演算子 b を作用させると，固有関数 ψ_0 が消滅することを示しています．このために，二つのボース演算子の内の b の方は消滅演算子と呼ばれます．また，この演算子 b は固有関数の次数を一つ下げると共に，式 (5.15b) に示すように，エネルギー固有値のエネルギーを ε から $\varepsilon - \hbar\omega$ というように一つ下げる作用もしているので，下降演算子とも呼ばれます.

次に，波動方程式 (5.14a) にボース演算子のもう一方の b^+ を，先ほどと同じように，両辺に左から掛けて式を整理すると，次の式が得られます.

$$\hbar\omega b^+b^+b\psi_0 = \varepsilon b^+\psi_0 \tag{5.16a}$$

この式を先ほどと同じように，ボース演算子の交換関係の式 (5.13) を使って変形すると，次の式が得られます.

$$\hbar\omega b^+bb^+\psi_0 = (\varepsilon + \hbar\omega)\, b^+\psi_0 \tag{5.16b}$$

この式 (5.16b) においても，先ほどと同様に考えて $b^+\psi_0$ を新しい固有関数と考えると，b^+ を作用させることによって新しい固有関数が作られ (生成され) ることになります．また，エネルギー固有値の準位が ε から $\varepsilon + \hbar\omega$ に一つ上がっ

て (上昇して) います．だから，ボース演算子の中のこの b^+ の演算子は固有関数を一つ作り (生成し)，エネルギーを上にあげる (上昇させる) 作用をしていると言えます．このためボース演算子 b^+ は生成演算子，または昇降演算子と呼ばれます．以上のボース演算子の役割の状況を図に描くと図 5.2 に示すようになります．

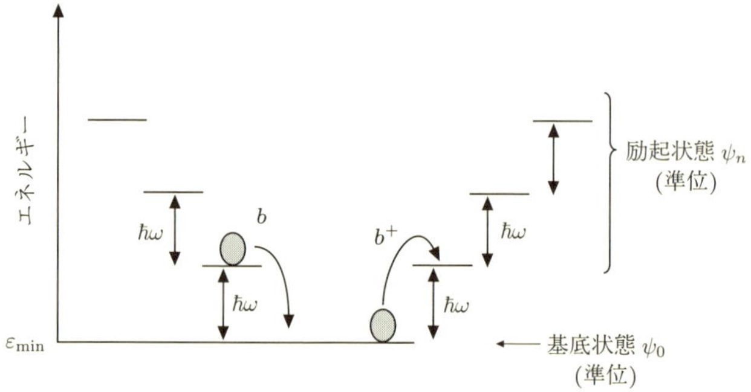

図 **5.2**　消滅演算子 b と生成演算子 b^+ の働き

なお，固有関数を消滅させることや生成させることは，波動場が量子化された場の量子論においては，それぞれ，量子が 1 個消滅したとか，量子が 1 個生成した (または，1 個増加した) ということを意味しています．

▶フェルミオンのフェルミ演算子 a と a^+

次に，フェルミ演算子に移りましょう．電子などのフェルミオン (フェルミ粒子) を場の量子論で扱うには，フェルミ演算子を使わなければなりません．ここではフェルミ演算子の記号として a と a^+ を使うことにします (教科書によっては，この a と a^+ がボース演算子として使われている場合もあるので要注意です)．

フェルミ演算子の中で a は消滅演算子，a^+ の方は生成演算子です．そして，フェルミ演算子の場合には，ボース演算子の場合とは異なる形の，次の交換関係が成立します．

$$aa^+ + a^+a = 1 \tag{5.17}$$

というのは，ボース演算子の交換関係は二つの演算子の積 bb^+ と b^+b の差になっていたが，フェルミ演算子の場合の式 (5.17) で示す交換関係は，二つの演算子の積 aa^+ と a^+a の和になっています．このために式 (5.17) で表されるフェルミ演算子の交換関係は反交換関係とも呼ばれます．

フェルミ演算子の場合にも，右肩にサフィックスの付いていない a が量子を消滅させる働きをしていて消滅演算子と呼ばれ，右肩にプラスのサフィックスの付いた a^+ が量子を生成する働きをしていて生成演算子と呼ばれることはボース演算子の場合と同じです．

だから，基底状態 (最低のエネルギー状態) の固有関数を ψ_0 として，これにフェルミ演算子 a，a^+ を作用させると，それぞれ次の式が成立します．

$$a\psi_0 = 0 \tag{5.18a}$$

$$a^+\psi_0 = \psi_1 \tag{5.18b}$$

ここで，ψ_1 は基底状態の固有関数 ψ_0 の一つ上の準位 (励起準位) の固有関数を表しています．

フェルミ演算子にはもう一つ重要な性質があり，次のように，基底状態の固有関数に 2 回 (以上) フェルミ演算子の生成演算子 a^+ を作用させると固有関数がゼロになります．

$$a^+a^+\psi_0 = 0 \tag{5.19}$$

なぜなら，フェルミオンはパウリの排他律に従わなければならない量子なので，同じ状態 (この場合基底状態) に存在できる同種の粒子は 1 個だけだからです．

5.1.3 ボース演算子と通常の演算子との関係

次に，ボース演算子の b，b^+ と，これまで使ってきた演算子の位置 (座標) の演算子 q，運動量の演算子 p およびハミルトニアン H (演算子)，ならびに固有関数 ψ との関係を，ここで求めておきましょう．まず，式 (5.10b) と式 (5.9b) を使うと，演算子 $\mathrm{d}/\mathrm{d}\xi$ は次の式で表されます．

$$\frac{\mathrm{d}}{\mathrm{d}\zeta} = \frac{ip}{\hbar}\sqrt{\frac{\hbar}{m\omega}} \tag{5.20}$$

この式 (5.20) の $\mathrm{d}/\mathrm{d}\xi$ と式 (5.2b) の ξ を式 (5.7a,b) に代入して，簡単な演算をすると，ボース演算子 b と b^+ は，これまでの演算子 q と p を使って，次のように表すことができます．

$$b = \sqrt{\frac{m\omega}{2\hbar}}\left(q + \frac{i}{m\omega}p\right) \tag{5.21a}$$

$$b^+ = \sqrt{\frac{m\omega}{2\hbar}}\left(q - \frac{i}{m\omega}p\right) \tag{5.21b}$$

だから，ボース演算子の b と b^+ は位置 (座標) の演算子 q と運動量の演算子 p の関数の形でも表せることがわかります．

逆に，式 (5.21a,b) を使い簡単な演算を行うと，位置 (座標) の演算子 q と運動量の演算子 p は，次のようにボース演算子 b と b^+ を使って表すことができます．

$$q = \sqrt{\frac{\hbar}{2m\omega}}\left(b^+ + b\right) \tag{5.22a}$$

$$p = i\sqrt{\frac{\hbar m\omega}{2}}\left(b^+ - b\right) \tag{5.22b}$$

次に，ハミルトニアン H (演算子) をボース演算子の b と b^+ を使って表しておきましょう．これには，式 (5.21a,b) で表される b と b^+ を使って，b に b^+ を掛けると，次の式が得られます．

$$\begin{aligned} b^+b &= \frac{m\omega}{2\hbar}\left(q - \frac{ip}{m\omega}\right)\left(q + \frac{ip}{m\omega}\right) \\ &= \frac{m\omega}{2\hbar}\left(q^2 + \frac{p^2}{m^2\omega^2}\right) \end{aligned} \tag{5.23}$$

この式の両辺に $\hbar\omega$ を掛けて，式を整理すると次の式が得られます．

$$\hbar\omega b^+b = \frac{m\omega^2}{2}q^2 + \frac{1}{2m}p^2 \tag{5.24}$$

この式 (5.24) の右辺を見ると，右辺の第 2 項は運動のエネルギーであり，第 1 項は q を x に変更すると，2 章の式 (2.96c) で示した，調和振動子の位置のエネルギーになっています．だから，結局，式 (5.24) の右辺は調和振動子の全エネルギーを表す式になっているので，これはハミルトニアン H です．ここではこの H は演算子と考えるべきだから，式 (5.24) の左辺はハミルトニアン (演算子) H を表していることになります．したがって，ハミルトニアン H は次の式で与えられることがわかります．

$$H = \hbar\omega b^+b \tag{5.25}$$

このハミルトニアン H を使い，固有関数 (波動関数) を ψ，固有値を ε とすると，波動方程式は次の式

$$\hbar\omega b^+b\psi = \varepsilon\psi \tag{5.26}$$

で表されるが，この式は先に示した式 (5.8) と同じになっていることがわかります．

次に，固有関数 ψ とボース演算子の関係ですが，基底状態の固有関数 ψ_0 にボース演算子の生成演算子 b^+ を作用させると，固有関数の次数は 1 個上にあがって励起状態 (この固有関数を ψ_1 とします) になるので，次の式が成り立ちます．

$$b^+\psi = \psi_1 \tag{5.27}$$

したがって，基底準位から n 番目上の励起準位 (ここでは n (粒子) 状態と呼ぶ) の固有関数 ψ_n は $(b^+)^n\psi_0$ で表されそうだが，規格化された固有関数を考えると，これに係数 $(1/\sqrt{n!})$ を掛けて，n 粒子状態の固有関数 ψ_n は次のように表されます．

$$\psi_n = \frac{1}{\sqrt{n!}}\left(b^+\right)^n \psi_0 \tag{5.28}$$

n (粒子) 状態の固有関数 ψ_n が式 (5.28) のように表されることが妥当なことは，数学的帰納法を使って証明することができるが，証明の式が煩雑なことと，証明には多少アドバンストな知識も必要なので，ここでは証明は省略することにします．

それよりもここでは，次に $(n+1)$(粒子) 状態の固有関数を示しておくことにします．$(n+1)$ 状態の固有関数 ψ_{n+1} は，式 (5.28) を参考にして次のようになります．

$$\psi_{n+1} = \frac{1}{\sqrt{(n+1)!}}\left(b^+\right)^{n+1}\psi_0 = \frac{1}{\sqrt{n+1}}\frac{1}{\sqrt{n!}}\left(b^+\right)^n b^+\psi_0$$

$$= \frac{1}{\sqrt{n+1}}b^+\frac{1}{\sqrt{n!}}\left(b^+\right)^n\psi_0 \tag{5.29a}$$

$$= \frac{1}{\sqrt{n+1}}b^+\psi_n \tag{5.29b}$$

ここで，式 (5.29a) から式 (5.29b) への移行では式 (5.28) の関係を使っています．結局，$(n+1)$ 状態の固有関数 ψ_{n+1} は n 状態の固有関数 ψ_n を使って式 (5.29b) で表されることがわかります．

5.1.4 波動関数の演算子化と場の量子論

シュレーディンガー方程式は波動関数という波を使った方程式なので，この波の場はシュレーディンガーの波動場と呼ばれるが，この波動場を量子化することは場の量子化と呼ばれます．これは 5.1.1 項で説明した第二量子化とほとんど同じ意味です．

場の量子化が行われて扱われる理論が場の量子論ですが，この理論ではシュレーディンガーの波動場を量子化するために，次のように波動関数が量子化されます．すなわち，いま波動関数を $\boldsymbol{\psi}(\boldsymbol{r})$ として，これを固有関数と場の演算子を使って展開したときの μ 番目の固有関数を $\phi_\mu(\boldsymbol{r})$ とすると共に，波動関数 $\boldsymbol{\psi}(\boldsymbol{r})$ に複素共役な波動関数を $\boldsymbol{\psi}^*(\boldsymbol{r})$ として，同じく μ 番目の固有関数を $\phi_\mu^*(\boldsymbol{r})$ とすることにします．

すると，ボソンおよびフェルミオンに対してそれぞれ波動関数 $\boldsymbol{\psi}(\boldsymbol{r})$ と $\boldsymbol{\psi}^*(\boldsymbol{r})$

は，次のように表されます．

$$\boldsymbol{\psi}(\boldsymbol{r}) = \sum_{\mu} b_{\mu}\phi_{\mu}(\boldsymbol{r}) \qquad \text{(ボソンのとき)} \tag{5.30a}$$

$$\boldsymbol{\psi}(\boldsymbol{r}) = \sum_{\mu} a_{\mu}\phi_{\mu}(\boldsymbol{r}) \qquad \text{(フェルミオンのとき)} \tag{5.30b}$$

$$\boldsymbol{\psi}^{*}(\boldsymbol{r}) = \sum_{\mu} b_{\mu}^{+}\phi_{\mu}^{*}(\boldsymbol{r}) \qquad \text{(ボソンのとき)} \tag{5.30c}$$

$$\boldsymbol{\psi}^{*}(\boldsymbol{r}) = \sum_{\mu} a_{\mu}^{+}\phi_{\mu}^{*}(\boldsymbol{r}) \qquad \text{(フェルミオンのとき)} \tag{5.30d}$$

これらの式 (5.30a,b,c,d) を見ると，右辺はすべて固有関数に場の演算子の b や a が作用しているので，場の量子論で使われるものになっていると考えられます．場の量子論ではこのような操作を通して，波動関数が演算子化され，波動関数 $\boldsymbol{\psi}(r)$ とこれに複素共役な関数 $\boldsymbol{\psi}^{*}(r)$ が次のように演算子とみなされます．

$$\boldsymbol{\psi}(\boldsymbol{r}) \xrightarrow[\text{(演算子化)}]{} \psi(x) \tag{5.31a}$$

$$\boldsymbol{\psi}^{*}(\boldsymbol{r}) \xrightarrow[\text{(演算子化)}]{} \psi^{+}(x) \tag{5.31b}$$

式 (5.31a) では波動関数とその演算子が同じ記号になっているが，場の量子論では普通同じ記号が使われます．しかし，複素共役の波動関数の場合には，式 (5.31b) に示すように，波動関数のサフィックスには*の記号が使われ，演算子にはサフィックスに生成演算子の記号と同じ + 記号が使われます．ここでは波動関数とその演算子で変数を $\boldsymbol{r}$ から x に変更しました．

場の量子論では，こうして演算子化された波動関数の $\psi(x)$ と $\psi^{+}(x)$ に対して，次のような交換関係が課されます．

$$\psi\left(x'\right)\psi^{+}(x) \pm \psi^{+}(x)\psi\left(x'\right) = \delta\left(x - x'\right) \tag{5.32a}$$

$$\psi\left(x'\right)\psi(x) \pm \psi(x)\psi\left(x'\right) = 0 \tag{5.32b}$$

$$\psi^{+}\left(x'\right)\psi^{+}(x) \pm \psi^{+}(x)\psi^{+}\left(x'\right) = 0 \tag{5.32c}$$

ここで，式 (5.32a,b,c) における $\pm$ の符号は $+$ がフェルミ粒子の波動関数を演算子化した場合，$-$ がボース粒子の波動関数を演算子化した場合を示しています．場の量子論では，このように波動関数を演算子化した演算子が使われて演算が行われます．次に，その代表例として粒子密度演算子 $\rho(\boldsymbol{r})$ の期待値 $\langle\rho(\boldsymbol{r})\rangle$ の求め方を示しておきます．

シュレーディンガーの波動力学においては粒子の密度 $\rho(\boldsymbol{r})$ は波動関数 $\psi(\boldsymbol{r})$ とその複素共役の $\psi^*(\boldsymbol{r})$ を使って，次の式で表されます．

$$\rho(\boldsymbol{r}) = \boldsymbol{\psi}^*(\boldsymbol{r})\,\boldsymbol{\psi}(\boldsymbol{r}) \tag{5.33}$$

ところが，場の量子論では波動関数 $\boldsymbol{\psi}(\boldsymbol{r})$ と $\boldsymbol{\psi}^*(\boldsymbol{r})$ は共に演算子化され，$\psi(x)$ と $\psi^+(x)$ のような演算子になるので，これらの演算子化された波動関数を使うと，次の式で表される $\rho(x)$ は粒子の密度 $\rho(\boldsymbol{r})$ ではなく，粒子密度が演算子化された演算子になります．

$$\rho(x) = \psi^+(x)\,\psi(x) \tag{5.34}$$

すると，粒子密度 $\rho(\boldsymbol{r})$ の期待値 $\langle\rho(\boldsymbol{r})\rangle$ は，新たな波動関数 Ψ と Ψ^* を使って次の式で表されます．

$$\langle\rho(\boldsymbol{r})\rangle = \int \Psi^*\psi^+(x)\,\boldsymbol{\psi}\Psi\mathrm{d}r \tag{5.35a}$$

ディラックの記号を使うと，式 (5.35a) は次のようになります．

$$\langle\rho(\boldsymbol{r})\rangle = \langle\Psi|\psi^+(x)\,\psi(x)\,|\Psi\rangle \tag{5.35b}$$

場の量子論では，ここで行ったように，波動関数と波動関数が演算子化されたものがしばしば同じような記号で使われます．場合によっては全く同じ記号が使われることもあるので，使われている記号が波動関数であるか，その演算子であるのかは (書かれている) 文章の内容から，どちらであるかを判断する必要があります．

5.2 格子振動とフォノン

格子振動は物質 (固体) の中の多くの原子が調和振動することによって起こっています．もっとも，単純な調和振動子のモデルは，2 章の図 2.23 に示したような，ばねの付いたおもりの振動だが，格子振動に関わる調和振動子のモデルは，図 5.3 に示すような，多くのばねの付いた原子の結合した振動で表すことができます．

つまり，固体内の多くの原子はそれぞれの平衡位置を中心にして調和振動しながら，お互いに相互作用しています．だから，格子振動は結合した調和振動と言われています．そして，結合した原子の調和振動は波を作ります．この波は縦波の音波なので，光の量子であるフォトンにならってフォノンと名づけられています．

しかし，フォノンは粒子そのものではなく原子が振動する励起現象で発生する波だから素粒子ではなく，素励起と呼ぶのが正しいと言われています．フォノン

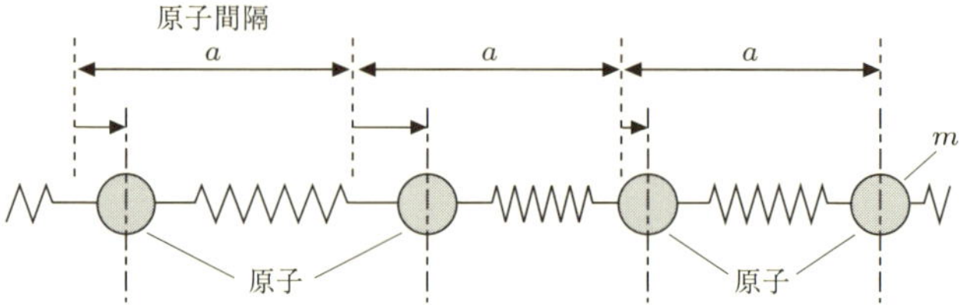

図 **5.3**　格子振動の 1 次元モデル

についての理論はかなり複雑で専門的にもなるので，ここでは計算結果を使って結論のみ簡潔に説明しておくことにします．

ということで結論を述べると，フォノンのハミルトニアン H は次の式で表されます．

$$H = \sum_k \hbar\omega_k \left(b_k^+ b_k + \frac{1}{2} \right) \tag{5.36}$$

この式 (5.36) において k はフォノンの波数です．また，b_k^+ と b_k はボース演算子の生成演算子と消滅演算子だが，これらの演算子は式 (5.7a,b) で示したボース演算子の b^+ や b と全く同じものではなく，これらのボース演算子に係数を掛けたものになっています．

また，フォノンの波動関数 Ψ は基底状態の固有関数 ψ_0 とボース演算子 b_k^+ および積の集合を表す記号 $\prod_k$ を使って，次の式で表されます．

$$\Psi = \prod_k \frac{1}{\sqrt{\boldsymbol{n}_k!}} \left(b_k^+ \right)^{\boldsymbol{n}_k} \psi_0 \tag{5.37}$$

ここで，$\boldsymbol{n}_k$ は数演算子と呼ばれるもので，ボース演算子を使って次の式で表されます．

$$\boldsymbol{n}_k = b_k^+ b_k \tag{5.38}$$

この式 (5.38) の $\boldsymbol{n}_k$ は波数 k のフォノンの数と考えられます．

次に，フォノン全体のエネルギーを E とすると，E は次の式で表されます．

$$E = \sum_k \hbar\omega_k \left(\boldsymbol{n}_k + \frac{1}{2} \right) \tag{5.39}$$

この式 (5.39) は 2 章で述べた調和振動子のエネルギーの式 (2.114b) とよく似ています．しかし，同じではありません．

5.3 低温比熱への応用

5.3.1 古典論の固体の比熱

▶古典論では比熱は温度によらず常に一定

固体物質の温度は，原子の振動，つまり格子振動によって上下しているので，固体の比熱は格子振動に依存しています．ここでは体積を一定としたときの比熱，つまり定積比熱を考えることにします．定積比熱はこれを C_{v} とすると，C_{v} は次の式で与えられます．

$$C_{\mathrm{v}} = \left(\frac{\partial U}{\partial T}\right)_{V\ \text{一定}} \tag{5.40}$$

つまり，比熱 C_{v} は (熱) エネルギー U を温度 T で偏微分したもので与えられます．

固体の格子振動は固体を構成する多くの原子の平衡位置を中心にした微小振動だから，このエネルギー U は振動による運動エネルギーと位置のエネルギーになります．運動エネルギーは原子の質量を m とし，振動速度を v とすると $(1/2)mv^2$ となり，位置のエネルギーは固体内で結合した原子の相互作用によるもので，ばね付きおもりの振動のエネルギー (相互作用のエネルギー) になり，ばね定数を k，振動の振幅を r とすると 2 章で説明したように $(1/2)kr^2$ となります．

したがって，固体の中の原子の振動によるエネルギーを U とすると，U は次の式で与えられます．

$$U = \frac{1}{2}mv_x^2 + \frac{1}{2}mv_y^2 + \frac{1}{2}mv_z^2 + \frac{1}{2}kx^2 + \frac{1}{2}ky^2 + \frac{1}{2}kz^2 \tag{5.41}$$

この式では前の 3 項が運動エネルギーを，後の 3 項が位置のエネルギーを表し，それぞれ x, y, z 成分があるので 3 項ずつになっているわけです．

古典物理学の原子の運動ではエネルギー等分配則が成り立つと考えられています．そして，これらの 6 個のエネルギーを持つ運動は，固体の 6 個の自由度であると解釈されます．つまり，固体内の原子の運動には 6 個の自由度があるとみなされます．そして，エネルギー等分配則では，各自由度は等分に 1 自由度あたり $(1/2)k_{\mathrm{B}}T$ のエネルギーを持つとされています．ここで，k_{B} はボルツマン定数です．

固体内の原子の運動で生じるエネルギー U を，エネルギー等分配則を使って改めて考えると，自由度は 6 だから振動している原子の数を N とすると，エネルギー等分配則に従って，エネルギー U は次のようになります．

$$U = N \times \frac{1}{2}k_{\mathrm{B}}T \times 6 = 3Nk_{\mathrm{B}}T = 3RT \tag{5.42}$$

ここで，R は気体定数と呼ばれる定数で，原子数とボルツマン定数を使って，$R = Nk_{\mathrm{B}}$ と表されます．

以上でエネルギー U が求まったので，式 (5.42) の U を比熱の式 (5.40) に代入して，比熱を求めると次のようになります．

$$C_{\mathrm{v}} = \frac{\partial U}{\partial T} = 3R \tag{5.43}$$

以上の結果，固体の比熱 (定積比熱) C_{v} は $3R$ となり，温度 T によらず一定になることがわかります．固体の比熱が温度によらず一定であることは，デュロン-プティの法則として古くから知られていることです．

5.3.2 比熱の量子論

固体の比熱の量子論では格子振動を量子化したフォノンが使われるので，場の量子論が使われることになります．フォノンのエネルギーは前の 5.3.1 項の式 (5.39) で与えられるが，ここでは話を単純化するために角振動数 ω は波数 k によらず一定 (だから周波数 ν も一定) であると仮定することにします．そうすると式 (5.39) は次のようになります．

$$E = \sum_{n=1}^{\infty} n\hbar\omega \tag{5.44}$$

この式では，基底状態のエネルギーの $(1/2)\hbar\omega$ は省略しました．

フォノン 1 個のエネルギー ε_{h} は次の式

$$\varepsilon_{\mathrm{h}} = n\hbar\omega \tag{5.45}$$

で表されるが，比熱の計算ではフォノンのエネルギーとして，単純にこの式 (5.45) を使うことはできません．フォノンのエネルギーとしては，1 章で行ったように，すべてのフォノンを統計的に計算して，次の式で表されるフォノンの平均のエネルギー $\langle\varepsilon_{\mathrm{h}}\rangle$ を使う必要があります．

$$\langle\varepsilon_{\mathrm{h}}\rangle = \frac{\sum_0^\infty n\hbar\omega e^{-n\hbar\omega\beta}}{\sum_0^\infty e^{-n\hbar\omega\beta}} \tag{5.46a}$$

この式 (5.46a) は 1 章の補足 1.2 の式 (S1.5) において，エネルギー E をフォトンからフォノンのエネルギー $\hbar\omega$ に置き換えたものになっています．また，β は $1/(k_{\mathrm{B}}T)$ です．

1 章の補足 1.2 で説明した方法を使って式 (5.46a) を計算すると，フォノンの平

均のエネルギー $\langle\varepsilon_{\mathrm{h}}\rangle$ は次のように求められます.

$$\langle\varepsilon_{\mathrm{h}}\rangle=\frac{\hbar\omega}{e^{\hbar\omega\beta}-1} \tag{5.46b}$$

フォノンの全エネルギー U は，原子の数を N とすると，この式 (5.46b) を使って次のようになります.

$$U=N\langle\varepsilon_{\mathrm{h}}\rangle=\frac{N\hbar\omega}{e^{\hbar\omega\beta}-1} \tag{5.47}$$

したがって，この式 (5.47) を使って，式 (5.40) に従って比熱 C_{v} を計算すると，C_{v} は次のように求めることができます.

$$C_{\mathrm{v}}=\left(\frac{\partial U}{\partial T}\right)_{V\ 一定}=Nk_{\mathrm{B}}\left(\frac{\hbar\omega}{k_{\mathrm{B}}T}\right)^2\frac{e^{\hbar\omega\beta}}{(e^{\hbar\omega\beta}-1)^2} \tag{5.48}$$

式 (5.48) はアインシュタインによって最初に導かれた比熱の量子論による計算結果の式です．このため，この計算に用いた比熱のモデルはアインシュタインモデルと呼ばれています．しかし，フォノンの正確な比熱は，フォノンの波数 k を考慮した，正しいフォノンのエネルギーの式を使って計算されなければなりません．すなわち，1 個のフォノンのエネルギー ε_{h} として式 (5.39) から基底エネルギーの $(1/2)\hbar\omega$ を除いた，次の式が使われる必要があります.

$$\varepsilon_{\mathrm{h}}=n_k\hbar\omega_k \tag{5.49}$$

実は，波数 k を考慮したフォノンの正しいエネルギーの式を使った計算は，デバイ (Debye, 1884〜1966) によって行われていて，比熱のこの計算モデルはデバイモデルと呼ばれています．量子論に基づく最初の比熱は式 (5.48) によって表されたのですが，この式からは比熱がどのようになるかがわかりにくいので，図に描いてみると図 5.4 に示すようになります.

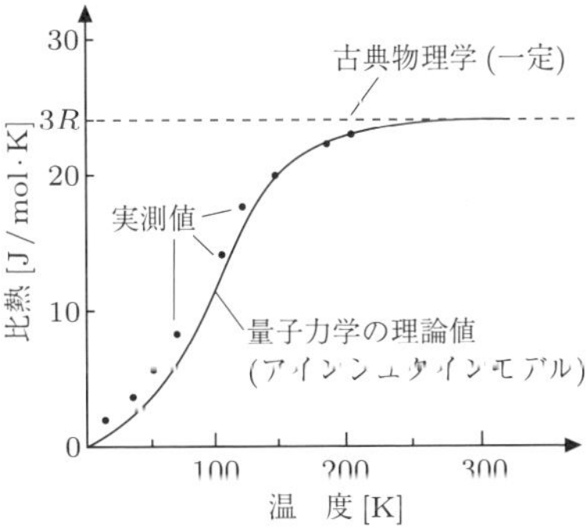

図 5.4　固体の低温比熱

この図では横軸に温度，縦軸に比熱が示され，300 K 以下の低温領域における比熱が表されています．古典論 (物理学) の値は破線で示しました．また，比熱の実測値は黒丸●で示してあります．そして，式 (5.48) で与えられるアインシュタインモデルによる比熱は実線で示しました．アインシュタインモデルは比熱の実測値とかなりよい一致を示しているが，0 K に近い極低温では実測値と少し食い違いが出ています.

この図 5.4 にはデバイモデルの計算結果は示していないが，デバイモデルによる比熱は 0 K に近い極低温領域においても実測値と極めてよい一致を示します．この図 5.4 から明らかのように，古典論 (物理学) による比熱は 300 K (0℃) 以下の低温では実測値と大きくかけ離れていて，低温領域における固体の比熱は古典論によっては全く説明できないことがわかります．

また，量子論を用いて計算しても，フォノンのエネルギーに統計法則に従って計算した平均エネルギーを使わないで，単純にフォノンの 1 個のエネルギーを $\hbar\omega$ とし，原子の数を N として全エネルギーを $N\hbar\omega$ として計算すると，固体の比熱は古典論と同じように温度によらず一定になってしまいます．

というのは，1 個のフォノンのエネルギーは $\hbar\omega = k_{\rm B}T$ とおけるので，単純な考えではフォノンの全エネルギーは $Nk_{\rm B}T = RT$ となるので，比熱は R となって，温度 T によらず一定になるからです．このことはフォノンの計算に対してはフォノンの性質を考慮した統計法則 (ボース統計) に従って計算した平均値を用いないと正しい結果が得られないことを示しています．

なお，ここで用いたフォノンの平均エネルギーを計算する式は，フェルミオンである電子の平均エネルギーの計算には適用できません．統計法則にしたがって電子の平均エネルギーなどを計算するには，(ここでは示しませんが) フェルミ-ディラック統計を使う必要があります．

演 習 問 題

5.1 フォノン (音子) は場の量子論では粒子として扱われるが，このことを第二量子化と関連づけて説明せよ．

5.2 弾性波の場を量子化したものがフォノンで，電磁場を量子化したものはフォトンであると言われるが，このことについて説明せよ．

5.3 式 (5.16a) から式 (5.16b) を具体的に導き，b^+ が生成演算子と呼ばれる理由を説明せよ．

5.4 ボース演算子の b や b^+ は調和振動子の波動方程式を使って作られるが，これはなぜか．ボース演算子というのはボソン (ボース演算子) が関係する量子力学の問題を扱うために使われる演算子であるが，これがなぜ調和振動子と関係があるのか．

5.5 ボース演算子の b と b^+ はお互いにエルミート共役な関係にあるといわれる．これがどういうことかについて説明せよ．

Chapter 6

ハイゼンベルクのマトリックス力学

この章では最初に生まれた量子力学であるマトリックス力学 (行列力学) について説明します．行列力学 (行列はマトリックス matrix の和訳で，この量子力学はマトリックス力学といわれる) の内容をきちんと述べるにはかなりの予備知識が必要なので，内容の詳細は省略し，行列力学誕生の経緯と考え方，およびシュレーディンガーの波動力学との類似性を述べるにとどめたいと思います．

まず，マトリックス力学誕生の経緯を簡単に説明した後，マトリックス力学の基本ともいえる位置 (座標) q と運動量 p の行列表示を説明し，続いて q と p の交換関係を解説することにします．この後，固有関数やハミルトニアン，そして波動方程式の行列表示などの説明を行い，これらの説明を通して，行列力学とシュレーディンガー方程式を使う波動力学との類似性を示し，マトリックス力学 (行列力学) と波動力学との関連がわかるようにします．

6.1 行列力学が生まれた経緯

6.1.1 対応原理と行列のアイデアから生まれたマトリックス力学

▶ハイゼンベルクがマトリックス (行列) を知らないで発見した行列力学

ボーアを中心に推進された前期量子論は水素原子の問題の解決に大成功を収めて発展しました．しかし，この理論は理論的には古典論との対応関係に基づく対応原理を利用したものです．前期理論は正式の数式を使って導かれた理論ではなく不完全で，ある意味ゆがんだ姿の理論でした．

図 6.1　ハイゼンベルク

この前期量了論のゆがんだ姿の焼き戻しの努力が当時の若い物理学者によってなされたのです．その中の一人が図 6.1 に示すハイゼンベルクです．こうした努力の中で彼が発見した物理量に対する新しい見方によって量子論の焼き戻しに成功し，前期量子論からマトリックス (行列) 力学が生まれたのでした．すなわち，ハイゼンベルクは，物理量はこれを構成する成分の集まりであり，その成分を表すのに記号や数字を用いると，図 6.2 に示すように表されるのではないかと考えたのです．すなわち，ハイゼンベルクは，物理量が物理量の成分を表す記号や数字を縦横に規則的に配列した「数表」のようなもので表すことができることを発見したのです．

$$\begin{array}{cccccc} X_{11} & X_{12} & X_{13} & X_{14} & X_{15} & \cdots \\ X_{21} & X_{22} & X_{23} & X_{24} & X_{25} & \cdots \\ X_{31} & X_{32} & X_{33} & X_{34} & X_{35} & \cdots \\ X_{41} & X_{42} & X_{43} & X_{44} & X_{45} & \cdots \\ X_{51} & X_{52} & X_{53} & X_{54} & X_{55} & \cdots \\ \vdots & \vdots & \vdots & \vdots & \vdots & \ddots \end{array}$$

図 **6.2** 物理量は成分の集まり

そして，ハイゼンベルクはこのアイデアを使って，前期量子論の基本的な考えを表す量子条件の式の謎解きに挑戦しました．すなわち，量子条件の式の運動量 p や位置 (座標) q もこれらを構成する成分を使って，図 6.2 に示すように表すことができると考え，p や q の成分の集まりを使って量子条件を書き換えました．

こうして演算した結果として，1 章で述べた位置 (座標) の演算子 q と運動量の演算子 p の間の，次の有名な交換関係を得たのでした．

$$qp - pq = i\hbar \tag{1.44}$$

この位置 (座標) q と運動量 p の間の交換関係は，これまで説明してきたように，量子力学の基本概念を含んでいることもわかりました．この交換関係の発見が行列力学の基本的な式になったのでした．

図 **6.3** ボルン

ハイゼンベルクは彼の物理量に対する新しい見方に基づいて組み立てた理論を使って，水素原子スペクトルの周波数を計算して正しい結果を得ました．そして，一連の結果をまとめて学術雑誌に発表しました．当時彼とは離れた勤務地で研究していた，ハイゼンベルクの師のボルン (M. Born，図 6.3) はハイゼンベルクの論文における計算法や，図 6.2 に示す「数表」のようなものを見てハイゼンベルクの使っている数式がマトリックス (行列) であることに直ちに気づきました．

というのは，ハイゼンベルクはこのときマトリックス (行列) を知らなかったのです．行列を知らないでこのような凄い発見をしたことは驚きですが，それはさておいて，ボルンはハイゼンベルクの発表したマトリックス力学 (しかし，ハイゼンベルクは行列を知らなかったのですから，このようには呼ばなかったと思われますが) が数式的には不完全であったので，これを修正して弟子たちと共に完全な行列力学の確立に寄与したと言われています．

すなわち，ボルンは，彼自身と数学の得意な弟子のヨルダン (P. Jordan, 1902 ～1980)，そしてハイゼンベルクと協力して，ハイゼンベルクの発表した理論を (それまでにすでに存在していた) 正式のマトリックスを用いて整理して書き直すことに成功し，マトリックス力学 (行列力学) を完成させたのでした．

6.1.2 位置 (座標) q と運動量 p の行列表示

ここでは位置 (座標) q と運動量 p の交換関係を具体的に示して説明するために，まず位置 (座標) q と運動量 p を行列で表しておきましょう．しかし，ここで使う位置 (座標) q と運動量 p を行列で表す方法は，ハイゼンベルクが量子条件の謎解きで実際に使った方法とは異なるものです．というのは，ハイゼンベルクの使った方法で q と p を行列表示するには，それ相当の予備知識が必要だからです．

ここでは位置 (座標) q と運動量 p の行列表示にボース演算子を使うことにします．というのは，ボース演算子はこれまで説明していて，ある程度予備知識が備わっているからです．演算のやり方としては，まずボース演算子の b と b^+ の行列表示を求めて，これを 5 章に示した式 (5.22a,b) に代入して位置 (座標) q と運動量 p を行列で表すことにします．b と b^+ を，行列を使って表すにはボース演算子を使って表した固有関数を使います．すると，次に示すように，ボース演算子 b と b^+ の行列表示が比較的簡単に実現できます．

いま，固有関数を ϕ とすると，ボース演算了 b^+ を使った n (粒子) 状態の固有関数 ϕ_n は，5 章の式 (5.28) を使うと，次の式で表すことができます．

$$\phi_n = \frac{1}{\sqrt{n!}}\left(b^+\right)^n \phi_0 \tag{6.1}$$

したがって，$(n+1)$ 状態の固有関数は 5 章の式 (5.29a,b) に従って，次の式で与えられます．

$$\phi_{n+1} = \frac{1}{\sqrt{n+1}} b^+ \phi_n \tag{6.2}$$

次に，固有関数 ϕ_n に複素共役な固有関数の ϕ_n^* を使って次の式

$$\int \phi_n^* \phi_{n+1} \mathrm{d}q \tag{6.3}$$

を考えます．この式 (6.3) は 3 章で説明したディラックの記号を使うと，次のように書けます．

$$\int \phi_n^* \phi_{n+1} \mathrm{d}q = \langle \phi_n | \phi_{n+1} \rangle \tag{6.4}$$

また，固有関数 ϕ_n^* と ϕ_{n+1} をブラ記号とケット記号を使って表すと，3 章の式 (3.4a,b) にならって，次のようになります．

$$\phi_n^* = \langle \phi_n | \tag{6.5a}$$

$$\phi_{n+1} = |\phi_{n+1}\rangle \tag{6.5b}$$

ここで，式 (6.5b) を使うと，式 (6.2) は次のように書くことができます．

$$|\phi_{n+1}\rangle = \frac{1}{\sqrt{n+1}} |b^+ \phi_n\rangle \tag{6.6}$$

この式の両辺に左から $\langle \phi_{n+1}|$ を掛けると，次の式が得られます．

$$\langle \phi_{n+1}|\phi_{n+1}\rangle = \frac{1}{\sqrt{n+1}} \langle \phi_{n+1}|b^+ \phi_n\rangle \tag{6.7}$$

そして，次の固有関数の規格化・直交性の式

$$\int \phi_{n+1}^* \phi_{n+1} \mathrm{d}q = \langle \phi_{n+1}|\phi_{n+1}\rangle = 1 \tag{6.8}$$

を使うと，式 (6.7) の左辺は 1 になるので，次の式が得られます．

$$\frac{1}{\sqrt{n+1}} \langle \phi_{n+1}|b^+ \phi_n\rangle = 1 \tag{6.9}$$

したがって，式 (6.9) を変形すると，b^+ に関する次の式が得られます．

$$\langle \phi_{n+1}|b^+ \phi_n\rangle = \sqrt{n+1} \tag{6.10}$$

この式の左辺のブラケット記号 $\langle \quad \rangle$ の表示は積分記号を使って書き改めると次のようになります．

$$\langle \phi_{n+1}|b^+ \phi_n\rangle = \int \phi_{n+1}^* b^+ \phi_n \mathrm{d}q \tag{6.11}$$

そして，ϕ_{n+1} と ϕ_n を基底ベクトルと考えると，式 (6.11) の右辺は b^+ の行列要素として　$b^+_{n+1,n}$ と書くことができます．したがって，式 (6.10) を使って b^+ の行列要素の $b^+_{n+1,n}$ は，次の式で表されることがわかります．

$$b^+_{n+1,n} = \sqrt{n+1} \quad (n = 0, 1, 2, \ldots) \tag{6.12}$$

b^+ の行列要素を具体的に書いて，b^+ を行列で表すと b^+ の行列は，次のように表されます．

$$b^+ \to \begin{bmatrix} 0 & 0 & 0 & 0 & \cdots \\ 1 & 0 & 0 & 0 & \cdots \\ 0 & \sqrt{2} & 0 & 0 & \cdots \\ 0 & 0 & \sqrt{3} & 0 & \cdots \\ \vdots & \vdots & \vdots & \vdots & \ddots \end{bmatrix} \tag{6.13}$$

次に，もう一つのボース演算子 b の行列表示を考えましょう．ボース演算子の b と b^+ は，5 章の式 (5.21a,b) からわかるように，お互いに複素共役な関係になっていて，次の関係が成立します．

$$b^+ = (b)^* \tag{6.14}$$

このような関係を持つ演算子はエルミート共役な演算子と呼ばれるが，エルミート共役な演算子同士の間では，補足 6.1 に示す関係が成り立つので，演算子 b と b^+ の間では次の関係が成立します．

$$\langle b^+\phi_{n-1}|\phi_n\rangle = \langle\phi_{n-1}|b\phi_n\rangle \tag{6.15}$$

また，固有関数 ϕ_n は固有関数 ϕ_{n-1} を使って，次のように表すことができます．

$$\phi_n = \left(\frac{1}{\sqrt{n}}\right) b^+\phi_{n-1} \tag{6.16}$$

この式 (6.16) の両辺に $\sqrt{n}$ を掛けて左右逆にすると，次の式が得られます．

$$b^+\phi_{n-1} = \sqrt{n}\phi_n \tag{6.17}$$

ディラックのブラ記号を使って書くと，この式 (6.17) は次のようになります．

$$\langle b^+\phi_{n-1}| = \sqrt{n}\langle\phi_n| \tag{6.18}$$

この式の両辺に右から $|\phi_n\rangle$ を掛けると，$\langle b^+\phi_{n-1}|\phi_n\rangle$ として，次の式が得られます．

$$\langle b^+\phi_{n-1}|\phi_n\rangle = \sqrt{n}\langle\phi_n|\phi_n\rangle \tag{6.19}$$

$$\therefore \quad \langle b^+\phi_{n-1}|\phi_n\rangle = \sqrt{n} \tag{6.20}$$

この式 (6.20) の左辺は，前に示した式 (6.15) の左辺に等しいので，二つの式の右辺同士を等しいとおいて，次の式が得られます．

$$\langle\psi_{n-1}|b\psi_n\rangle = \sqrt{n} \tag{6.21}$$

式 (6.21) の左辺の $\langle\phi_{n-1}|b\phi_n\rangle$ は $b_{n-1,n}$ と書けるので，演算子 b^+ のときと同様に，b の行列要素の $b_{n-1,n}$ は，次の式で表されます．

$$b_{n-1,n} = \sqrt{n} \quad (n = 1, 2, 3, \ldots) \tag{6.22}$$

b の行列要素の $b_{n-1,n}$ を使って演算子 b を行列で表すと，次のようになります (行列は 0 行 0 列から数えます)．

$$
b \to \begin{bmatrix} 0 & 1 & 0 & 0 & 0 & \cdots \\ 0 & 0 & \sqrt{2} & 0 & 0 & \cdots \\ 0 & 0 & 0 & \sqrt{3} & 0 & \cdots \\ \vdots & \vdots & \vdots & \vdots & \vdots & \ddots \end{bmatrix} \tag{6.23}
$$

次に，位置 (座標) q と運動量 p を，b と b^+ の行列表示を使って，行列で表しましょう．q と p のボース演算子 b，b^+ との関係は 5 章の式 (5.22a,b) で表されているが，ここに再掲すると次のようになっています．

$$
q = \sqrt{\frac{\hbar}{(2m\omega)}}\left(b^+ + b\right) \tag{5.22a}
$$

$$
p = i\sqrt{\frac{\hbar m\omega}{2}}\left(b^+ - b\right) \tag{5.22b}
$$

これらの式 (5.22a,b) を見ると，q と p を行列で表すには，ボース演算子の b と b^+ の行列の和と差を求める必要があることがわかります．行列の足し算と引き算は比較的簡単で，対応するそれぞれの行列要素同士の間で，足し算と引き算を実行すれば求められます．これを実行すると，行列の和の $(b^+ + b)$ は次のように演算できます．

$$
b^+ + b \to \begin{bmatrix} 0 & 0 & 0 & 0 \cdots \\ 1 & 0 & 0 & 0 \cdots \\ 0 & \sqrt{2} & 0 & 0 \cdots \\ 0 & 0 & \sqrt{3} & 0 \cdots \\ \vdots & \vdots & \vdots & \vdots \ddots \end{bmatrix} + \begin{bmatrix} 0 & 1 & 0 & 0 & \cdots \\ 0 & 0 & \sqrt{2} & 0 & \cdots \\ 0 & 0 & 0 & \sqrt{3} & \cdots \\ 0 & 0 & 0 & 0 & \cdots \\ \vdots & \vdots & \vdots & \vdots & \ddots \end{bmatrix} = \begin{bmatrix} 0 & 1 & 0 & 0 & \cdots \\ 1 & 0 & \sqrt{2} & 0 & \cdots \\ 0 & \sqrt{2} & 0 & \sqrt{3} & \cdots \\ 0 & 0 & \sqrt{3} & 0 & \cdots \\ \vdots & \vdots & \vdots & \vdots & \ddots \end{bmatrix} \tag{6.24}
$$

また，行列の差 $(b^+ - b)$ は次のように演算できます．

$$
b^+ - b \to \begin{bmatrix} 0 & 0 & 0 & 0 \cdots \\ 1 & 0 & 0 & 0 \cdots \\ 0 & \sqrt{2} & 0 & 0 \cdots \\ 0 & 0 & \sqrt{3} & 0 \cdots \\ \vdots & \vdots & \vdots & \vdots \ddots \end{bmatrix} - \begin{bmatrix} 0 & 1 & 0 & 0 & \cdots \\ 0 & 0 & \sqrt{2} & 0 & \cdots \\ 0 & 0 & 0 & \sqrt{3} & \cdots \\ 0 & 0 & 0 & 0 & \cdots \\ \vdots & \vdots & \vdots & \vdots & \ddots \end{bmatrix} = \begin{bmatrix} 0 & -1 & 0 & 0 & \cdots \\ 1 & 0 & -\sqrt{2} & 0 & \cdots \\ 0 & \sqrt{2} & 0 & -\sqrt{3} & \cdots \\ 0 & 0 & \sqrt{3} & 0 & \cdots \\ \vdots & \vdots & \vdots & \vdots & \ddots \end{bmatrix} \tag{6.25}
$$

次に，位置 (座標) q と運動量 p の (演算子の) 行列表示ですが，これは式 (5.22a,b) にしたがって，上述のように計算して求めた行列の和 $(b^+ + b)$ と行列の差 $(b^+ - b)$ の行列の式 (6.24) と式 (6.25) に，それぞれの係数を掛ければ求められます．すなわち，行列の和 $(b^+ + b)$ の行列に係数 $\sqrt{\hbar/(2m\omega)}$ を掛けると，位置 (座標) q の行列表示は，次のようになります．

◆ 補足 6.1　エルミート共役に関して，式 (6.15) が成り立つことの証明

二つの演算子を A, B とし，演算子 A と B が任意の固有関数 ϕ_{a} と ϕ_{b} に対して，次の関係式が成り立つとき，演算子 A と B はエルミート共役であると言われます．

$$\langle B\phi_{\mathrm{a}}|\phi_{\mathrm{b}}\rangle = \langle \phi_{\mathrm{a}}|A\phi_{\mathrm{b}}\rangle \tag{S6.1a}$$

この関係式 (S6.1a) は演算子 A と B がお互いに複素共役な関係であれば成り立ちます．この証明では，演算子 A がボース演算子の b^+，B が演算子 b として，これら二つの演算子の b^+ と b を使うことにします．というのは，5 章の式 (5.21a,b) に示したように，演算子 b^+ と b は，お互いに複素共役の関係にあるからです．

したがって，式 (6.15) の代りに次の関係を証明してもよいことになります．

$$\langle b\phi_{\mathrm{a}}|\phi_{\mathrm{b}}\rangle = \left\langle \phi_{\mathrm{a}}|b^+\phi_{\mathrm{b}}\right\rangle \tag{S6.1b}$$

この式 (S6.1b) の左辺を積分の記号を使って表すと次のように書けます．

$$\int (b\phi_{\mathrm{a}})\,\phi_{\mathrm{b}}\mathrm{d}q \tag{S6.2}$$

この演算を行うにはボース演算子 b を使う必要があります．ボース演算子は 5 章の式 (5.7a,b) で表したが，ここに再掲すると次のようになります．

$$b^+ = \sqrt{\frac{1}{2}}\left(-\frac{\mathrm{d}}{\mathrm{d}\xi} + \xi\right) \tag{5.7a}$$

$$b = \sqrt{\frac{1}{2}}\left(\frac{\mathrm{d}}{\mathrm{d}\xi} + \xi\right) \tag{5.7b}$$

式 (5.7b) のボース演算子 b を式 (S6.2) に代入すると，次の式が得られます．

$$\frac{1}{\sqrt{2}}\int\left(\frac{\mathrm{d}}{\mathrm{d}\xi} + \xi\right)\psi_{\mathrm{a}}\psi_{\mathrm{b}}\mathrm{d}q \tag{S6.3}$$

この式 (S6.3) を演算する必要があるが，まず係数の $(1/\sqrt{2})$ を除いて積分の部分のみを部分積分します．ξ は定数なので，固有関数との積の順序を変更してもよいことを考慮して，次のように ξ による微分が入った項のみを部分積分すると，

$$\begin{aligned}\int_{-\infty}^{\infty}\frac{\mathrm{d}}{\mathrm{d}\xi}\psi_{\mathrm{a}}\psi_{\mathrm{b}}\mathrm{d}q &= [\psi_{\mathrm{a}}\psi_{\mathrm{b}}]_{-\infty}^{\infty} - \int_{-\infty}^{\infty}\psi_{\mathrm{a}}\frac{\mathrm{d}}{\mathrm{d}\xi}\psi_{\mathrm{b}}\mathrm{d}q \\ &= 0 - \int_{-\infty}^{\infty}\psi_{\mathrm{a}}\left(\frac{\mathrm{d}}{\mathrm{d}\xi}\right)\psi_{\mathrm{b}}\mathrm{d}q\end{aligned} \tag{S6.4}$$

となります．$[\phi_{\mathrm{a}}\phi_{\mathrm{b}}]_{-\infty}^{\infty}$ を 0 としたのは，固有関数は ξ が無限大のとき 0 になるからです．こうして得られた式 (S6.4) の結果を使うと，式 (S6.3) の演算結果は次のようになります．

$$\frac{1}{\sqrt{2}}\int\left(\frac{\mathrm{d}}{\mathrm{d}\xi} + \xi\right)\phi_{\mathrm{a}}\phi_{\mathrm{b}}\mathrm{d}q = \frac{1}{\sqrt{2}}\int\phi_{\mathrm{a}}\left(\xi - \frac{\mathrm{d}}{\mathrm{d}\xi}\right)\phi_{\mathrm{b}}\mathrm{d}q \tag{S6.5a}$$

$$= \langle \phi_a | b^+ \phi_b \rangle \tag{S6.5b}$$

得られた結果の式 (S6.5b) は式 (S6.1b) の右辺と等しくなり，式 (S6.1b) の関係が成り立つことが証明できました．

$$q \to \sqrt{\frac{\hbar}{2m\omega}} \begin{bmatrix} 0 & 1 & 0 & 0 & \cdots \\ 1 & 0 & \sqrt{2} & 0 & \cdots \\ 0 & \sqrt{2} & 0 & \sqrt{3} & \cdots \\ 0 & 0 & \sqrt{3} & 0 & \cdots \\ \vdots & \vdots & \vdots & \vdots & \ddots \end{bmatrix} \tag{6.26}$$

また，運動量 p の行列表示は，行列の差 $(b^+ - b)$ の式 (6.25) に係数 $i\sqrt{\hbar m\omega/2}$ を掛けて，次のように求めることができます．

$$p \to i\sqrt{\frac{\hbar m\omega}{2}} \begin{bmatrix} 0 & -1 & 0 & 0 & \cdots \\ 1 & 0 & -\sqrt{2} & 0 & \cdots \\ 0 & \sqrt{2} & 0 & -\sqrt{3} & \cdots \\ 0 & 0 & \sqrt{3} & 0 & \cdots \\ \vdots & \vdots & \vdots & \vdots & \ddots \end{bmatrix} \tag{6.27}$$

6.1.3 位置 (座標) q と運動量 p の交換関係に使う行列

位置 (座標) q と運動量 p の (演算子の) 交換関係はよく知られているように，次の式で表されます．

$$qp - pq = i\hbar \tag{6.28}$$

q の行列と p の行列のそれぞれの係数の積を $[係数]_{qp}$ としてこれを計算しておくと，次のようになります．まず，係数の部分は次のようになります．

$$[係数]_{qp} = \sqrt{\frac{\hbar}{2m\omega}} \times i\sqrt{\frac{\hbar m\omega}{2}} = \frac{\hbar i}{2} \tag{6.29}$$

次に行列の部分の掛け算ですが，q の行列の $[行列]_q$ と p の行列の $[行列]_p$ の掛け算の結果を $[行列]_{qp}$ とし，p の行列の $[行列]_p$ と q の行列の $[行列]_q$ の掛け算の結果を $[行列]_{pq}$ とすることにします．すなわち，次のようにすることにします．

$$[行列]_{qp} = [行列]_q \times [行列]_p, \quad [行列]_{pq} = [行列]_p \times [行列]_q \tag{6.30}$$

行列の掛け算はかなり煩雑なので，ここでは次に結果のみ示すが，演算の妥当性を確かめたいと考える人のために，公式を補足 6.2 に示しておいたので，参考にしてください．

まず，q の行列の $[行列]_q$ と p の行列の $[行列]_p$ の掛け算の結果の $[行列]_{qp}$ は，次のようになります．

$$[行列]_{qp} = \begin{bmatrix} 1 & 0 & -\sqrt{2} & 0 & \cdots \\ 0 & 1 & 0 & -\sqrt{6} & \cdots \\ \sqrt{2} & 0 & 1 & 0 & \cdots \\ 0 & \sqrt{6} & 0 & 1 & \cdots \\ \vdots & \vdots & \vdots & \vdots & \ddots \end{bmatrix} \tag{6.31a}$$

次に，p の行列の $[行列]_p$ と q の行列の $[行列]_q$ の掛け算の結果の $[行列]_{pq}$ は，次のようになります．

$$[行列]_{pq} = \begin{bmatrix} -1 & 0 & -\sqrt{2} & 0 & \cdots \\ 0 & -1 & 0 & -\sqrt{6} & \cdots \\ \sqrt{2} & 0 & -1 & 0 & \cdots \\ 0 & \sqrt{6} & 0 & -1 & \cdots \\ \vdots & \vdots & \vdots & \vdots & \ddots \end{bmatrix} \tag{6.31b}$$

式 (6.31a) と式 (6.31b) を使って $[行列]_{qp} - [行列]_{pq}$ を計算すると，次のようになります．

$$[行列]_{qp} - [行列]_{pq} = 2 \times \begin{bmatrix} 1 & 0 & 0 & 0 & \cdots \\ 0 & 1 & 0 & 0 & \cdots \\ 0 & 0 & 1 & 0 & \cdots \\ 0 & 0 & 0 & 1 & \cdots \\ \vdots & \vdots & \vdots & \vdots & \ddots \end{bmatrix} \tag{6.32}$$

式 (6.32) で表される行列は，単位行列の 1 の 2 倍だから 2 になります．したがって，行列 $[行列]_{qp}$ と $[行列]_{pq}$ の差の値は次のようになります．

$$[行列]_{qp} - [行列]_{pq} = 2 \tag{6.33}$$

以上の結果，位置 (座標) q と運動量 p の交換関係の $qp - pq$ は，先ほどの係数の計算結果の式 (6.29) を使って，次のように式 (6.28) と等しくなります．

$$qp - pq = 2 \times \frac{\hbar i}{2} = i\hbar \tag{6.34}$$

以上で位置 (座標) q と運動量 p の交換関係の演算は終わりです．この交換関係の発見に至る演算は，元々はハイゼンベルクが前期量子論の指導原理の式とも言われた，次のボーアの量子条件の式

$$\oint p\mathrm{d}q = nh \tag{6.35}$$

◆ 補足 6.2 行列の掛け算の公式

まず，行列 A と行列 B および，これらの行列の積 AB の行列を C とし，これらの行列がそれぞれの行列要素を使って，次のように表されるとします．

$$A = \begin{bmatrix} a_{11} & a_{12} & \cdots & a_{1n} \\ a_{21} & a_{22} & \cdots & a_{2n} \\ \vdots & \vdots & \ddots & \vdots \\ a_{m1} & a_{m2} & \cdots & a_{mn} \end{bmatrix}, \quad B = \begin{bmatrix} b_{11} & b_{12} & \cdots & b_{1q} \\ b_{21} & b_{22} & \cdots & b_{2q} \\ \vdots & \vdots & \ddots & \vdots \\ b_{n1} & b_{n2} & \cdots & b_{nq} \end{bmatrix},$$
$$C = \begin{bmatrix} c_{11} & c_{12} & \cdots & c_{1q} \\ c_{21} & c_{22} & \cdots & c_{2q} \\ \vdots & \vdots & \ddots & \vdots \\ c_{m1} & c_{m2} & \cdots & c_{mq} \end{bmatrix} \tag{S6.6}$$

すると，行列 A と行列 B の積の行列 C の行列要素 c_{ik} は，行列 A と行列 B の行列要素を使って，次のようになります．

$$c_{ik} = \sum_{j=1}^{n} a_{ij} b_{jk} \tag{S6.7a}$$
$$= a_{i1}b_{1k} + a_{i2}b_{2k} + a_{i3}b_{3k} + \cdots + a_{in}b_{nk} \tag{S6.7b}$$
$$(i = 1, 2, \ldots, m; \quad k = 1, 2, \ldots, q)$$

の謎解きを始めたときに行われたものです．

当時の状況を述べると，概略は次のようになります．ハイゼンベルクは水素原子スペクトルがボーアの提唱した量子条件を使うことによってみごとに説明されることに常々驚きを持って注目していました．そして，ハイゼンベルクは科学者の勘で「量子条件の謎を解けば前期量子論の本質が明らかになるに違いない！」と考えるようになっていました．

また，ボーアの説明にも注目しました．というのは，ボーアは水素スペクトルの量子論を使った解釈に対応原理という独特の考えを用いて成功していたからです．対応原理というのは前期量子論の指導原理の一つで，ボーアによって提唱されていたものです．

量子数が非常に大きい状態の定常状態から，それからあまり変わらない定常状態への電子の遷移によって発生する光の振動数は，古典電磁気学によって計算される高周波数の光の振動数と一致することがわかっていたが，ボーアはこの量子論と古典物理学が極限状態で一致することに注目し，この対応関係を根拠にした対応原理を水素原子の光の強度などの説明に利用して成功していたのです．

というのは当時の前期量子論だけを用いたのでは，水素原子の発する光の周波数は説明できたが，光の強度や光の偏りなどは説明できなかったのです．このとき，ボーアは電子の状態間の遷移確率が光の強度に関係するはずだと考えたのです．そして，量子数が大きいときには状態間の遷移確率は高周波数の光の強度に比例するはずだとして，高周波数の光の強度と対応させることによって，電子の遷移による光の強度の説明に成功していたのです．

対応原理の考えは，このほか水素原子の微細構造の解釈やシュタルク効果 (電界を加えることによってエネルギー準位が分裂する現象) などの解析にも手がかりを与えたと言われています．そして，次に述べるように，対応原理はより完全な量子論の形を探す手がかりにもなったのです．

この手がかりの状況は次のとおりです．対応原理を指導原理とする前期量子論では，原子における (電子の) 遷移による光の振動数が，古典物理学による電子の軌道運動のフーリエ成分の一つ一つと対応すると考えていたのです．ハイゼンベルクはこの考えを利用して量子条件の謎解きに挑戦したのでした．

すなわち，ハイゼンベルクは量子条件の式 (6.35) を書き換えた次の式

$$\oint p\left(\frac{\mathrm{d}q}{\mathrm{d}t}\right)\mathrm{d}t = nh \tag{6.36}$$

を理論的に導くことを考えました．そして，軌道運動する電子の位置 (座標) q と運動量 p を，次の二つの式

$$p = \sum P\left(n,\tau\right)\exp\left\{2\pi i\nu\left(n,\tau\right)t\right\} \tag{6.37a}$$

$$q = \sum Q\left(n,\tau\right)\exp\left\{2\pi i\nu\left(n,\tau\right)t\right\} \tag{6.37b}$$

に示すように，フーリエ成分の和で表し，この p と q を式 (6.36) に代入して，p と q の関係を計算して p と q の交換関係を発見したのでした (ただし，p と q の交換関係の式を正式に正しく最初に導いたのは，ボルンやハイゼンベルクとともに行列力学を完成させたヨルダンであったと言われていることを，ここに追加しておきます)

この計算ではハイゼンベルクは二つのアイデアを入れたが，これがマトリックス力学誕生の重要な鍵でした．一つのアイデアは，式 (6.36) からわかるように q の微分の形が現れるが，q の微分が q の差分で表されるという微分の定義を利用して，(6.36) の演算では微分の計算式を差の式に変換したことです．このように微分の演算を差の計算に変更したのは，量子論では物理現象はエネルギーと同じように，とびとびに変化するものだと考えたからです．

もう一つのアイデアは，すでに述べてきたように，位置 (座標) q と運動量 p がこ

れらを構成する成分の集まりで表されるとしたことです．このことは，式 (6.37a,b) に見られるフーリエ成分の $P(n,\tau)\exp\{2\pi i\nu(n,\tau)t\}$ や $Q(n,\tau)\exp\{2\pi i\nu(n,\tau)t\}$ が通常の形の時間の関数ではなく，遷移成分の $P(n,n-\tau)$ や $Q(n,n-\tau)$ の集まりである，と考えたことです．そして，この結果として，p や q の集まりが，p や q の行列で表されることになったのです．

このように考えることによって，式 (6.36) は qp と pq の差の式になると共に，qp や pq は単なる関数の積ではなく二つの行列の積になったのです．そして，qp と pq の差の値を計算することによって，q と p の交換関係を表す式が得られたのでした．

6.2 波動方程式の行列表示

マトリックス力学は位置 (座標) q と運動量 p の間に交換関係が成立するという条件の下に，ハミルトンの正準方程式を元にして作った行列で表した式を使って固有値を演算するものです．しかし内容が高度なので，ここでは詳細には立ち入らないで，内容的には同等なものであることが証明されている，波動力学に行列を適用してマトリックス力学の様子を覗いてみることにします．

6.2.1 波動関数とハミルトニアンの行列表示

波動関数の行列表示については，3.9.1 項の波動関数のベクトル表示と行列表示の項ですでに説明したが，この節では頻繁に使うので，ここに再度示しておきます．まず，波動関数を ψ，固有関数を u_n とし，固有関数の係数を c_n とすると ψ は，次のように表されます．

$$\psi = c_1u_1 + c_2u_2 + c_3u_3 + \cdots + c_nu_n \tag{6.38}$$

固有関数 $u_1, u_2, u_3, \ldots, u_n$ を基底ベクトルと考えると，補足 6.3 に示すように，式 (6.38) で表される波動関数 ψ は，次のように縦行列で表すことができます．

$$\psi \to \begin{bmatrix} c_1 \\ c_2 \\ \vdots \\ c_n \end{bmatrix} \tag{6.39}$$

次に，ハミルトニアン H の行列表示を行うために，次の波動方程式と n (粒子) 状態の固有値方程式を考えることにします．

◆ 補足 6.3 ベクトルと行列について

まず，n 次元の複素ベクトル V は基底ベクトルを $e_1, e_2, e_3, \ldots, e_n$，ベクトルの各成分を $V_1, V_2, V_3, \ldots, V_n$ として，次のように書けます．

$$V = V_1e_1 + V_2e_2 + V_3e_3 + \cdots + V_ne_n \tag{S6.8}$$

基底ベクトルの大きさはすべて 1 で，お互いに直交しているので，クロネッカーのデルタ記号を使って，次の式が成り立つことがわかります．

$$e_ie_j = \delta_{ij} \tag{S6.9}$$

そして，ベクトル V を行列で表すと，次のように縦行列になります．

$$V \to \begin{bmatrix} V_1 \\ V_2 \\ V_3 \\ \vdots \\ V_n \end{bmatrix} \tag{S6.10}$$

次に行列ですが，いま A を 3 行 3 列の行列とし，e を基底ベクトルとすると，行列 A や Ae_i などは，行列要素を使って次のように表されます．まず，A と e_i は次のようになります．

$$A = \begin{bmatrix} a_{11} & a_{12} & a_{13} \\ a_{21} & a_{22} & a_{23} \\ a_{31} & a_{32} & a_{33} \end{bmatrix} \quad e_1 \to \begin{bmatrix} 1 \\ 0 \\ 0 \end{bmatrix} \quad e_2 \to \begin{bmatrix} 0 \\ 1 \\ 0 \end{bmatrix} \quad e_3 \to \begin{bmatrix} 0 \\ 0 \\ 1 \end{bmatrix} \tag{S6.11}$$

また，Ae_1, Ae_2, Ae_3 は次のように表されます．

$$\begin{aligned} Ae_1 &= a_{11}e_1 + a_{21}e_2 + a_{31}e_3 \\ Ae_2 &= a_{12}e_1 + a_{22}e_2 + a_{32}e_3 \\ Ae_3 &= a_{13}e_1 + a_{23}e_2 + a_{33}e_3 \end{aligned} \tag{S6.12}$$

ですから，e_iAe_j を計算すると a_{ij} になります．このことから，行列 A の行列要素は A_{ij} で表され，行列 A は，しばしば行列要素 A_{ij} を使って，次のようにも書かれます．

$$A = \begin{bmatrix} A_{11} & A_{12} & A_{13} \\ A_{21} & A_{22} & a_{23} \\ A_{31} & a_{32} & a_{33} \end{bmatrix} \tag{S6.13}$$

また，次のように行列要素としての 1 の数字が，左上から右下に並び，ほかの行列要素が 0 の行列は単位行列と呼ばれ，その値が 1 になります．単位行列は記号 I でも表されます．

$$E = \begin{bmatrix} 1 & 0 & 0 \\ 0 & 1 & 0 \\ 0 & 0 & 1 \end{bmatrix} \tag{S6.14}$$

$$H\psi = \varepsilon\psi \tag{6.40a}$$

$$Hu_n = f_n u_n \tag{6.40b}$$

ここで，f_n は固有関数 u_n の固有値です.

式 (6.40b) の両辺に，左から u_m に複素共役な固有関数 u_m^* を掛けると，次の式ができます.

$$u_m^* H u_n = u_m^* f_n u_n = f_n u_m^* u_n \tag{6.41}$$

この式 (6.41) の内積をとる (q で積分する) と，規格化・直交性を使って次の式が成り立ちます.

$$\int u_m^* H u_n \mathrm{d}q = \int u_m^* f_n u_n \mathrm{d}q = f_m \int u_m^* u_n \mathrm{d}q = f_n \delta_{nm} \tag{6.42}$$

したがって，n (粒子) 状態の固有値 f_n はディラックの記号を使って表すと，f_n は $n = m$ のときだけなので次のようになります.

$$f_n = \langle u_n | H | u_n \rangle = \langle n | H | n \rangle \tag{6.43a}$$

また，$\langle n|H|n\rangle$ は，補足 6.3 を使って次の式で表されることがわかります.

$$\langle u_n | H | u_n \rangle = H_{nn} \tag{6.43b}$$

以上の結果，補足 6.3 で使った行列要素の表示方法 A_{ij} を参考にして，ハミルトニアン H の行列表示は，ハミルトニアンの行列要素 H_{ij} を使って，次のようになります.

$$H \to \begin{bmatrix} H_{11} & H_{12} & H_{13} \\ H_{21} & H_{22} & H_{23} \\ H_{31} & H_{32} & H_{33} \end{bmatrix} \tag{6.44}$$

したがって，ハミルトニアン H の行列要素 H_{nm} と固有値 f_n の間に式 (6.43a,b) より，$H_{nm} = \delta_{nm} f_n$ の関係を充たし，$f_n = H_{nn}$ の関係が成り立つときには，ハミルトニアン H の，固有値 f_n を用いた行列表示は，次のようになります.

$$H \to \begin{bmatrix} f_1 & 0 & 0 & \cdots & 0 \\ 0 & f_2 & 0 & \cdots & 0 \\ 0 & 0 & f_3 & \cdots & 0 \\ \vdots & \vdots & \vdots & \ddots & \vdots \\ 0 & 0 & 0 & \cdots & f_n \end{bmatrix} \tag{6.45}$$

すなわち，固有値方程式が式 (6.40b) の関係，すなわち $Hu_n = f_n u_n$ の関係が充たされるときは，ハミルトニアン H は対角行列で表されることがわかります.

6.2.2 波動方程式の行列表示とハミルトニアン

ここでは波動力学で使われる波動方程式が行列を使った式で表されるとき，ハミルトニアンが行列の形で与えられたとして，この行列で表される方程式から波動関数や固有値がどのようにして求められるかについて考えてみましょう．というのは，行列力学では物理量が行列の形で与えられたとき，エネルギー (固有値) ε がどのようになるかが課題になるからです．

いま，ハミルトニアンを H，波動関数を ψ，固有値を ε とすると波動方程式は

$$H\psi = \varepsilon\psi \tag{6.46}$$

となるが，この波動方程式を行列を用いた式で表すと，式 (6.39) と式 (6.44) で表される波動関数 ψ とハミルトニアン H の行列表示を用いて，次のように書けます．

$$\begin{bmatrix} H_{11} & H_{12} & \cdots & H_{1n} \\ H_{21} & H_{22} & \cdots & H_{2n} \\ \vdots & \vdots & \ddots & \cdots \\ H_{n1} & H_{n2} & \cdots & H_{nn} \end{bmatrix} \begin{bmatrix} c_1 \\ c_2 \\ \vdots \\ c_n \end{bmatrix} = \varepsilon \begin{bmatrix} c_1 \\ c_2 \\ \vdots \\ c_n \end{bmatrix} \tag{6.47}$$

ハミルトニアンの行列表示は式 (6.44) のように表されるが，一般にはこのハミルトニアン H の行列はエルミート行列にはなっていません．エルミート行列では 3 章で説明したように，行列要素を A_{ij} とすると，この行列にエルミート共役な行列の行列要素 A_{ij}^* との間で，次の関係を充たさなければなりません．

$$A_{ij}^* = A_{ji} \tag{6.48}$$

そして，実数の固有値が得られるためには，ハミルトニアン H を行列化したエルミート行列は自己共役になっていて，行列要素の間に次の関係が充たされなければなりません．

$$A_{nn}^* = A_{nn} \tag{6.49}$$

実は，式 (6.45) で表されるハミルトニアン H はこの関係を充たしていて，自己共役な行列になっているが，これは H の行列が対角行列になっているからです．

行列力学を使って問題を解く場合は，行列で表される，ある物理量が与えられて，これの固有値を求めることが課題になるが，このことは結局は，式 (6.47) のような行列を用いて記述される方程式を使って固有値を求める問題になります．このためには物理量から得られるハミルトニアンの行列 H を式 (6.45) に示すように対角化して，固有値 f_n を求める必要があるのです．

6.2.3 行列の対角化

物理量は，これを構成する成分の集まりと考え，その集まりが行列で表されることを使って物理の問題を量子力学的に解くのが，行列力学の手法だが，これまで述べたように，この手法では物理量を演算子化して作られたハミルトニアン H が使われます．しかし，与えられるハミルトニアンの行列は一般には対角化されているとは限りません．

与えられた行列が対角化されていなければ固有値は得られないので，ここでは行列の対角化について説明します．いま，ある物理量を演算子化した行列を F とし，この F の行列の行列要素が f_{nm} であったとしましょう．すると行列 F は次のように表されます．

$$F = \begin{bmatrix} f_{11} & f_{12} & f_{13} & \cdots & f_{1n} \\ f_{21} & f_{22} & f_{23} & \cdots & f_{2n} \\ \vdots & \vdots & \vdots & \ddots & \vdots \\ f_{n1} & f_{n2} & f_{n3} & \cdots & f_{nn} \end{bmatrix} \tag{6.50}$$

そして，波動関数，固有関数，および固有値を，それぞれ ψ, u_n および α_n とし，波動関数 ψ が式 (6.39) で表されるとすると，F をハミルトニアンと考えて，式 (6.47) を参考にして，波動方程式から，行列を使った次の方程式が得られます．

$$\begin{bmatrix} f_{11} & f_{12} & f_{13} & \cdots & f_{1n} \\ f_{21} & f_{22} & f_{23} & \cdots & f_{2n} \\ \vdots & \vdots & \vdots & \ddots & \cdots \\ f_{n1} & f_{n2} & f_{n3} & \ldots & f_{nn} \end{bmatrix} \begin{bmatrix} c_1 \\ c_2 \\ \vdots \\ c_n \end{bmatrix} = \alpha \begin{bmatrix} c_1 \\ c_2 \\ \vdots \\ c_n \end{bmatrix} \tag{6.51}$$

この方程式 (6.51) を行列の掛け算を実行して普通の式で書くと，次のように n 個の方程式ができます．

$$\begin{aligned} &(f_{11} - \alpha)\, c_1 + f_{12}c_2 + f_{13}c_3 + \cdots + f_{1n}c_n = 0 \\ &f_{21}c_1 + (f_{22} - \alpha)\, c_2 + f_{23}c_3 + \cdots + f_{2n}c_n = 0 \\ &\qquad\vdots \\ &f_{n1}c_1 + f_{n2}c_2 + f_{n3}c_3 + \cdots + (f_{nn} - \alpha)\, c_n = 0 \end{aligned} \tag{6.52}$$

すなわち，n 次の連立方程式ができるので，これを解く必要があります．この n 次の連方程式の係数 (この場合は係数は c_n ではなく f_{nn}) を使うと，次の行列式で作られる永年方程式ができます．

$$\begin{vmatrix} (f_{11}-\alpha) & f_{12} & f_{13} & \cdots & f_{1n} \\ f_{21} & (f_{22}-\alpha) & f_{23} & \cdots & f_{2n} \\ \vdots & \vdots & \vdots & \ddots & \vdots \\ f_{n1} & f_{n2} & f_{n3} & \cdots & (f_{nn}-\alpha) \end{vmatrix} = 0 \tag{6.53}$$

こうして作られた式 (6.53) の永年方程式を解くと，固有値 α として $\alpha_1, \alpha_2, \alpha_3, \ldots, \alpha_n$ と n 個の解が得られます．詳しい説明は省略するが，この n 個の α の解を使うと，結論として，F の行列は対角化することができ，行列 F は次のように表されます．

$$F = \begin{bmatrix} \alpha_1 & 0 & 0 & \cdots & 0 \\ 0 & \alpha_2 & 0 & \cdots & 0 \\ 0 & 0 & \alpha_3 & \cdots & 0 \\ \vdots & \vdots & \vdots & \ddots & \vdots \\ 0 & 0 & 0 & \cdots & \alpha_n \end{bmatrix} \tag{6.54}$$

6.2.4 調和振動子のハミルトニアンの行列表示と固有値

調和振動子のハミルトニアン H は，2 章の式 (2.99) より

$$H = -\frac{\hbar^2}{2m}\frac{\mathrm{d}^2}{\mathrm{d}x^2} + \frac{1}{2}m\omega^2 x^2 \tag{6.55}$$

となるが，p を演算子として，1 章の式 (1.36) を使うと，$-\hbar^2(\mathrm{d}^2/\mathrm{d}x^2)$ は $p^2 = -\hbar^2(\mathrm{d}^2/\mathrm{d}x^2)$ の関係から p^2 で表されるのでこれを使うことにします．また，この章では位置 (座標) に q を使っているので，位置の演算子も q になります．これらの p と q を使って式 (6.55) のハミルトニアン H を書き直すと，次のようになります．

$$H = \frac{p^2}{2m} + \frac{1}{2}m\omega^2 q^2 \tag{6.56}$$

演算子 p の行列表示は式 (6.27) で表されるので，p^2 の行列表示は，式 (6.27) で表される p の行列を二乗して，次のようになります．

$$p^2 \to \left(\frac{\hbar m\omega}{2}\right) \begin{bmatrix} 1 & 0 & -\sqrt{2} & 0 & 0 & \cdots \\ 0 & 3 & 0 & -\sqrt{6} & 0 & \cdots \\ -\sqrt{2} & 0 & 5 & 0 & -\sqrt{12} & \cdots \\ 0 & -\sqrt{6} & 0 & 7 & 0 & \cdots \\ 0 & 0 & -\sqrt{12} & 0 & 9 & \cdots \\ \vdots & \vdots & \vdots & \vdots & \vdots & \ddots \end{bmatrix} \tag{6.57}$$

また，q^2 の行列は q の行列が式 (6.26) で表されるので，同様に次のようになります．

$$q^2 \to \frac{\hbar}{2m\omega}\begin{bmatrix} 1 & 0 & \sqrt{2} & 0 & 0 & \cdots \\ 0 & 3 & 0 & \sqrt{6} & 0 & \cdots \\ \sqrt{2} & 0 & 5 & 0 & \sqrt{12} & \cdots \\ 0 & \sqrt{6} & 0 & 7 & 0 & \cdots \\ 0 & 0 & \sqrt{12} & 0 & 9 & \cdots \\ \vdots & \vdots & \vdots & \vdots & \vdots & \ddots \end{bmatrix} \tag{6.58}$$

p^2 と q^2 の行列表示がわかったので，式 (6.56) を使ってハミルトニアン H の行列表示を求めることにし，まず，p^2 と q^2 の行列の前に掛かる係数のみ計算しておくことにすると，

$$p^2\text{の行列の係数} = \frac{1}{2m}\left(\frac{\hbar m\omega}{2}\right) = \frac{\hbar\omega}{4}$$

$$q^2\text{の行列の係数} = \frac{1}{2}m\omega^2\frac{\hbar}{2m\omega} = \frac{\hbar\omega}{4}$$

となって，p^2 と q^2 の行列の前に掛かる係数は共に $\hbar\omega/4$ になります．だから，式 (6.56) で表されるハミルトニアン H の行列表示は，p^2 と q^2 の式 (6.57) と式 (6.58) で表される行列の部分のみについて加えて，得られた行列の和に係数の $(\hbar\omega/4)$ を掛ければよいことがわかります．

これを実行して，式 (6.57) と式 (6.58) の行列部分の和に係数を掛けると，ハミルトニアン H の行列表示は，次のように求められます．

$$H \to \begin{bmatrix} \frac{1}{2}\hbar\omega & 0 & 0 & 0 & 0 & \cdots \\ 0 & \frac{3}{2}\hbar\omega & 0 & 0 & 0 & \cdots \\ 0 & 0 & \frac{5}{2}\hbar\omega & 0 & 0 & \cdots \\ 0 & 0 & 0 & \frac{7}{2}\hbar\omega & 0 & \cdots \\ 0 & 0 & 0 & 0 & \frac{9}{2}\hbar\omega & \cdots \\ \vdots & \vdots & \vdots & \vdots & \vdots & \ddots \end{bmatrix} \tag{6.59}$$

そして，波動方程式は次の式で表されるので，

$$H\psi = \varepsilon\psi \tag{6.60}$$

これにいま求めたハミルトニアン H と波動関数 ψ の行列表示を使うと，この波動方程式およびエネルギー ε_n は，行列を使って次のように表すことができます．

$$\begin{bmatrix} \frac{1}{2}\hbar\omega & 0 & 0 & 0 & 0 & \cdots \\ 0 & \frac{3}{2}\hbar\omega & 0 & 0 & 0 & \cdots \\ 0 & 0 & \frac{5}{2}\hbar\omega & 0 & 0 & \cdots \\ 0 & 0 & 0 & \frac{7}{2}\hbar\omega & 0 & \cdots \\ 0 & 0 & 0 & 0 & \frac{9}{2}\hbar\omega & \cdots \\ \vdots & \vdots & \vdots & \vdots & \vdots & \ddots \end{bmatrix} \begin{bmatrix} c_1 \\ c_2 \\ c_3 \\ c_4 \\ c_5 \\ \vdots \end{bmatrix} = \varepsilon_n \begin{bmatrix} c_1 \\ c_2 \\ c_3 \\ c_4 \\ c_5 \\ \vdots \end{bmatrix} \tag{6.61}$$

$$\varepsilon_n = \left(n + \frac{1}{2}\right)\hbar\omega \quad (n = 0, 1, 2, 3, \ldots) \tag{6.62}$$

ここでは，ハミルトニアン H の行列に式 (6.59) の行列を使って，すんなりと式 (6.62) の固有値 ε_n を求めることができたが，これはハミルトニアン H として式 (6.56) を用い，この式の p^2 と q^2 に式 (6.57) と式 (6.58) の行列を使っているからです．式 (6.57) と式 (6.58) の行列を使うことが，なぜこの演算で固有値が得られた理由になるかというと，これらの行列がボース演算子の b と b^+ から作られており，エルミート行列になっているからです．

3 章においてエルミート行列の行列要素の間には次の関係

$$a_{nm} = a_{mn}^* \tag{3.61}$$

が成り立っていると述べたが，式 (6.57) や式 (6.58) で表される p^2 と q^2 の行列の行列要素はすべて実数なので式 (3.61) の関係が自然と充たされています．

また，そもそも p^2 と q^2 の行列の行列要素が実数になっている原因は，p と q の行列が式 (6.27) や式 (6.26) で表され，エルミート行列になっているからです．チェックしておくと，q の行列は行列要素がすべて実数なのでこれは問題ありません．p の行列の式 (6.27) の行列には係数に虚数が掛っているので，行列要素が虚数になっていることになるが，これも次に示すようにエルミート行列になっています．

つまり，式 (6.27) の行列要素に係数の虚数を掛けると，行列は次のようになります．

$$\begin{bmatrix} 0 & -i & 0 & 0 & \cdots \\ i & 0 & -i\sqrt{2} & 0 & \cdots \\ 0 & i\sqrt{2} & 0 & -i\sqrt{3} & \cdots \\ 0 & 0 & i\sqrt{3} & 0 & \cdots \end{bmatrix} \tag{6.63a}$$

この行列に複素共役な行列の行列要素は i を $-i$ に書き直すと，次の式ができます．

$$\begin{bmatrix} 0 & i & 0 & 0 & \cdots \\ -i & 0 & i\sqrt{2} & 0 & \cdots \\ 0 & -i\sqrt{2} & 0 & i\sqrt{3} & \cdots \\ 0 & 0 & -i\sqrt{3} & 0 & \cdots \end{bmatrix} \tag{6.63b}$$

これらの式 (6.63a) と式 (6.63b) の行列要素を比べてみればわかるように，式 (6.63a) の行列要素を a_{nm} とし，式 (6.63b) の行列要素を a^*_{nm} とすると，$a_{23} = -i\sqrt{2}$，$a^*_{32} = -i\sqrt{2}$ となっていて，式 (3.61) のエルミート行列の条件を充たしていることがわかります．

しかし一般の物理量においては，ハミルトニアン H は必ずしもエルミート行列によって構成されているわけではないので，ハミルトニアンの対角化を行わない限り固有値を求めることはできません．また，波動関数の行列もここでは，式 (6.39) で表されるものを使ったが，一般にはハミルトニアン H が与えられるだけで，波動関数の正確な形はわかっていないのが普通です．そこで，波動関数の形を決めるためにはユニタリ変換という処理を行う必要があります．ユニタリ変換については内容が少し高度になり複雑になるので，ここでは説明を省略することにします．

演 習 問 題

6.1 ボース演算子 b と b^+ の行列は，お互いにエルミート共役な関係になっているが，このことを b と b^+ の行列を使って具体的に説明せよ．

6.2 位置 (座標) q の行列を使い，q の二乗の行列の係数以外の部分を具体的に演算して示せ．

6.3 式 (6.51) を演算すると式 (6.52) の連立方程式ができることを，具体的に演算して確かめよ．

Chapter 7

ディラック方程式

この章では電子の相対論的波動方程式であるディラック方程式をとりあげます．まず，相対性理論の基礎的な式について簡単な説明をした後，相対性理論を元にして最初に導かれた相対論的な波動方程式のクライン–ゴルドンの方程式を見てみます．

そして，このクライン–ゴルドンの方程式を元にしてディラックがディラック方程式を作り上げた経緯に注目し，彼が奇想天外なアイデアによってディラック方程式を導く道筋を見ていきます．最後に，ディラック方程式の誕生の過程で生まれたディラック行列に含まれるスピンや陽電子の姿を説明すると共に，負のエネルギーの粒子が支配する反粒子の世界も覗いてみることにします．

7.1 相対性理論から生まれたクライン–ゴルドンの方程式

本書においてここまで述べてきた量子力学の式では，高速で運動している粒子に対して相対性理論の要求は充たされていません．なぜこのような問題提起をするかというと，原子の中の電子は光の速度に近い，極めて速い速度で運動しているからです．だからこれまで使ってきた電子のシュレーディンガー方程式は，ある意味では仮のもの，ないしは近似的な式と言えるかもしれません．

ここでは，借り物ではない本物の電子の波動方程式を，電子の現実の姿 (高速運動状態) に則して考えていこうというわけです．さいわいディラック (図 7.1) が相対論的な電子の波動方程式であるディラック方程式を作り上げているので，ここではこれを紹介しながら相対論的な量子力学の誕生とこれによって生まれた新しい物理現象を見ていきます．

図 7.1　ディラック

▶相対性理論のイロハ

相対論的な波動方程式を考えるには，アインシュタインの相対性理論で使われた基礎的な式が必要なので，まずこれを見ておきましょう．アインシュタインの相対性理論によると，エネルギーと質量は等価で，いま，

◆ **補足 7.1 ローレンツ変換**

いま，静止座標系を K とし，この座標系 K に対して x 軸方向に等速度 v で運動している慣性系 (これを K' とします) があるとしましょう．このとき静止座標系 K の位置 (座標) と時間を x, y, z および t で表し，x 軸方向に等速度 v で運動している慣性系 K' のそれぞれの座標を x', y', z' および t' で表すとすると，運動している慣性系 K' の座標の x', y', z' および t' は，静止座標系 K の x, y, z および t を用いて，次のように表されます．

$$x' = \frac{(x - vt)}{\sqrt{1-\beta^2}}, \quad y' = y, \quad z' = z \tag{S7.1}$$

$$t' = \frac{t - v/c^2}{\sqrt{1-\beta^2}} \tag{S7.2}$$

静止している粒子の質量 (静止質量) を m_0 とすると，静止エネルギー E_0 は次の式で表されます．

$$E_0 = m_0 c^2 \tag{7.1}$$

ここで，c は光の速度 (光速) です．

また，相対性理論では補足 7.1 に示すローレンツ変換が使われるが，このローレンツ変換を使うと，速度が v で運動している粒子の質量 m は，次の式で与えられます．

$$m = \frac{m_0}{\sqrt{1-\beta^2}} \tag{7.2}$$

ここで，β は粒子の速度 v と光速 c の比で次の式で表されます．

$$\beta = \frac{v}{c} \tag{7.3}$$

したがって，速度 v で運動している粒子のエネルギー E は，式 (7.1) の m_0 の位置に式 (7.2) の運動している粒子の質量 m を代入して，次のようになります．

$$E = mc^2 = \frac{m_0 c^2}{\sqrt{1-\beta^2}} \tag{7.4}$$

また，式 (7.2) の質量 m を使うと，速度 v で運動している粒子の運動量 p は，次の式で表されることがわかります．

$$p = mv = \frac{m_0 v}{\sqrt{1-\beta^2}} \tag{7.5}$$

次に，式 (7.4) の関係を使うと，$1-\beta^2$ は次のようになります．

$$1 - \beta^2 = \frac{m_0^2 c^4}{E^2} \tag{7.6}$$

この式 (7.6) の $1-\beta^2$ と式 (7.5) を使うと，運動量の二乗の p^2 は次の式で表されます．

$$p^2 = \frac{m_0^2 v^2}{1-\beta^2} = \frac{v^2}{c^2} \cdot \frac{E^2}{c^2} \tag{7.7}$$

β^2 は式 (7.3) より v^2/c^2 だから，式 (7.6) の関係を使って，式 (7.7) より次の関係式が得られます．

$$\frac{v^2}{c^2} = 1 - \frac{m_0^2 c^4}{E^2} = \frac{E^2 - m_0^2 c^4}{E^2} \tag{7.8}$$

そして，この式 (7.8) を式 (7.7) に代入すると，次の式が得られます．

$$p^2 = \frac{E^2 - m_0^2 c^4}{c^2} \tag{7.9}$$

この式を変形すると，クライン-ゴルドンの方程式の元になる，次の関係式が得られます．

$$\frac{E^2}{c^2} - p^2 = m_0^2 c^2 \tag{7.10}$$

▶エネルギー E と運動量 p を演算子化するとクライン-ゴルドンの方程式が誕生

以上で一応準備が終わったので，次に高速度 v で運動している粒子の従うべき量子力学の波動方程式を作ることを考えます．それには式 (7.10) のエネルギー E^2 と p^2 を演算子化する必要があります．エネルギー E と運動量の二乗 p^2 の演算子は 1 章で示したように次の式で表されます．

$$E \to i\hbar \frac{\partial}{\partial t} \tag{1.38b}$$

$$p^2 \to -\hbar^2 \frac{\partial^2}{\partial x^2} \quad (1\text{ 次元表示}) \tag{1.36}$$

運動量の二乗の 3 次元表示は次のようになります．

$$p^2 \to -\hbar^2 \nabla^2 \tag{7.11}$$

また，エネルギーの二乗 E^2 の演算子は補足 7.2 に示すように，次の式で表されます．

$$(\varepsilon\text{を } E \text{ に読み替えて})\ E^2 \to -\hbar^2 \frac{\partial^2}{\partial t^2} \tag{7.12}$$

式 (7.11) および式 (S7.4) で表される p^2 と E^2 の演算子を使って，式 (7.10) の p^2 と E^2 をこれらの演算子に置き換えると，次の式が得られます．

$$-\frac{\hbar^2}{c^2}\frac{\partial^2}{\partial t^2} + \hbar^2 \nabla^2 = m_0^2 c^2 \tag{7.13}$$

この式 (7.13) の両辺に右から波動関数 $\Psi(\boldsymbol{r}, t)$ を掛けると，次の式が得られます．

◆ 補足 7.2　エネルギーの二乗 $E^2(\varepsilon^2)$ の演算子の求め方

1 章で行ったように，エネルギー E の二乗 E^2 の演算子は波動関数を使って求めます．波動関数 $\Psi(r,t)$ としては，1 章と同じように次の式を使います．

$$\Psi\left(r,t\right)=Ae^{i(px-\varepsilon t)/\hbar} \tag{1.26b}$$

1 章で示したように，$\Psi(r,t)$ を時間 t で偏微分すると次のようになります．

$$\frac{\partial\Psi\left(x,t\right)}{\partial t}=-\frac{i\varepsilon}{\hbar}\Psi\left(x,t\right) \tag{1.37}$$

ここで，$\Psi(r,t)$ を t でもう一度偏微分すると，$i^2=-1$ となるから，次の式が得られます．

$$\frac{\partial^2\Psi\left(x,t\right)}{\partial t^2}=-\frac{\varepsilon^2}{\hbar^2}\Psi\left(x,t\right) \tag{S7.3}$$

この式からエネルギーの二乗 ε^2 の演算子は，次の式で表されることがわかります．

$$\varepsilon^2\rightarrow-\hbar^2\frac{\partial^2}{\partial t^2} \tag{S7.4}$$

$$-\frac{\hbar^2}{c^2}\frac{\partial^2\Psi\left(\boldsymbol{r},t\right)}{\partial t^2}+\hbar^2\nabla^2\Psi\left(\boldsymbol{r},t\right)=m_0^2c^2\Psi\left(\boldsymbol{r},t\right) \tag{7.14a}$$

この式 (7.14a) の両辺を $-\hbar^2$ で割って整理すると，次のクライン-ゴルドンの方程式が得られるのです．

$$\frac{1}{c^2}\frac{\partial^2\Psi\left(\boldsymbol{r},t\right)}{\partial t^2}=\nabla^2\Psi\left(\boldsymbol{r},t\right)-\frac{m_0^2c^2}{\hbar^2}\Psi\left(\boldsymbol{r},t\right) \tag{7.14b}$$

このクライン-ゴルドンの方程式は相対性理論の基本的な式から導かれた波動方程式だから，相対論的波動方程式です．この相対論的波動方程式は $\Psi(\boldsymbol{r},t)$ が多粒子の場の演算子を表す場合などには量子力学の波動方程式として使うことができるのですが，1 個の電子の波動方程式に使える量子力学の波動方程式ではないことがわかっています．

なぜかというと，シュレーディンガー方程式では位置 (座標) x での微分は 2 階になっているが，時間 t による微分は 1 階になっています．ところがクライン-ゴルドンの方程式は時間 t についても 2 階微分になっています．

1 章の式 (1.53) に示したように，1 個の電子のエネルギー ε と運動量 p の関係は $\varepsilon=p^2/2m$ で表されるが，この式の両辺を演算子で表すと

$$i\hbar\frac{\partial}{\partial t}=-\frac{\hbar^2}{2m}\frac{\partial^2}{\partial x^2} \tag{7.15}$$

となって，時間 t の 1 階微分は位置 (座標) x の 2 階微分と比例関係にならないといけないからです．次節で示すように，(ディラックの挙げた理由は同じではないが) ディラックは電子の波動方程式は時間の偏微分は 1 階でなくてはいけないこ

とに注目して，電子の相対的な波動方程式を追求したと言われています．

ここで息抜きのために，クライン-ゴルドンの方程式を使って解かれた興味ある話題を紹介しておきます．というのは，日本に最初のノーベル賞をもたらした湯川秀樹は，クライン-ゴルドンの方程式を使って中間子の質量の大きさを見積もり，当時未知の粒子であった中間子の存在を予言したと伝えられているからです．

実は，式 (7.14b) のクライン-ゴルドンの方程式に使われている波動関数 $\Psi(\boldsymbol{r},t)$ が時間 t に依存しない場合には，波動関数 $\Psi(\boldsymbol{r},t)$ は位置 (座標) だけの関数 $\Psi(\boldsymbol{r})$ になるので，$\Psi(\boldsymbol{r})$ の時間 t による偏微分の項は 0 になります．したがって，式 (7.14b) は簡単に次のようになります．

$$\nabla^2\Psi(\boldsymbol{r}) - \frac{m_0^2c^2}{\hbar^2}\Psi(\boldsymbol{r}) = 0 \tag{7.16}$$

ここで，$m_0c/\hbar$ を記号 κ (カッパ) を使って，次のようにおくことにします．

$$\kappa = \frac{m_0c}{\hbar} \tag{7.17}$$

この κ を使うと，式 (7.16) は次のように書けます．

$$\nabla^2\Psi(\boldsymbol{r}) - \kappa^2\Psi(\boldsymbol{r}) = 0 \tag{7.18}$$

この微分方程式の特解は B を係数として次の式で与えられることがわかっています．

$$\Psi(\boldsymbol{r}) = \frac{Be^{-\kappa\boldsymbol{r}}}{\boldsymbol{r}} \tag{7.19}$$

この解の式 (7.19) は $\kappa\boldsymbol{r} = 1$ の条件が成り立つとき正しいことがわかります．実は，原子核の中で働く力 (核力) を生む粒子に対して式 (7.18) で表される波動方程式が適用できるとして，波動関数 $\Psi(\boldsymbol{r})$ の解が式 (7.19) の形で表されることを利用して，湯川 (図 7.2) は中間子の質量が，補足 7.3 に示すように，電子の質量の約 200 倍になることを見積もって，中間子の存在を予言したのです．

図 **7.2** 湯川秀樹

7.2 ディラック方程式—電子の相対論的波動方程式—

▶鬼才ディラックの奇想天外なアイデア

ディラックは電子に適用できる相対論的な波動方程式は，シュレーディンガー方程式と同じように波動関数は確率振幅の意味を持たなければならないので，時

◆ **補足 7.3　湯川による中間子の質量の見積もり**

湯川は当時未発見であった粒子の存在を予言して，この粒子の名前を中間子としたが，この名前の由来は，予言した粒子の質量が陽子と電子の中間の値を示すからでした．原子核の中には原子番号が大きくなると，多くの陽子が存在することになるので，陽子と陽子の間に大きなクーロン反発力が働きます．

もしも，原子核の中で働く力がクーロン力だけならば，原子核の中で (プラス電荷を持つ) 陽子同士が激しく反発し合って，原子核は破裂して分解してしまいます．多くの複数個の陽子を持つ原子核が分解しないで安定に存在するためには，陽子間に引力を生み出す働きをする粒子の存在が不可欠なのです．

湯川は引力の働きに寄与する未知の粒子が存在するはずだと考えたわけです．よく知られているように電荷を持つ二つの粒子の間で働くクーロン力 F は，二つの粒子の間の距離 r の二乗に反比例して $F \propto 1/r^2$ の式に従います (ポテンシャルエネルギーは $1/r$ に比例)．湯川は未知の粒子 (中間子) の場合には，この粒子による力 (引力) によって生じるポテンシャル (エネルギー) は式 (7.19) に示されるように $e^{-\kappa r}/r$ に比例する形になると考えたのです．

原子核の中で働く力である核力の場合は，力の及ぶ範囲は原子核の中だけなので極めて狭いと考えられます．原子核内における粒子間の距離 r は最大でも原子核の直径だから，この平均距離 r を原子核の半径にとると，$r \fallingdotseq 2 \times 10^{-15}\,\mathrm{m}$ となります．また，特解の式 (7.19) は，本文に書いたように，$\kappa r = 1$ の条件が成り立つとき正しいので，この条件を使って未知の粒子の質量 m_{m} を見積もってみることにします．

κ は式 (7.17) で表されるが，この式の m_0 を未知の粒子の質量の m_{m} に置き換えると，未知の粒子の質量 m_{m} は，$\kappa r = 1$ の関係から次の式で与えられます．

$$\frac{m_{\mathrm{m}} c}{\hbar} \times r = 1 \to m_{\mathrm{m}} = \frac{\hbar}{cr} \tag{S7.5}$$

この式 (S7.5) に $\hbar = 6.626 \times 10^{-34}\,\mathrm{J \cdot s}/2\pi$, $c = 3 \times 10^8\,\mathrm{m}$, $r = 2 \times 10^{-15}\,\mathrm{m}$ を代入して計算すると，未知の粒子の質量 m_{m} は約 $1.76 \times 10^{-28}\,\mathrm{kg}$ と予想できます．

電子の質量は $9.1 \times 10^{-31}\,\mathrm{kg}$ だから，これで未知の粒子の質量 m_{m} を割ると約 190 になるので，未知の粒子の質量は電子の約 200 倍ということになります．陽子の質量は $1.67 \times 10^{-27}\,\mathrm{kg}$ ですから，これは電子の約 1800 倍です．

以上の結果，確かに当時未知の粒子であった中間子の質量は電子と陽子の質量の中間の値であることがわかります．この後実際に宇宙線の中に発見された，湯川の予想した π 中間子の質量は電子の質量の約 270 倍でした．なお，原子核の半径の大きさを r とし，A を原子の質量数とすると，原子核の半径 r は $r = 1.2 \times 10^{-15}\,\mathrm{m} \times A^{1/3}$ で表されます．

間微分については1階微分でなければならないと考えました．そして，この条件を充たす電子の相対論的波動方程式がクライン-ゴルドンの方程式から，何とかして導けないかと常々考えていました．

具体的な検討を始めたディラックは，クライン-ゴルドンの方程式にあるナブラ二乗 ∇^2 を使った波動関数の位置 (座標) x による2階微分の項を，演算を行うために次のように書き換えました

$$\nabla^2 = \sum_{r=1,2,3} \frac{\partial^2}{\partial x_r^2} \tag{7.20}$$

この式 (7.20) の ∇^2 は $\partial^2/\partial x^2$, $\partial^2/\partial y^2$, $\partial^2/\partial z^2$ を使って書くのが普通だが，ここではディラックの進め方にしたがって，一般論的に式 (7.20) を使うことにしました．そうすると，式 (7.14b) のクライン-ゴルドンの方程式は次の式で表されます．

$$\left(\frac{1}{c^2}\frac{\partial^2}{\partial t^2} - \sum_{r=1,2,3} \frac{\partial^2}{\partial x_r^2} + \frac{m_0^2 c^2}{\hbar^2}\right)\Psi(\boldsymbol{r}, t) = 0 \tag{7.21}$$

ここで，ディラックは式 (7.21) を仮に因数分解したとすると得られるような，次の式を考えました．

$$\left(\frac{1}{c}\frac{\partial}{\partial t} - \sum_{r=1,2,3} \alpha_r \frac{\partial}{\partial x_r} + \frac{i\alpha_0 m_0 c}{\hbar}\right)\Psi(\boldsymbol{r}, t) = 0 \tag{7.22}$$

この式 (7.22) では，$r_1 = x$, $r_2 = y$, $r_3 = z$ などとなります．この式 (7.22) は時間 t については1階微分の式になっているので，ディラックはこの式 (7.22) が電子の相対論的波動方程式の候補になると考えました．

しかし，この式 (7.22) が電子の相対論的波動方程式になるためには，少なくとも，式 (7.22) の係数に使った α_r $(= \alpha_1, \alpha_2, \alpha_3)$ と α_0 の4個の未知数の値が決まらなければ話になりません．暗中模索したディラックは，式 (7.21) を因数分解したなら得られるような，もう一つの次の式に注目しました

$$\left(\frac{1}{c}\frac{\partial}{\partial t} + \sum_{r=1,2,3} \alpha_r \frac{\partial}{\partial x_r} - \frac{i\alpha_0 m_0 c}{\hbar}\right)\Psi(\boldsymbol{r}, t) = 0 \tag{7.23}$$

そしてこの式 (7.23) を式 (7.22) に掛けて得られる，次の式

$$\left(\frac{1}{c}\frac{\partial}{\partial t} - \sum_{r=1,2,3} \alpha_r \frac{\partial}{\partial x_r} + \frac{i\alpha_0 m_0 c}{\hbar}\right)\left(\frac{1}{c}\frac{\partial}{\partial t} + \sum_{r=1,2,3} \alpha_r \frac{\partial}{\partial x_r} - \frac{i\alpha_0 m_0 c}{\hbar}\right)\Psi(\boldsymbol{r}, t) = 0 \tag{7.24}$$

を作り，この式 (7.24) はクライン-ゴルドンの方程式に一致するべきであると考

えたのです.

式 (7.24) を演算すると，次の式が得られます.

$$\left(\frac{1}{c^2}\frac{\partial^2}{\partial t^2}+\sum_{r=1,2,3}\frac{\partial^2}{\partial x_r^2}-\sum_{r=1,2,3}(\alpha_\mu\alpha_\nu+\alpha_\nu\alpha_\mu)\frac{\partial^2}{\partial x_\mu\partial x_\nu}+\frac{\alpha_0^2 m_0^2 c^2}{\hbar^2}\right)\Psi(\boldsymbol{r},t)=0 \tag{7.25}$$

この式がクライン-ゴルドンの方程式 (7.14b) と一致するためには，係数の α_r に関して，次の関係式が成り立つ必要があることがわかります.

$$\alpha_\mu^2=1 \quad (\mu=0,1,2,3 \text{ に対して})$$
$$\alpha_\mu\alpha_\nu+\alpha_\nu\alpha_\mu=0 \quad (\mu\neq\nu,\mu,\nu=0,1,2,3 \text{ に対して}) \tag{7.26}$$

ここでディラックは再び難問に遭遇してしまいました．というのは，式 (7.26) を満足するような $\alpha_\mu(=\alpha_0,\ \alpha_1,\ \alpha_2,\ \alpha_3)$ の値はいくら探しても見つからないのです．これはある意味では当然で，式 (7.26) の関係式を充たすような α_μ の解は，普通の数値には元々存在しないのです．だから，ディラックでなくても誰が探しても解は見つからないのです.

普通の人なら，ここで式 (7.26) を充たす α_μ の解を求めることを諦めたことでしょう．しかし，電子の相対論的波動方程式の発見に執念を燃やしていたディラックは決して諦めませんでした．鬼才といわれたディラックは発想を飛躍させました．「普通の数値がだめなら，普通でない解を探せばよかろう！」

ディラックの執念は実り，ディラックは α_μ の解が次に示す，行列で表されることを発見したのです.

$$\alpha_0=\begin{bmatrix}1&0&0&0\\0&1&0&0\\0&0&-1&0\\0&0&0&-1\end{bmatrix},\quad \alpha_1=\begin{bmatrix}0&0&0&1\\0&0&1&0\\0&1&0&0\\1&0&0&0\end{bmatrix}, \tag{7.27a}$$

$$\alpha_2=\begin{bmatrix}0&0&0&-i\\0&0&i&0\\0&-i&0&0\\i&0&0&0\end{bmatrix},\quad \alpha_3=\begin{bmatrix}0&0&1&0\\0&0&0&-1\\1&0&0&0\\0&-1&0&0\end{bmatrix} \tag{7.27b}$$

これらの $\alpha_0,\alpha_1,\alpha_2,\alpha_3$ の行列は，この後ディラック行列と呼ばれるようになります.

以上で，ディラックが電子の相対論的波動方程式の候補とした式 (7.22) の係数 α_r と α_0 が決まったので，式 (7.22) を正式の電子の波動方程式になるように整備しましょう．式 (7.22) の両辺に $ic\hbar$ を掛けて式を整えると，次の式が得られます.

$$\left(-ic\hbar\sum_{r=1,2,3}\alpha_r\frac{\partial}{\partial x_r}+\alpha_0 m_0 c^2\right)\Psi(r,t)=i\hbar\frac{\partial\Psi(r,t)}{\partial t} \tag{7.28}$$

こうして生まれた式 (7.28) が電子に対する相対論的波動方程式です．この式は 1928 年に発見されたのですが，こののちディラック方程式とよばれるようになる有名な式です．

次に，こうして難産の末に得られた式 (7.28) のディラック方程式がどういう内容の物理を含んでいるかを調べてみましょう．この式 (7.28) は左辺の括弧 (　) の中の式をハミルトニアンと考えるとシュレーディンガー方程式とよく似ています．そこで括弧 (　) の中の式を，いま仮に記号 H_{D} を使って次のようにおいてみることにします．

$$H_{\mathrm{D}}=-ic\hbar\sum_{r=1,2,3}\alpha_r\frac{\partial}{\partial x_r}+\alpha_0 m_0 c^2 \tag{7.29}$$

この H_{D} を使うと，式 (7.28) は次のように表すことができます．

$$H_{\mathrm{D}}\Psi(r,t)=i\hbar\frac{\partial\Psi(r,t)}{\partial t} \tag{7.30}$$

確かに形の上では，式 (7.30) はシュレーディンガー方程式と同じ形をしています．しかし，この式の H_{D} は式 (7.29) で表されるものなので，シュレーディンガー方程式のハミルトニアン H とは全く異なっています．だから，式 (7.30) はシュレーディンガー方程式とは異なる種類の波動方程式であることに注意すべきです．

しかし，ディラック方程式の式 (7.29) で表される H_{D} が 4 行 4 列の行列を含む意味を考えると，波動関数 $\Psi(r,t)$ が 4 個の成分の和になっていて，ディラック方程式の波動関数 $\Psi(r,t)$ は次のように，4 行 1 列の縦行列で表されることを示しています．

$$\Psi(r,t)\rightarrow\begin{bmatrix}\Psi_1(r,t)\\\Psi_2(r,t)\\\Psi_3(r,t)\\\Psi_4(r,t)\end{bmatrix} \tag{7.31}$$

そしてディラック方程式の H_{D} は式 (7.29) で表されるので，この式の $\alpha_r(=\alpha_0,$ α_1, α_2, $\alpha_3)$ に式 (7.27a,b) で表されるこれらのディラック行列を代入して，各行列要素を加えることによって，式 (7.30) は行列を使って表されることがわかります．以上の演算を行って，ディラック方程式を使った式 (7.30) の波動方程式 $\{H_{\mathrm{D}}\Psi(r,t)=i\hbar\partial\Psi(r,t)/\partial t\}$ を，行列を使って書くと次のようになります．

$$\begin{bmatrix} m_0c^2 & 0 & -ic\hbar\frac{\partial}{\partial x_3} & \frac{c\hbar}{i}\left(\frac{\partial}{\partial x_1}-i\frac{\partial}{\partial x_2}\right) \\ 0 & m_0c^2 & \frac{c\hbar}{i}\left(\frac{\partial}{\partial x_1}+i\frac{\partial}{\partial x_2}\right) & ic\hbar\frac{\partial}{\partial x_3} \\ -ic\hbar\frac{\partial}{\partial x_3} & \frac{c\hbar}{i}\left(\frac{\partial}{\partial x_1}-i\frac{\partial}{\partial x_2}\right) & -m_0c^2 & 0 \\ \frac{c\hbar}{i}\left(\frac{\partial}{\partial x_1}+i\frac{\partial}{\partial x_2}\right) & ic\hbar\frac{\partial}{\partial x_3} & 0 & -m_0c^2 \end{bmatrix}\begin{bmatrix} \Psi_1 \\ \Psi_2 \\ \Psi_3 \\ \Psi_4 \end{bmatrix}=\begin{bmatrix} i\hbar\frac{\partial\Psi_1}{\partial t} \\ i\hbar\frac{\partial\Psi_2}{\partial t} \\ i\hbar\frac{\partial\Psi_3}{\partial t} \\ i\hbar\frac{\partial\Psi_4}{\partial t} \end{bmatrix} \tag{7.32}$$

この式 (7.32) を行列の演算を行って整理すると 4 個の方程式ができます．これらの 4 個の方程式を連立方程式とみなして解くと，波動関数 $\Psi_1, \Psi_2, \Psi_3, \Psi_4$ が求まります．ディラックはこれらの波動関数 Ψ_r $(r = 1 \sim 4)$ が電子の相対論的な波動関数で，電子の状態はこれらの波動関数によって表されていると考えました．

波動関数が 4 個あるのだから，電子は 4 種類の性質を持つことになります．このことから，少し飛躍するが 4 個のディラック行列の中の二つはスピンの異なる 2 個の電子に関係する項だと考えられます．すると，式 (7.27a,b) で表されるディラック行列の中にスピンを表す行列要素が含まれているはずです．では 4 個のディラック行列の中の残りの 2 個の行列は何を表すのでしょうか？　これについては次の節で考えることにします．

7.3 ディラック行列に含まれるパウリ行列と負のエネルギーを持つ粒子

▶ディラック方程式の発見によって電子の正体が正式に解明された

スピンの行列表示については，ディラックがディラック方程式を発見する前に，パウリがすでに発見していました．本書にはこれまで述べなかったが，パウリはスピンを s とし，パウリ行列を σ (ギリシャ文字のシグマ) とすると，スピン s は次の式で表すことができるとしました．

$$s = \frac{1}{2}\hbar\sigma \tag{7.33}$$

そして，シグマ (σ) 行列の x, y, z 成分はそれぞれ次の式で表されます．

$$\sigma_x = \begin{bmatrix} 0 & 1 \\ 1 & 0 \end{bmatrix} \quad \sigma_y = \begin{bmatrix} 0 & -i \\ i & 0 \end{bmatrix} \quad \sigma_z = \begin{bmatrix} 1 & 0 \\ 0 & -1 \end{bmatrix} \tag{7.34}$$

ここで，式 (7.27a,b) のディラック行列の行列要素を見ると，行列 α_1 の中に σ_x が含まれ，行列 α_2 の中に σ_y が，行列 α_3 の中に σ_z が含まれているのがわかります．しかもよく見ると，2 個ずつ含まれています．ですから，ディラック行列はパウリ行列で構成されているとも言えます．

実は，単位行列 I のほかに，すべての行列要素が 0 で構成されているゼロ行列があります．ゼロ行列は記号として O が使われるので，これを使って表すと次のようになります．

$$O=\begin{bmatrix}0&0\\0&0\end{bmatrix}\quad I=\begin{bmatrix}1&0\\0&1\end{bmatrix}\tag{7.35}$$

式 (7.34) のパウリ行列と式 (7.35) に示したゼロ行列 O および単位行列 I を使うと，式 (7.27a,b) で表されるディラック行列 $\alpha_0, \alpha_1, \alpha_2, \alpha_3$ の各行列は，次のようになります．

$$\alpha_0=\begin{bmatrix}I&O\\O&-I\end{bmatrix}\quad \alpha_1=\begin{bmatrix}O&\sigma_x\\\sigma_x&O\end{bmatrix}\tag{7.36a}$$

$$\alpha_2=\begin{bmatrix}O&\sigma_y\\\sigma_y&O\end{bmatrix}\quad \alpha_3=\begin{bmatrix}O&\sigma_z\\\sigma_x&O\end{bmatrix}\tag{7.36b}$$

よく知られているように，電子は電荷と質量が同じで，すべての電子は一見同じように見えます．しかし，電子には 2 種類のものが存在することは，以前から，つまりディラックが電子の相対論的波動方程式を発見する前から，実験事実によってわかっていました．しかし，電子に 2 種類あることが理論的に明らかになったのは，ここで紹介したディラック方程式という電子の相対論的波動方程式の発見によるのです．

というのは，ディラックによる 4 個のディラック行列の発見によって，電子には 4 成分があり，その内の 2 個がこれまで知られているスピンの異なる電子であり，残りの 2 個がこの後示すように，陽電子であることがわかったのです．そして，電子が 2 個存在するわけは，電子が 2 種類のスピンを持つことによることも，このディラック行列の発見によって，初めて理論的に明らかになったことです．

電子の正体についての理論的な解明がこのように遅れた大きな原因は，原子の中の電子は高速で運動しているにもかかわらず，電子の従う波動方程式として，これまでシュレーディンガー方程式を使ってきたからです．というのは，従来のシュレーディンガー方程式では電子が高速で運動していることは，全く考慮されていないからです．ディラックが電子の高速運動を考慮して電子の相対論的波動方程式を立ち上げたからこそ，電子の謎が正式に解けたと言えるでしょう．

▶ディラック方程式から生まれた魔法使いも驚く反粒子

さて次は，残り 2 個の電子の成分の内容ですが，式 (7.32) を見ると，電子のエネルギーとして m_0c^2 と $-m_0c^2$ があることに気づきます．m_0c^2 は電子の静止質量 m_0 に光速 c を掛けたものだから，これは式 (7.1) に示す電子の静止エネルギー E_0 です．電子のエネルギーだからこのエネルギーは当然正の値を示すはずです．

しかし，$-m_0c^2$ も電子の静止エネルギーのはずなのに，このエネルギーはなぜか負のエネルギーになっています．これは一体何のエネルギーを表しているのでしょうか？

$-m_0c^2$ はともかくエネルギーを表すから，これを E_p で表すことにすると，$E_p = -m_0c^2$ となり，エネルギー E_p の値は負になります．ですからこの E_p を持つ粒子は奇妙な粒子で，これまでの物理学の世界には存在したことのない負のエネルギーを持つ粒子です．

古典物理学では，数式を使って物理現象の問題を解いたときに，負のエネルギーを示す解が現れたときには，これは現実にはありえないものとして解から除外するのが普通です．しかし，量子力学ではエネルギーはとびとびの値を示すものだから，m_0c^2 のエネルギーの下の準位のエネルギーとして，$-m_0c^2$ のエネルギーが存在しても不思議ではありません．だから，負のエネルギーだからと言って，物理的なきちんとした根拠もなく，簡単に $-m_0c^2$ のエネルギーを排除することはできません．

もしも，電子のエネルギー m_0c^2 の下にエネルギーの値が $-m_0c^2$ のエネルギー準位があるとすると，エネルギー差，これをエネルギーギャップと呼ぶと，エネルギーギャップは $2m_0c^2$ となるから，図に描くと，図 7.3 に示すようになります．粒子のエネルギーについてこのようなエネルギー状態が存在することは，これまでに述べたことからも量子力学の世界では必ずしも不自然だとは言えません．

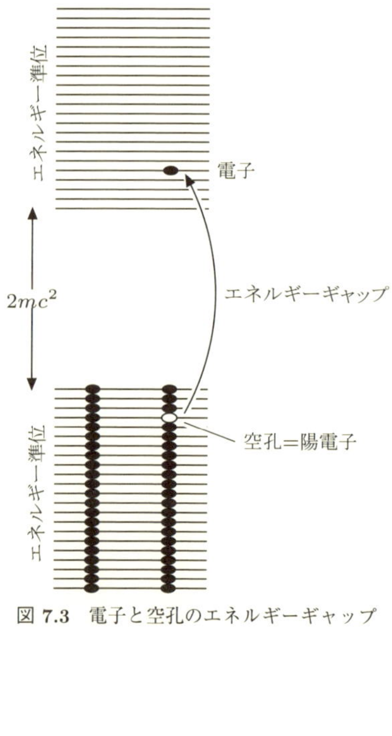

図 7.3　電子と空孔のエネルギーギャップ

それに，物理状態としてはエネルギーの低い方が安定な状態だから，考え方によっては，多くの電子が負のエネルギーを持つことは，その物理系はエネルギー的にはより安定なわけで，不自然なことではありません．このように考えると，エネルギーの高い正のエネルギーの電子が多く存在することの方が物理系としては不思議であるともいえるくらいです．

こうした議論の中で，負のエネルギー

を持つ粒子の問題を解決するためにディラックは1930年に空孔理論を発表しました．この空孔理論によると，私たちが真空だと考えている状態は，負のエネルギーの電子で完全に充たされた状態だというのです．そして，ディラックによると，このほかに余分の正のエネルギーを持った電子が存在していて，これらの余分の電子が普通の電子だというのです．

真空の状態を充たしている負のエネルギーが1個欠けると，その場所に図7.3に示すように負のエネルギーの存在しない空 (から) の状態ができます．つまり，負のエネルギーの中に1個の空の穴，すなわち空孔が生じます．この空孔は負のエネルギーを持つ粒子として観測されるはずだというのです．

これが，ディラック方程式に現れる負のエネルギー $-m_0c^2$ を持つ粒子の正体であり，これはプラスの電荷を持つはずで陽電子である，というわけです (ここでは，煩雑な議論を避けるために，簡単に陽電子を持ちこんだが，ディラックは最初これを陽子と考えたようです．しかし，矛盾が出てきて後で修正しています)．

そして，陽電子 (ポジトロン positron) は電子と同じようにスピンを持ち，陽電子のスピン s は電子と同じく1/2です．実は，ディラック行列には，式 (7.36a,b) に示す行列を見ればわかるように，スピンを示すパウリ行列の成分 σ_x, σ_y, σ_z が2個ずつ含まれています．各パウリ行列 σ_x, σ_y, σ_z の成分において，2個の中の1個ずつは電子のスピン行列を，残りの1個ずつは陽電子のスピン行列を表しているのです．

以上の議論から考えると，陽電子は理論的に数式から生まれたものであって，現実に存在する粒子とは無関係に思われるが，自然は不思議に満ちています．この陽電子が1932年に宇宙線の中に発見されたのです．発見者はC. D. Andersonです．そして，陽電子は電子に遭遇すると電子と対になって消滅することもわかってきました．

正のエネルギーの電子と負のエネルギーの陽電子が対になって消滅する現象は対消滅と呼ばれます．対消滅が起こるとガンマ線 (γ 線) が発生します．つまり，対消滅では電子と陽電子という二つの正負のエネルギーを持つ粒子が合体して γ 線を放出します．

以上に述べた陽電子の存在を知った上で，ディラック行列を改めて眺めると次のようになります．つまり，ディラック方程式から作られた行列の式 (7.32) を見ると，2個の負のエネルギーがあるが，これらは共に陽電子のエネルギーのものであり，2個存在するのはスピンの異なる陽電子が存在していることを表しています．

これから先の議論は場の量子論で扱われる素粒子論の話になるので，お話だけにとどめるが，電子に対する陽電子のように二つの粒子の間で対消滅を起こすような粒子はお互いに反粒子の関係にあります．だから，電子は陽電子の反粒子で，陽電子は電子の反粒子です．私たちは自分の世界を中心に考えるので，普通は陽電子が電子の反粒子と呼ばれます．

実はディラック方程式に従う粒子は必ず反粒子を持っていると言われています．しかもスピン 1/2 の (高速で運動する) 相対論的な自由粒子はすべてディラック方程式に従うわけだから，陽子や中性子をはじめほとんどすべてのフェルミ粒子は，つまり物質を構成する粒子はすべて反粒子を持つことになります．粒子は反粒子と出会うと対消滅を起こすから，粒子も反粒子も消えてなくなります．つまりすべての粒子がなくなってしまうことが起こりうるので，反粒子はある意味では恐ろしい粒子です．

この宇宙のどこかに反粒子ばかりでできている星雲が存在しているかもしれません．もしも，こうした星雲が近づいてきて，私たちの住んでいる宇宙，つまり粒子で構成されている星雲と衝突を起こせば物凄い対消滅が起こって，太陽も地球も一瞬の内に姿を消して莫大なエネルギーになってしまいます．このようなことが絶対に起こらないという保証はないようです．

量子力学の世界は不思議な世界で，知れば知るほど，なお知りたいと思うような好奇心をそそる話が次から次へと出てきて，興味の尽きない面白い世界だということがわかります．

演 習 問 題

7.1　電子の運動速度 v が光の速度 c の 90%，および 99.9%になると，電子の質量 m は静止質量 m_0 の何倍になるか？

7.2　中間子の働きによって生じる核力によるポテンシャル (エネルギー) を U_1 とすると，U_1 は本文の式 (7.19) を参照して，κ を $\kappa = m_0 c/\hbar$ として，次の式に従うことがわかっている．

$$U_1 \propto \frac{e^{-\kappa \boldsymbol{r}}}{\boldsymbol{r}} \tag{M7.1}$$

一方，クーロン力によるポテンシャルはこれを U_2 とすると，U_2 は二つの電荷 q_1 と q_2 の積 $q_1 q_2$ に比例し，距離 $\boldsymbol{r}$ の逆数に反比例して，次の式で表される．

$$U_2 = \frac{q_1 \cdot q_2}{\boldsymbol{r}} \tag{M7.2}$$

クーロン力によるポテンシャルを表す式 (M7.2) には式 (M7.1) に含まれる指数関

数の項がないので，力の働きに関与する (中間子のような) 粒子の質量は関係ないことがわかる．

それと同時に，中間子の関与する核力の場合には，中間子の質量によって力の及ぶ範囲が非常に狭く (小さく) なって，力の及ぶ範囲は原子核の内部に限られている．クーロン力の場合にはこの点はどのようになっていると考えられるか？

7.3 スピン s はパウリ行列の σ 行列を使って $s = (1/2)\hbar\sigma$ で表され，パウリ行列の各成分は次の式で表される．

$$\sigma_x = \begin{bmatrix} 0 & 1 \\ 1 & 0 \end{bmatrix} \quad \sigma_y = \begin{bmatrix} 0 & -i \\ i & 0 \end{bmatrix} \quad \sigma_z = \begin{bmatrix} 1 & 0 \\ 0 & -1 \end{bmatrix}$$

そして，スピンの各成分 s_x, s_y, s_z の間には，次の式で表される交換関係が成り立つ．このことを具体的に演算して確認せよ．

$$[s_x, s_y] = i\hbar s_z$$

ここで，$[s_x, s_y] = s_{xsy} - s_y s_x$ とせよ．

演習問題の解答

1　章

1.1　波長 λ，振動数 ν，および光速度 c の間の関係 $\lambda\nu = c$，および $\varepsilon = h\nu$ の関係を使って計算すると，紫色と赤色の場合，振動数 ν とエネルギー ε は，それぞれ次のようになる．

紫色 (400 nm) のとき：$\nu = (3 \times 10^8 \mathrm{m/s})/(400 \times 10^{-9}\mathrm{m}) = 7.5 \times 10^{14}\mathrm{s}^{-1}$

$$\varepsilon = h\nu = 6.63 \times 10^{-34}\mathrm{J \cdot s} \times 7.5 \times 10^{14}\mathrm{s}^{-1} = 4.97 \times 10^{-19}\mathrm{J}$$

赤色 (700 nm) のとき：$\nu = (3 \times 10^8 \mathrm{m/s})/(700 \times 10^{-9}\mathrm{m}) = 4.29 \times 10^{14}\mathrm{s}^{-1}$

$$\varepsilon = h\nu = 6.63 \times 10^{-34}\mathrm{J \cdot s} \times 4.29 \times 10^{14}\mathrm{s}^{-1} = 2.84 \times 10^{-19}\mathrm{J}$$

1.2　式 (S1.5) の分子と分母の級数の和を積分に直すと，それぞれ次のようになる．

$$\text{分子：}\sum_0^\infty nEe^{-nE\beta} \to \int_0^\infty Ee^{-E\beta}\mathrm{d}E, \quad \text{分母：}\sum_0^\infty e^{-nE\beta} \to \int_0^\infty e^{-E\beta}\mathrm{d}E$$

分子の積分を，部分積分を使って計算すると，次のようになる．

$$\int_0^\infty Ee^{-E\beta}\mathrm{d}E = \left[-\frac{Ee^{-E\beta}}{\beta}\right]_0^\infty + \int_0^\infty \frac{e^{-E\beta}}{\beta}\mathrm{d}E = 0 + \left[-\frac{e^{-E\beta}}{\beta^2}\right]_0^\infty = \frac{1}{\beta^2}$$

また，分母を計算すると次のようになる．

$$\int_0^\infty e^{-E\beta}\mathrm{d}E = \left[-\frac{e^{-E\beta}}{\beta}\right]_0^\infty = \frac{1}{\beta}$$

ゆえに平均エネルギー $\langle E\rangle$ は $1/\beta$ になるが $\beta = 1/k_\mathrm{B}T$ なので，平均エネルギー $\langle E\rangle$ は $k_\mathrm{B}T$ と得られる．だから，$\langle E\rangle$ に係数 $(8\pi\nu^2/c^3)$ を掛けるとレイリー-ジーンズの式に一致する式になる．

つまり，光のエネルギーをとびとびのエネルギーとして級数を使って計算しても，計算の途中でエネルギーが連続であるとする近似を使うことは許されず，このような近似計算を行うと古典物理学の古い式に戻ってしまう．この結果は，光のエネルギーは計算の途中においても，とびとびとして扱わなければならないことを表していると言える．

1.3　運動エネルギー ε は x, y, z の 3 成分を持っているので，これらのエネルギーの和になり $\varepsilon = (p_x^2 + p_y^2 + p_z^2)/2m$ となる．するとエネルギーの曖昧さの $\Delta\varepsilon$ は，この 3 成分の運動量で表される ε と運動量の x 成分を使って，次の式で表される．

$$\Delta\varepsilon = \frac{\partial\varepsilon}{\partial p_x}\Delta p_x = \frac{2p_x}{2m}\Delta p_x = \frac{p_x}{m}\Delta p_x = v_x\Delta p_x$$

だから，$\Delta\varepsilon\Delta t = v_x\Delta p_x\Delta t = (\Delta x/\Delta t)\Delta p_x\Delta t = \Delta x\Delta p_x$ となるので，$\Delta\varepsilon\Delta t = \Delta x\Delta p_x$ の関係が得られ，次のエネルギーと ε と時間 t の間の不確定性関係が得られる．

$$\Delta\varepsilon\Delta t \gtrsim h \tag{MS1.1}$$

1.4 波長 λ が 150 nm の光のエネルギー ε_c は，$\varepsilon_c = h\nu$, $h\nu = c$ および $1\,\mathrm{eV} = 1.6\times10^{-19}\mathrm{J}$ の関係を使って計算できるので，光電効果によって金属表面から放出される電子の最大エネルギー E_e は，次のように計算できる．まず光のエネルギー ε_c は次のようになる．

$$\nu = \frac{c}{\lambda} = \frac{(3\times10^8\mathrm{m/s})}{(150\times10^{-9}\mathrm{m})} = 2\times10^{15}\mathrm{s}^{-1},$$

$$\varepsilon_c = h\nu = 6.63\times10^{-34}\mathrm{J\cdot s}\times2\times10^{15}\mathrm{s}^{-1} = 1.33\times10^{-18}\mathrm{J},$$

$$\therefore \varepsilon_c = 1.33\times10^{-18}\mathrm{J}\times6.25\times10^{18}\,\mathrm{eV/J} = 8.31\,\mathrm{eV}$$

放出される電子の最大エネルギー $E_e = \varepsilon_c - \phi_W = 8.31\,\mathrm{eV} - 5.02\,\mathrm{eV} = 3.29\,\mathrm{eV}$

1.5 電圧 (差)150 V を使って加速された電子のド・ブロイ波長を λ とすると，λ は次のように計算できる．まず，電気エネルギーは電子の運動エネルギーになるので，電子の運動量 p，そして電子のド・ブロイ波長 λ は，次のように計算できる．ただし，電子の質量 m は $m = 9.1\times10^{-31}$ kg，$1\,\mathrm{eV} = 1.6\times10^{-19}$ J を使用する．ここで，単位の J は $\mathrm{J} = \mathrm{kgm^2/s^2}$ なので $p^2/2m = 150\,\mathrm{eV}$ の関係より，p と λ は次のように計算できる．

$$p = \sqrt{300m\,\mathrm{eV}} = \sqrt{300\times9.1\times10^{-31}\,\mathrm{kg}\times1.6\times10^{-19}\mathrm{J}} = 66.1\times10^{-25}\mathrm{kgm/s}$$

$$\lambda = \frac{h}{p} = \frac{6.63\times10^{-34}\mathrm{J\cdot s}}{66.1\times10^{-25}\mathrm{kgm/s}} = 1.00\times10^{-10}\mathrm{m}$$

1.6 まず，$Af(x)$ は，$Af(x) = \mathrm{d}^2(e^{ix+x})/\mathrm{d}x^2 = (i+1)^2(e^{ix+x})$，$Af^*(x)$ は $Af^*(x) = \mathrm{d}^2(e^{-ix+x})/\mathrm{d}x^2 = (-i+1)^2(e^{-ix+x})$ となるので，被積分項はそれぞれ次のようになる．

$$f^*(x)\,Af(x) = e^{-ix+x}\times(i+1)^2\left(e^{ix+x}\right) = 2ie^{2x},$$

$$f(x)\,Af^*(x) = e^{ix+x}\times(-i+1)^2\left(e^{-ix+x}\right) = -2ie^{2x}$$

これらを x で積分すると，それぞれ次のように計算できる．

$$\int f^*(x)\,Af(x)\,\mathrm{d}x = ie^{2x}, \quad \int f(x)\,Af^*(x)\,\mathrm{d}x = -ie^{2x}$$

1.7 $U(x,t)$ を x で 1 階偏微分すると $\partial U(x,t)/\partial t = (i2\pi/\lambda)U(x,t)$ となるので，2 階偏微分すると $\partial^2U(x,t)/\partial x^2 = (i2\pi/\lambda)^2U(x,t) = (-4\pi^2/\lambda^2)U(x,t)$ となる．また，$U(x,t)$ を t で 1 階偏微分すると $\partial U(x,t)/\partial t = (-i2\pi\nu)U(x,t)$ となるので，2 階偏微分すると $\partial^2U(x,t)/\partial t^2 = (-i2\pi\nu)^2U(x,t) = -4\pi^2\nu^2U(x,t)$ となる．$\lambda\nu = v$ の関係を使うと，$\partial^2U(x,t)/\partial x^2$ と $\partial^2U(x,t)/\partial t^2$ の間に，次の古典論の波動方程式の関係が成り立つことがわかる．

$$\frac{\partial^2 U(x,t)}{\partial x^2} = \frac{1}{v^2}\frac{\partial^2 U(x,t)}{\partial t^2} \tag{1.48}$$

一方，量子論では波動関数 $\Psi(x,t)$ は係数 A を除くと $e^{i(px-\varepsilon t)/\hbar}$ であるから，x による 1 階偏微分は $\partial\psi(x,t)/\partial x = (ip/\hbar)\psi(x,t)$ となるので，2 階偏微分は $\partial^2\psi(x,t)/\partial x^2 = -(p^2/\hbar^2)\psi(x,t)$ となる．また，t による 1 階偏微分は $\partial\psi(x,t)/\partial t = (-i\varepsilon/\hbar)\psi(x,t)$ となるので，$\partial^2\Psi(x,t)/\partial x^2 = (-p^2/\hbar^2)\psi(x,t)$ と $\partial\Psi(x,t)/\partial t = (-i\varepsilon/\hbar)\psi(x,t)$ を式 (1.55b) に代入すると，次の関係が得られる．

$$\frac{p^2}{2m} = \varepsilon \tag{MS1.2}$$

古典物理学の波動方程式では時間微分が 2 階微分であり，量子論では 1 階微分であることが二つの波動方程式の大きな違いである．そして，古典物理学の波動方程式では $\lambda\nu = v$ のように波長と振動数と速度の間に純粋な波の関係が成立するのに対して，量子論の波動方程式からは，運動量 p とエネルギー ε というような粒子と波の両方の要素が関わる成分の関係が得られている．このことから量子論と古典物理学の波動方程式は全く異なった方程式であることがわかる．

1.8 ハミルトニアン $H = p^2/2m$ は，はっきりと演算子の形で表すと $H = -(1/2m)\hbar^2\partial^2/\partial x^2$ と書けるので，波動関数 $\Phi(x)(= e^{ipx/\hbar})$ にハミルトニアン H を作用させると，次の式ができる．

$$-\frac{1}{2m}\hbar^2\frac{\partial^2}{\partial x^2}e^{ipx/\hbar} = -\frac{\hbar^2}{2m}\left(-\frac{p^2}{\hbar^2}\right)e^{ipx/\hbar} = \varepsilon e^{ipx/\hbar}$$

すなわち，$H\Phi(x) = \varepsilon\Phi(x)$ の関係が得られる．これが求める波動方程式であり，この波動方程式は時間 t に依存しないので定常状態の波動方程式である．だから，この波動方程式は粒子の定常状態を表している．

1.9 題意のハミルトニアン $H(= \mathrm{d}^2/\mathrm{d}x^2)$ を波動関数 $\psi(x)(= e^{kx})$ に作用させると，次の波動方程式ができる．

$$\frac{\mathrm{d}^2}{\mathrm{d}x^2}e^{kx} = k^2e^{kx}$$

この波動方程式は，$H\psi(x) = k^2\psi(x)$ という形になるが，k は定数なので $k^2 = C$ (定数) とおくと，この波動方程式は，$H\psi(x) = C\psi(x)$ となる．この方程式は「演算子 H を関数 $\psi(x)$ に作用させると，関数 $\psi(x)$ の定数倍の関数が得られる関係を表す式を固有値方程式という」という固有値方程式の定義にあっている．

2 章

2.1 普通に考えられている井戸型ポテンシャルの井戸の範囲は非常に狭い範囲に限られていて，ポテンシャル井戸の 1 辺の長さは 1×10^{-10} m 程度から大きくてもこれの数十倍程度である．しかし，物質の場合には物質の小さい粒で考えても，井戸型ポテンシャルの 1 辺の長さは 1×10^{-6} m 程度の幅になり極めて大きい．

電子のエネルギーに現れるとびの大きさは，電子の閉じ込められたポテンシャル井戸の幅の二乗に反比例するので，この幅の大きい物質の中の電子のエネルギーのとびの値は極めて小さいものになる．このため，一般にはエネルギーのとびはあまり言われないのである．

2.2 水素原子の中の電子に対しては，原子核の中にある陽子の強いクーロン引力が働いているが，この電子と陽子の間に働くクーロン引力は電子に対するポテンシャル・エネルギーとして働く．そして，このポテンシャル・エネルギーは負の値のために原子の中心ではその値が極めて小さく (絶対値は大きい)，原子の中心から原子半径程度離れた位置では 0 に近い小さい値になっているのでエネルギー障壁は深い井戸になっている．

だから，水素原子の中の電子は一種の井戸型ポテンシャルの中にあることになる．つまり，水素原子の中の電子は 1 辺の長さが原子の直径 ($\sim 1 \times 10^{-10}$ m) 程度の極めて狭いポテンシャル井戸の中に閉じ込められているので，電子のエネルギーに顕著なとびが現れるのである．

2.3 量子力学的に考えると電子は粒子であると共に波の性質を持っている．しかし，この波は古典物理学のような波ではなく，確率の要素を持つ波である．そして電子の存在は確率で決まることになり，その存在確率は電子の波動関数で決まる．

電子の波動関数は波の性質と確率の性質を持っているので，電子の波動関数は穴がなくてもポテンシャル井戸の壁の中に侵入することができる．正確に表現すると，電子の波動関数はポテンシャル障壁の中でもその存在確率が存在するのである．このことはトンネル現象の場合には電子の進行するポテンシャル障壁の中の手前側でも，向こう側の端でも成り立つので，ポテンシャル障壁の幅が十分狭ければ，障壁を通り越した向こう側においても電子の波動関数の存在確率は大きなものになりうる．つまり，電子は障壁を通り越すことができる．電子のエネルギー障壁のトンネル現象はこのような状況を表しているのである．

2.4 電子がエネルギー障壁をトンネルできるのは電子の波動関数が電子の存在確率を表す波だからであるが，この課題ではエネルギーの大小が問題になっている．電子のエネルギーというときの，電子のエネルギーは量子論的には平均のエネルギーを表している．

電子の波動関数のエネルギーは，平均値を中心にして確率分布を持っているから，電子の波動関数は電子のエネルギーの平均値よりも大きなエネルギーを持つエネルギー障壁の中にも入り込める確率がある．このことは，電子は障壁の中で存在確率があると共に，障壁が十分薄ければ，障壁を越えた向こう側においても，電子の存在確率があることを示すので，電子は平均エネルギーより大きいエネルギー障壁をトンネルできるのである．

しかし，注意すべきことがある．障壁のエネルギーが無限大であれば電子はトンネルできない．なぜなら電子は無限大のエネルギーは可能性としても持っていないからである (もしも，電子が無限大のエネルギーを持つ可能性があれば，存在確率が 0 でない限り，このとき電子のエネルギーは無限大になってしまって課題としての意味がなくなる)．

2.5 調和振動子のハミルトニアン (全エネルギー) は，本文にあるように次の式で表される．

$$H = \frac{p^2}{2m} + V(x) = \frac{p^2}{2m} + \frac{1}{2}m\omega^2 x^2 \tag{2.98d$'$}$$

調和振動子が最低のエネルギーを持つときの，運動量を Δp，位置 (座標) を Δx とすると，最低のエネルギーを ΔH として，ΔH は次の式で表される．

$$\Delta H = \frac{(\Delta p)^2}{2m} + \frac{1}{2}m\omega^2 (\Delta x)^2 \tag{MS2.1}$$

この式を書き換えると，次のように表すことができる．

$$\Delta H = \frac{1}{2m}\left\{(\Delta p - m\omega\Delta x)^2 + 2m\omega\Delta p\Delta x\right\} \tag{MS2.2}$$

$$\Delta H = \frac{1}{2m}(\Delta p - m\omega\Delta x)^2 + \omega\Delta p\Delta x \tag{MS2.3}$$

この式 (MS2.3) の右辺の第 1 項は 0 または正になるので，次の関係が成り立つ．

$$\Delta H \gtrsim \omega\Delta p\Delta x \tag{MS2.3}$$

そして，題意により不確定性原理により $\Delta p\Delta x$ は $(1/2)\hbar$ より大きいので，最低エネルギー ΔH は $\Delta H \gtrsim (1/2)\hbar\omega$ となり，調和振動子の最低エネルギーは $(1/2)\hbar\omega$ であることがわかる．

2.6 波動関数を級数の和で表すのは，量子力学的な物理現象がとびとびの要素で構成されているからであると共に，級数の形を適当に選べば波動関数を無限大に発散しないようにすることができるからである．しかし，展開した級数の各項がいくら小さくても，級数の形によっては，級数が無限に続くと波動関数が無限大に発散する可能性は残る．このような場合には，展開式に使う級数の係数に条件を課して，級数が一定の有限の項で終わるようにしなければならない．実はこのような条件を課すことによって量子力学の量子数が生まれたのである．

2.7 式 (S2.9) は次のようになっている．

$$\varepsilon = \frac{\hbar^2}{2m_e}\left\{\left(\frac{n_x\pi}{a}\right)^2 + \left(\frac{n_y\pi}{b}\right)^2 + \left(\frac{n_z\pi}{c}\right)^2\right\} \tag{S2.9}$$

この式 (S2.9) は，$a = b = c$ のときは $n_x = n_y = n_z = 1$ の条件を仮定するとして，エネルギーを ε_1 とすると ε_1 は次のようになる．$a = b = c$ のとき

$$\varepsilon_1 = \frac{\hbar^2}{2m_e}3\left(\frac{\pi}{a}\right)^2 = 3 \times \frac{h^2}{8m_e a^2} \tag{MS2.4a}$$

この式 (MS2.4a) に $h = 6.63\times10^{-34}\,\mathrm{J\cdot s}$，$m_e = 9.11\times10^{-31}\,\mathrm{kg}$，$a = 1\times10^{-10}\,\mathrm{m}$ を代入すると，

$$\begin{aligned}\varepsilon_1 &= 3 \times \frac{h^2}{8m_e a^2} = \frac{3\times6.63^2\times10^{-68}\mathrm{J^2\cdot s^2}}{8\times9.11\times10^{-31}\,\mathrm{kg}\times10^{-20}\,\mathrm{m^2}}\\ &= \frac{3\times6.63^2}{8\times9.11}\times10^{-68}\times10^{31}\times10^{20}\,\mathrm{J} = \frac{3\times43.96}{72.88}\times10^{-17}\,\mathrm{J}\\ &= \frac{3\times43.96}{72.88}\times10^{-17}\,\mathrm{J} = 1.81\times10^{-17}\,\mathrm{J}\end{aligned}$$

電子ボルト単位 [eV] で表すと，$\varepsilon_1 = (1.81/1.6)\,\mathrm{eV} \times 10^2 = 113\,\mathrm{eV}$ となる．一方 $a = b = 1 \times 10^{-10}\,\mathrm{m}$, $c = 1.5 \times 10^{-10}\,\mathrm{m}$ のときは，このときのエネルギーを ε_2 とすると，

$$\begin{aligned}\varepsilon_2 &= \frac{h^2}{8ma^2}\left(2\times 1+\frac{1}{2.25}\right)\\ &= \frac{6.63^2\times 10^{-68}\,\mathrm{J^2\cdot s^2}}{8\times 9.11\times 10^{-31}\,\mathrm{kg}\times 10^{-20}\,\mathrm{m^2}}\left(2\times 1+\frac{1}{2.25}\right) \qquad \text{(MS2.4b)}\\ &= \frac{43.96}{72.88}\times 10^{-68}\times 10^{31}\times 10^{20}\,\mathrm{J}\times 2.444 = 1.474\,\mathrm{J}\end{aligned}$$

電子ボルト単位 [eV] で表すと，$\varepsilon_2 = 92.1\,\mathrm{eV}$，エネルギー差は $\Delta\varepsilon = 20.9\,\mathrm{eV}$ となる．

2.8　井戸型ポテンシャルの中の電子のエネルギー ε は本文の式 (2.33) で表されるので，$\varepsilon = (\hbar^2 n^2 \pi^2)/(2m_\mathrm{e}a^2)$ より，$n=2$ と $n=1$ のときのエネルギー差を $\Delta\varepsilon$ とすると，$\Delta\varepsilon$ は次のようになる．

$$\begin{aligned}\Delta\varepsilon &= \frac{\hbar^2\pi^2}{2m_\mathrm{e}a^2}(2^2-1)\\ &= \frac{h^2/8m_\mathrm{e}}{a^2}\times 3 = \frac{(6.63\times 10^{-34}\,\mathrm{J\cdot s})^2}{8\times 9.11\times 10^{-31}\,\mathrm{kg}\times 10^{-20}\,\mathrm{m^2}}\times 3\\ &= \frac{43.96\times 3}{72.88}\times 10^{-17}\,\mathrm{J} = \frac{43.96\times 3}{72.88}\times 10^{-17}\,\mathrm{J} = 1.81\times 10^{-17}\,\mathrm{J}\end{aligned}$$

単位を eV で表すと，$\Delta\varepsilon = (1.81/1.6)\,\mathrm{eV}\times 10^2 = 113\,\mathrm{eV}$ となる．

前問 2.7 のときとのエネルギー差は $\Delta\varepsilon - \varepsilon_2 = 113\,\mathrm{eV} - 92.1\,\mathrm{eV} = 20.9\,\mathrm{eV}$ となり，この問題のエネルギー差 $\Delta\varepsilon$ の方がずっと大きい．

エネルギーの準位の n の差によるエネルギー差の方が，n の成分の差によるエネルギー差より大きいわけで，当然の結果である．対称構造を持った原子に外部から磁場や電場を加えると，(n の成分の差に基づく) エネルギー準位に差が現れることがあるが，この計算からエネルギー差は比較的小さいものであることがわかる．

2.9　式 (2.62b)，式 (2.63)，および式 (2.64a) を式 (2.61b) に代入すると，次のようになる．

$$\sum_{l=0}^{\infty}\left\{\left(1-z^2\right)\left(l^2-l\right)a_l z^{l-2} - 2la_l z^l + \lambda a_l z^l\right\} = 0 \qquad \text{(MS2.5a)}$$

この式 (MS2.5a) の和の記号 $\sum_{l=0}^{\infty}$ を除く部分を，演算して A とすると，A は次のようになる．

$$\begin{aligned}A &= \left(l^2-l\right)a_l z^{l-2} - \left(l^2-l\right)a_l z^l - 2la_l z^l + \lambda a_l z^l = 0 \qquad \text{(MS2.5b)}\\ &= \left(l^2-l\right)a_l z^{l-2} - l^2 a_l z^l - la_l z^l + \lambda a_l z^l = 0 \qquad \text{(MS2.5c)}\end{aligned}$$

式 (MS2.5c) を見ると z^{l-2} の項と z^l の項が混在している．ここでは z^l 項の係数を求める必要があるので，z^l 項に統一するために，z^{l-2} の項のみを $l \to l+2$ と読み変えて，演算結果を B とすると，B は次のようになる．

$$B = \left\{(l+2)^2 - l - 2\right\} a_{l+2} z^l - l^2 a_l z^l - l a_l z^l + \lambda a_l z^l = 0 \qquad \text{(MS2.5d)}$$

$$B = \left\{(l+2)(l+1) a_{l+2} + [\lambda - l(l+1)] a_l\right\} z^l = 0 \qquad \text{(MS2.5e)}$$

式 (MS2.5e) の中括弧 { } の中は式 (2.66) と同じになり，これで求める式を導くことができた．

2.10 水素原子の中の電子のエネルギーの ε の式 (2.90) は次のようになるが，

$$\varepsilon = -\left(\frac{1}{4\pi\epsilon_0}\right)^2 \frac{mq^4}{2\hbar^2}\frac{1}{n^2} \quad (n = 1, 2, 3, \dots) \qquad (2.90)$$

$2 \times (4\pi\hbar)^2 = 8h^2$ となるので，ε は次のように書ける．ここで電子の質量を m_e とした．

$$\varepsilon = -\frac{m_e q^4}{8h^2\epsilon_0^2}\frac{1}{n^2} \qquad \text{(MS2.6a)}$$

この式 (MS2.6a) において，$n = 1$, $h = 6.63 \times 10^{-34}\,\mathrm{J \cdot s}$, $\epsilon_0 = 8.855 \times 10^{-12}\,\mathrm{F/m}$, $q = 1.602 \times 10^{-19}\,\mathrm{C}$, $m_e = 9.11 \times 10^{-31}\,\mathrm{kg}$ を代入すると，このときの ε を ε_1 とすると，ε_1 は次のように計算できる．

$$\varepsilon_1 = -\frac{9.11 \times 10^{-31}\,\mathrm{kg} \times (1.602 \times 10^{-19}\,\mathrm{C})^4}{8 \times (6.63 \times 10^{-34}\,\mathrm{J \cdot s})^2 (8.855 \times 10^{-12}\mathrm{F/m})^2} \qquad \text{(MS2.6b)}$$

$$= -\frac{9.11 \times 1.602^4}{8 \times 6.63^2 \times 8.855^2} \times 10^{-31} \times 10^{-76} \times 10^{68} \times 10^{24}\,\mathrm{kg} \times \mathrm{C}^4/(\mathrm{J}^2\mathrm{s}^2\mathrm{F}^2/\mathrm{m}^2) \qquad \text{(MS2.6c)}$$

$$= -\frac{9.11 \times 6.59}{8 \times 43.96 \times 78.4} \times 10^{-107} \times 10^{92}\,\mathrm{kg\,m^2/s^2} \qquad \text{(MS2.6d)}$$

$$= -\frac{60.03}{27572} \times 10^{-15}\,\mathrm{J} = -2.18 \times 10^{-18}\,\mathrm{J} \qquad \text{(MS2.6e)}$$

一方，$n = 5$ のときは，エネルギーを ε_5 とすると，$\varepsilon_5 = -2.18 \times 10^{-18} \times (1/25) \times 10^{-18}\,\mathrm{J} = -0.0872 \times 10^{-18}\,\mathrm{J}$ となる．エネルギー差を計算すると $\varepsilon_5 - \varepsilon_1 = (-0.0872 + 2.18) \times 10^{-18}\,\mathrm{J} = 2.09 \times 10^{-18}\,\mathrm{J}$ となるので，$\varepsilon = h\nu$ より，$\nu = (2.09 \times 10^{-18}\,\mathrm{J})/(6.63 \times 10^{-34}\,\mathrm{J \cdot s}) = 0.315 \times 10^{16}\,\mathrm{s^{-1}} = 3.15 \times 10^{15}\,\mathrm{s^{-1}}$．したがって，$\nu\lambda = c$ より，$\lambda = (3 \times 10^8\,\mathrm{m/s})/(3.15 \times 10^{15}\,\mathrm{s^{-1}}) = 9.52 \times 10^{-8}\,\mathrm{m}$.

以上の結果，発生する光の振動数 ν は $\nu = 3.15 \times 10^{15}\,\mathrm{s^{-1}}$，波長は 95.2 nm となる．

2.11 式 (2.102) は $\psi(\xi) = H(\xi)e^{-\xi^2/2}$ なので，波動関数 $\psi(\xi)$ の 1 階微分 $\psi'(\xi)$ と 2 階微分 $\psi''(\xi)$ は，次のように演算できる．

$$\frac{\mathrm{d}\psi(\xi)}{\mathrm{d}\xi} = H'(\xi)e^{-\xi^2/2} - H(\xi)\xi e^{-\xi^2/2}$$

$$\frac{\mathrm{d}^2\psi(\xi)}{\mathrm{d}\xi^2} = H''(\xi)e^{-\xi^2/2} - \xi H'(\xi)e^{-\xi^2/2} - \xi H'(\xi)e^{-\xi^2/2} - H(\xi)e^{-\xi^2/2} + \xi^2 H(\xi)e^{-\xi^2/2}$$

$$= \left\{H''(\xi) - 2\xi H'(\xi) - H(\xi) + \xi^2 H(\xi)\right\}e^{-\xi^2/2}$$

以上で $\psi(\xi)$, $\psi'(\xi)$, $\psi''(\xi)$ が揃ったので，これらを式 (2.101) に代入すると，代入した式の左辺と右辺は次のようになる．

左辺：$\left(-\dfrac{\mathrm{d}^2}{\mathrm{d}\xi^2}+\xi^2\right)\psi(\xi)=\{-H''(\xi)+2\xi H'(\xi)+H(\xi)-\xi^2H(\xi)+\xi^2H(\xi)\}e^{-\xi^2/2}$

右辺：$\lambda\psi\left(\xi\right)=\lambda H\left(\xi\right)e^{-\xi^2/2}$

両辺の指数関数 $e^{-\xi^2/2}$ を省略すると，左辺と右辺を等しいと置いて，次の式が成立する．

$$-H''(\xi)+2\xi H'(\xi)+H(\xi)=\lambda H(\xi)$$

この式を整えると，次のように本文の式 (2.106) が得られる．

$$H''\left(\xi\right)-2\xi H'\left(\xi\right)+\left(\lambda-1\right)H\left(\xi\right)=0 \tag{2.106}$$

3　章

3.1　関数 B_n と B_m の積が $B_nB_m=B^2\delta_{nm}$ の形で表すことができるのは，クロネッカーのデルタ記号 δ_{nm} が n と m が等しいときに 1 を表し，n と m が等しくないときには 0 を表すからである．

3.2　関数 $f(x)$ に複素共役な関数 $f^*(x)$ は $f^*(x)=Axe^{ikx}$ となるので，二つの関数の積は $f(x)f^*(x)=A^2x^2$ となる．したがって，これを課題の式に代入すると，$\int_{-1}^{1}A^2x^2\mathrm{d}x=1$ となり，この式を演算すると次のようになる．

$$\int_{-1}^{1}A^2x^2\mathrm{d}x=A^2\int_{-1}^{1}x^2\mathrm{d}x=A^2\left[\frac{1}{3}x^3\right]_{1}^{1}=\frac{2}{3}A^2=1$$

したがって，A は次の値をとる必要がある．$A=\sqrt{3/2}$.

3.3　$\Psi(r,t)$ に複素共役な波動関数 $\Psi^*(r,t)$ は，$u(r)$ に複素共役な固有関数 $u^*(r)$ と係数 $c^*(t)$ を使って，次のように展開できる．

$$\begin{aligned}\Psi^*\left(r,t\right)&=c_1^*\left(t\right)u_1^*\left(r\right)+c_2^*\left(t\right)u_2^*\left(r\right)+\cdots+c_m^*\left(t\right)u_m^*\left(r\right)+\cdots\\&=\sum c_m^*\left(t\right)u_m^*\left(r\right)\end{aligned}$$

したがって，$\Psi(r,t)$ と $\Psi^*(r,t)$ の積は，$\Psi^*(r,t)\Psi(r,t)=\sum\sum c_m^*(t)c_n(t)u_m^*(r)u_n(r)$ と書けるので，題意により次の式が成り立つ．

$$\begin{aligned}\int\Psi^*\left(r,t\right)\Psi\left(r,t\right)\mathrm{d}r&=\sum\sum c_m^*\left(t\right)c_n\left(t\right)\int u^*\left(r\right)u\left(r\right)\mathrm{d}r\\&=\sum\sum c_m^*\left(t\right)c_n\left(t\right)\delta_{nm}\\&=c_1\left(t\right)^2+c_2\left(t\right)^2+\cdots+c_m\left(t\right)^2+\cdots=1\end{aligned}$$

ゆえに，波動関数 $\Psi(r,t)$ の規格化の条件式 $\int\Psi^*(r,t)\Psi(r,t)\mathrm{d}r=1$ が成り立つためには，係数 $c_n(t)$ の間に，次の条件が充たされる必要がある．

$$c_1\left(t\right)^2+c_2\left(t\right)^2+\cdots+c_n\left(t\right)^2+\cdots=1$$

3.4

(a) デルタ関数 $\delta(x-x_0)$ は x が x_0 のとき，その値が無限大で，$x \neq x_0$ のとき 0 になるので，$x_0=1$ の条件では，$x=1$ のときデルタ関数の値が無限大になる．したがって，$x=1$ のとき $\delta(x-x_0)(x^2+1)$ は $2\times\delta(x-x_0)$ となるので，この値は $x=1$ の条件で無限大になる．

(b) デルタ関数の公式の一つの $\int_{-\infty}^{\infty}\delta(x-x_0)f(x)\mathrm{d}x = f(x_0)$ を使うと，$\int_{-\infty}^{\infty}\delta(x-1)f(x)\mathrm{d}x = f(1) = 1+1 = 2$ と計算できる．ゆえに答えは 2 である．

3.5 式 (3.65) を参考にして次のようになる．

$$\begin{bmatrix} 1 & 0 \\ 0 & 1 \end{bmatrix}\begin{bmatrix} 1 & 0 \\ 1 & 0 \end{bmatrix} = \begin{bmatrix} 1\times1+0\times1 & 1\times0+0\times0 \\ 0\times1+1\times1 & 0\times0+1\times0 \end{bmatrix} = \begin{bmatrix} 1 & 0 \\ 1 & 0 \end{bmatrix}$$

3.6 行列式の値が 0 になる二つの代表例は，次の二つの行列式のように，二つの行または二つの列の行列要素がすべて同じ場合である．

$$A = \begin{vmatrix} a_1 & b_1 & c_1 \\ a_1 & b_1 & c_1 \\ a_3 & b_3 & c_3 \end{vmatrix} \qquad B = \begin{vmatrix} a_1 & a_1 & c_1 \\ a_2 & a_2 & c_2 \\ a_3 & a_3 & c_3 \end{vmatrix}$$

二つの行列式の値は，小行列式に展開して，次のように計算できる．

$$\begin{aligned} A &= a_1\begin{vmatrix} b_1 & c_1 \\ b_3 & c_3 \end{vmatrix} - b_1\begin{vmatrix} a_1 & c_1 \\ a_3 & c_3 \end{vmatrix} + c_1\begin{vmatrix} a_1 & b_1 \\ a_3 & b_3 \end{vmatrix} \\ &= a_1b_1c_3 - a_1b_3c_1 - a_1b_1c_3 + a_3b_1c_1 + a_1b_3c_1 - a_3b_1c_1 = 0 \\ B &= a_1\begin{vmatrix} a_2 & c_2 \\ a_3 & c_3 \end{vmatrix} - a_1\begin{vmatrix} a_2 & c_2 \\ a_3 & c_3 \end{vmatrix} + c_1\begin{vmatrix} a_2 & a_2 \\ a_3 & a_3 \end{vmatrix} \\ &= a_1a_2c_3 - a_1a_3c_2 - a_1a_2c_3 + a_1a_3c_2 + 0 = 0 \end{aligned}$$

4 章

4.1 摂動論は，数式的に厳密解は得られないが，おおよその解であるゼロ次近似の解との差が小さい課題に適用できる計算方法である．だから，近似解が得られている場合のゼロ次近似に対する補正項がそれほど大きくないのである．天文学の摂動計算では，たとえば地球の周回軌道の計算においては，ゼロ次近似は太陽と地球のみを考えた楕円軌道であるが，摂動論の計算で得られる正しい地球の周回軌道は，この楕円軌道にわずかな補正を加えたものになっている．

一方，量子力学の場合も，たとえば，外部から加える磁場などにより起こる物の性質 (物性) の変化などの計算においては，元になる物性は原子内の巨大なエネルギーによって決まっているが，外部から加わる磁場などのエネルギーは，これにわずかな修正を加えるにすぎない場合が多いからである．こうした場合にゼロ次近似に対してわずかな補正を加えることによって変化した物性の値が得られるようになっている．

いずれの計算の場合でも，摂動による補正が元のゼロ次近似の解と同程度の大きさになる場合には，摂動論の近似計算で正しい解を得るのは一般には難しいと考えられる．

4.2 題意の式 (4.10b) の両辺に，左から $u_l^{(0)*}(l \neq k)$ を掛けて内積をとると，次の式が得られる．

$$\int u_l^{(0)*} H' u_k^{(0)} \mathrm{d}q + \sum_n c_{nk}(\varepsilon_n^{(0)} - \varepsilon_k^{(0)}) \int u_l^{(0)*} u_n^{(0)} \mathrm{d}q = \varepsilon_k^{(1)} \int u_l^{(0)*} u_k^{(0)} \quad \text{(MS4.1)}$$

この式をディラックの記号とクロネッカーのデルタ記号を使って書くと，次のようになる．

$$\langle l|H'|k\rangle + \sum_n c_{nk}(\varepsilon_n^{(0)} - \varepsilon_k^{(0)})\delta_{ln} = \varepsilon_k^{(1)}\delta_{lk} \quad \text{(MS4.2)}$$

この式 (MS4.2) から係数 c_{lk} を求めるには，デルタ記号 δ_{ln} に注目すると，δ_{ln} は $l = n$ のときだけ 1 になり，そのほかの場合は存在しないので，$l = n$ のときこの式は次のようになる．

$$\langle l|H'|k\rangle + c_{lk}(\varepsilon_l^{(0)} - \varepsilon_k^{(0)}) = 0 \quad \text{(MS4.3)}$$

この式 (MS4.3) から，係数 c_{lk} は $c_{lk} = -\langle l|H'|k\rangle/(\varepsilon_l^{(0)} - \varepsilon_k^{(0)})$ となる．$\langle l|H'|k\rangle$ を H'_{lk} と書けば，係数 c_{lk} は $c_{lk} = -H'_{lk}/(\varepsilon_l^{(0)} - \varepsilon_k^{(0)})$ と表すことができる．

4.3 試行関数を使う方法に従って，次の式を使う必要がある．

$$I = \frac{\langle\chi|H|\chi\rangle}{\langle\chi|\chi\rangle} \quad (4.29)$$

$\langle\chi|H|\chi\rangle$ を計算するには，H の内容から考えて $\chi(x)$ の 1 次微分と 2 次微分が必要なので，これらを求めておくと次のようになる．

$$\frac{\mathrm{d}\chi(x)}{\mathrm{d}x} = -2\alpha x e^{-\alpha x^2}, \qquad \frac{\mathrm{d}^2\chi(x)}{\mathrm{d}x^2} = -2\alpha e^{-\alpha x^2} + 4\alpha^2 x^2 e^{-\alpha x^2}$$

これらを使って計算すると，$H\chi$, $\chi^* H\chi$, $\chi^*\chi$ は次のように計算できる．

$$H\chi = -\frac{\hbar^2}{2m}(-2\alpha + 4\alpha^2 x^2)e^{-\alpha x^2} + x^2 e^{-\alpha x^2}$$

$$\chi^* H\chi = \left\{-\frac{\hbar^2}{m}\left(-\alpha + 2\alpha^2 x^2\right) + x^2\right\} e^{-2\alpha x^2}$$

$$\chi^*\chi = e^{-2\alpha x^2}$$

したがって，$\langle\chi|H|\chi\rangle$ および $\langle\chi|\chi\rangle$ は次のようになる．

$$\begin{aligned}\langle\chi|H|\chi\rangle &= \frac{\alpha\hbar^2}{m}\int_{-\infty}^{\infty} e^{-2\alpha x^2}\mathrm{d}x - \frac{2\alpha^2\hbar^2}{m}\int_{-\infty}^{\infty} x^2 e^{-2\alpha x^2}\mathrm{d}x + \int_{-\infty}^{\infty} x^2 e^{-2\alpha x^2}\mathrm{d}x \\ &= \left(\frac{\alpha\hbar^2}{m} - \frac{2\alpha^2\hbar^2}{4\alpha m} + \frac{1}{4\alpha}\right)\sqrt{\frac{\pi}{2\alpha}} = \left(\frac{\alpha\hbar^2}{2m} + \frac{1}{4}\alpha\right)\sqrt{\frac{\pi}{2\alpha}}\end{aligned}$$

$$\langle\chi|\chi\rangle = \int_{-\infty}^{\infty} e^{-2\alpha x^2}\mathrm{d}x = \sqrt{\frac{\pi}{2\alpha}}$$

ここでの積分の計算では，補足 4.3 に示した積分の公式の式 (S4.14a,b) を使用した．以上の演算によって，式 (4.29) の I は次のように求めることができる．

$$I = \frac{\langle\chi|H|\chi\rangle}{\langle\chi|\chi\rangle} = \frac{\alpha\hbar^2}{2m} + \frac{1}{4}\alpha \tag{MS4.4}$$

次に，式 (MS4.4) の I の極値を求めるために，I を α で微分すると $\mathrm{d}I/\mathrm{d}\alpha = \hbar^2/2m - 1/(4\alpha^2)$ となる．$\mathrm{d}I/\mathrm{d}\alpha = 0$ の条件から，$\alpha = \pm(1/\hbar)\sqrt{m/2}$ となるが，α が負のときは試行関数 χ が無限大に発散するので，正符号の α を解として $\alpha = (1/\hbar)\sqrt{m/2}$ となる．この α の値を用い，波動関数は試行関数と同じ記号を使って $\chi(x)$ として，波動関数と (極値は固有値としてよいから) 固有値は，次のように求めることができる．

$\chi(x) = \exp\{-(1/\hbar)\sqrt{m/2}x^2\}$，固有値は I に α を代入して $\hbar/\sqrt{2m}$ となる．

4.4 課題の波動関数 $\Psi(r_1, r_2, r_3)$ を表すスレーター行列式は，以下のとおりであるが，

$$\boldsymbol{\Psi}(r_1, r_2, r_3) = \frac{1}{\sqrt{3!}}\begin{vmatrix} \phi_\alpha(r_1) & \phi_\alpha(r_1) & \phi_\alpha(r_1) \\ \phi_\alpha(r_2) & \phi_\alpha(r_2) & \phi_\alpha(r_2) \\ \phi_\alpha(r_3) & \phi_\alpha(r_3) & \phi_\alpha(r_3) \end{vmatrix}$$

このスレーター行列式で，もしも 2 行目の行列要素において，r_2 が r_1 であるとすると，1 行目のすべての行列要素は 2 行目のすべての行列要素と全く一致するので，(3.10.2 項に示した) 行列式の性質に従って，このスレーター行列式の値は 0 になり，波動関数が 0 になるので，波動関数は存在しないことになる．このことは，波動関数 $\boldsymbol{\Psi}(r_1, r_2, r_3)$ の固有関数は同じ位置 (座標) r を持つことはできないことを示している．つまり，パウリの排他律が成り立つことを表している．

4.5 式 (4.49a) と式 (4.49b) で表される $\Psi(r_1, r_2)$ と $\Psi(r_2, r_1)$ を，これらがお互いに反対称性の関係を表す式の $\Psi(r_2, r_1) = -\Psi(r_1, r_2)$ に代入すると，次の式が得られる．

$$C_1\{\phi_\alpha(r_2)\phi_\beta(r_1) + \phi_\alpha(r_1)\phi_\beta(r_2)\} + C_2\{\phi_\beta(r_2)\phi_\alpha(r_1) + \phi_\beta(r_1)\phi_\alpha(r_2)\} = 0 \tag{MS4.5}$$

この式 (MS4.5) の $\phi_\alpha(r_1)$，$\phi_\alpha(r_2)$，$\phi_\beta(r_1)$，$\phi_\beta(r_2)$ はすべて普通の関数なので掛ける順序を変更しても結果は変わらないため，$\{\phi_\alpha(r_2)\phi_\beta(r_1) + \phi_\alpha(r_1)\phi_\beta(r_2)\}$ と $\{\phi_\beta(r_2)\phi_\alpha(r_1) + \phi_\beta(r_1)\phi_\alpha(r_2)\}$ は同じである．したがって，次の式が成り立つ．

$$\{\phi_\alpha(r_2)\phi_\beta(r_1) + \phi_\alpha(r_1)\phi_\beta(r_2)\}(C_1 + C_2) = 0$$

この式から，$(C_1 + C_2) = 0 \rightarrow C_2 = -C_1$ の関係が得られる．

また，式 (S4.16) の中ほどにある 4 個の積分において係数が $C_1^*C_2$ と $C_2^*C_1$ の項は固有関数 ϕ の直交性の関係から 0 になる．つまり，被積分項がお互いに複素共役でない関数の積の場合には積分の値が 0 になる．しかし，被積分項がお互いに複素共役な関数の積の場合には固有関数の規格化直交性によって積分の値は 1 になる．したがって，式 (S4.16) の演算結果は $C_1^2 + C_2^2 = 1$ となる．

この式と $C_2 = -C_1$ の関係を使って C_2 と C_1 は，次のように求めることができる．

$$C_1 = \frac{1}{\sqrt{2}},\ C_2 = -\frac{1}{\sqrt{2}} \quad \left(\text{または，} C_2 = \frac{1}{\sqrt{2}},\ C_1 = -\frac{1}{\sqrt{2}}\right)$$

5　章

5.1　まず，フォノンは結合した調和振動を量子化したものである．シュレーディンガー方程式を使って表される調和振動は第一量子化された調和振動の姿であるが，この状態では波動関数が使われているので調和振動は波として扱われている．

次に，シュレーディンガー方程式で表された調和振動が，もう一度量子化されて (すなわち第二量子化されて) 量子 (粒子) として扱われる．これがフォノンである．

5.2　結合した調和振動とは結合した単振動のことであるから，単振動が波を作るように，結合した調和振動は波を作る．この波は機械的に発生した波であり弾性波である．この弾性波が量子化されたものがフォノンである．

一方，電磁場からは (振動すると加速度が生じ，振動するものが電荷を持つので) 電磁波が発生するが，この電磁波を量子化したものがフォトンである．なお，真空中の電磁場は 1 次元の (電荷を持った) 調和振動子の集まりと同じようなものであるとみなされる．

5.3　課題の式

$$\hbar\omega b^+ b^+ b\psi_0 = \varepsilon b^+ \psi_0 \tag{5.16a}$$

の左辺の b^+b に式 (5.13) のボース演算子の交換関係 $(bb^+ - b^+b = 1)$ を使うと $b^+b = bb^+ - 1$ となるので，この b^+b を式 (5.16a) に代入すると，

$$\hbar\omega b^+ \left(bb^+ - 1\right) \psi_0 = \varepsilon b^+ \psi_0$$

$$\hbar\omega b^+ bb^+ \psi_0 = (\varepsilon + \hbar\omega)\, b^+ \psi_0 \tag{5.16b}$$

となり，式 (5.16b) が得られる．

本文にもあるように，式 (5.16b) ではエネルギー準位が ε から一つ上に上がって，$\varepsilon + \hbar\omega$ になっているので，元の式 (5.14a) にボース演算子 b^+ を作用させることによって，新しい準位に一つ新しい粒子 (量子) が生まれたと解釈できる．だから，ボース演算子 b^+ は生成演算子といえる．

5.4　調和振動の運動では，ばねの付いたおもりが振動 (弾性振動) して波が発生している．このおもりを原子に置き換えて数を増やした多くの (電荷を持たない) 原子の結合した調和振動が格子振動である．格子振動は弾性波を発生させており，これは第一量子化されてシュレーディンガー方程式の波動関数で表される波に対応している．

この波がもう一度量子化されるとフォノンになる．そして，フォノンはボソン (ボース粒子) なので，フォノンの演算にはボース演算子が使われる．調和振動の波動方程式のシュレーディンガー方程式から生まれた，このボース演算子はフォノンに限らずすべてのボソン (だから，フォトンにも) に適用できるものである．

5.5　エルミート共役な演算子を a とすると，$a = \langle a\rangle^*$ の関係が成立するが，a が行列で表されるときには a の行列要素の間で，$a_{mn} = a^*_{nm}$ の関係が成立する．だから，エルミート共役な関係にある演算子の行列要素は，お互いに複素共役な関係で結ばれてい

る．b と b^+ はお互いにエルミート共役な関係にあるためには，b と b^+ を行列で表したときにこれらの行列要素が $b_{mm} = b^+_{nm}$ の関係になっている必要がある．6 章の式 (6.13) と (6.23) を見ると実際にこのようになっている．

6 章

6.1 ボース演算子 b と b^+ の行列は次のようになっている．

$$b^+ \to \begin{bmatrix} 0 & 0 & 0 & 0 & \cdots \\ 1 & 0 & 0 & 0 & \cdots \\ 0 & \sqrt{2} & 0 & 0 & \cdots \\ 0 & 0 & \sqrt{3} & 0 & \cdots \\ \vdots & \vdots & \vdots & \vdots & \ddots \end{bmatrix} \qquad b \to \begin{bmatrix} 0 & 1 & 0 & 0 & \cdots \\ 0 & 0 & \sqrt{2} & 0 & \cdots \\ 0 & 0 & 0 & \sqrt{3} & \cdots \\ 0 & 0 & 0 & 0 & \cdots \\ \vdots & \vdots & \vdots & \vdots & \ddots \end{bmatrix}$$

エルミート共役な関係にある行列の行列要素間では，次の関係が成り立つ．

$$b^*_{mn} = b_{nm}$$

上に示した b^+ と b の行列において，b^+ の行列要素 b^+_{nm} と b の行列要素 b_{nm} を比べると，$b^+_{21} = 1$, $b_{12} = 1$ や $b^+_{32} = \sqrt{2}$, $b_{23} = \sqrt{2}$ および $b^+_{43} = \sqrt{3}$, $b_{34} = \sqrt{3}$ となっていて，$b^+_{mn} = b_{nm}$ の関係が充たされていることがわかる．したがって，演算子 b^+ と b はお互いにエルミート共役な関係になっていることがわかる．なお，いまの場合には行列要素は複素数ではなく実数なので，b^*_{mn} と b_{mn} は同じである．

6.2 位置 (座標) q の行列の二乗は，演算した結果の行列要素を c_{nm} で表すと，次のように演算できるはずである．

$$q^2 \to \begin{bmatrix} 0 & 1 & 0 & 0 & \cdots \\ 1 & 0 & \sqrt{2} & 0 & \cdots \\ 0 & \sqrt{2} & 0 & \sqrt{3} & \cdots \\ 0 & 0 & \sqrt{3} & 0 & \cdots \\ \vdots & \vdots & \vdots & \vdots & \ddots \end{bmatrix} \times \begin{bmatrix} 0 & 1 & 0 & 0 & \cdots \\ 1 & 0 & \sqrt{2} & 0 & \cdots \\ 0 & \sqrt{2} & 0 & \sqrt{3} & \cdots \\ 0 & 0 & \sqrt{3} & 0 & \cdots \\ \vdots & \vdots & \vdots & \vdots & \ddots \end{bmatrix} = \begin{bmatrix} c_{11} & c_{12} & c_{13} & c_{14} & \cdots \\ c_{21} & c_{22} & c_{23} & c_{24} & \cdots \\ c_{31} & c_{32} & c_{33} & c_{34} & \cdots \\ c_{41} & c_{42} & c_{43} & c_{44} & \cdots \\ \vdots & \vdots & \vdots & \vdots & \ddots \end{bmatrix}$$

補足 6.2 の行列の掛け算の公式 (S6.7a) $c_{ik} = \sum_{j=1}^{n} a_{ij} b_{jk}$ を使うと，q^2 の行列を表す右端の行列の行列要素 c_{nm} の値の代表例は，次のように

$$\begin{aligned} c_{11} &= \sum_{j=1}^{n} a_{1j} b_{j1} = a_{11}b_{11} + a_{12}b_{21} + a_{13}b_{31} + a_{14}b_{41} + \ldots \\ &= 0 \times 0 + 1 \times 1 + 0 \times 0 + 0 \times 0 + 0 \times 0 + \cdots = 1 \\ c_{13} &= \sum_{j=1}^{n} a_{1j} b_{j3} = a_{11}b_{13} + a_{12}b_{23} + a_{13}b_{33} + a_{14}b_{43} + \ldots \\ &= 0 \times 0 + 1 \times \sqrt{2} + 0 \times 0 + 0 \times \sqrt{3} + \cdots = \sqrt{2} \\ c_{33} &= \sum_{j=1}^{n} a_{3j} b_{j3} = a_{31}b_{13} + a_{32}b_{23} + a_{33}b_{33} + a_{34}b_{43} + \ldots \end{aligned}$$

$$= 0 \times 0 + \sqrt{2} \times \sqrt{2} + 0 \times 0 + \sqrt{3} \times \sqrt{3} + \cdots = 5$$

などと計算できる．これらの行列要素 c_{11}, c_{13} および c_{33} を式 (6.58) に示す q^2 の行列の行列要素と比較すると，両者は一致することがわかる．

6.3　式 (6.51) の演算では，まず左辺の行列の積

$$\begin{bmatrix} f_{11} & f_{12} & f_{13} & \cdots & f_{1n} \\ f_{21} & f_{22} & f_{23} & \cdots & f_{2n} \\ \vdots & \vdots & \vdots & \ddots & \vdots \\ f_{n1} & f_{n2} & f_{n2} & \cdots & f_{nn} \end{bmatrix} \times \begin{bmatrix} c_1 \\ c_2 \\ \vdots \\ c_n \end{bmatrix}$$

を演算するが，後ろの縦行列の各行列要素と，前の行列の各行の行列要素を掛け合わせて加え，次に右辺の各行の行列要素と等しいとおくと次の n 個の方程式ができる．

$$\begin{aligned} f_{11}c_1 + f_{12}c_2 + f_{13}c_3 + \cdots + f_{1n}c_n &= \alpha c_1 \\ f_{21}c_1 + f_{22}c_2 + f_{23}c_3 + \cdots + f_{2n}c_n &= \alpha c_2 \\ &\vdots \\ f_{n1}c_1 + f_{n2}c_2 + f_{n3}c_3 + \cdots + f_{nn}c_n &= \alpha c_n \end{aligned} \qquad \text{(MS6.1)}$$

次に，式 (MS6.1) の各方程式の右辺の各項を，左辺に移して式を整理すると，式 (6.52) が得られる．

7　章

7.1　電子の運動速度 v が光の速度 c の 90%のとき：$\beta = v/c = 0.9$, $1 - \beta^2 = 1 - 0.81 = 0.19$, $\sqrt{0.19} = 0.436$. 静止質量を m_0 とすると，運動している電子の質量 m は $m = m_0/\sqrt{1-\beta^2} = 2.29m_0$. だから，電子の質量 m は静止質量の約 2.3 倍になる．電子の運動速度 v が光の速度 c の 99.9%のとき：$\beta = v/c = 0.999$, $1 - \beta^2 = 1 - 0.001999$, $\sqrt{0.001999} = 0.0447$. 静止質量を m_0 とすると，運動している電子の質量 m は $m = m_0/\sqrt{1-\beta^2} = 22.4m_0$. この場合は電子の質量は静止質量の約 22.4 倍になる．

7.2　クーロン力によるポテンシャル (エネルギー) は式 (M7.2) の式 $U_2 \propto q_1q_2/r$ に従うので，二つの電荷を持つ粒子間の距離 r に反比例する．クーロン力には力の及ぶ範囲に特に制限はなく，範囲は長距離に及んでいる．これは課題に書いてあるようにクーロン力の発生に寄与する粒子が質量を持たないからである．

実は，核力は原子核の中の多数の陽子や中性子が中間子を交換することによって生じていると考えられているが，クーロン力は電荷を持つ量子間での光子 (フォトン) の交換によって生じている．フォトンは質量を持たない最も代表的な量子である．だから，クーロン力は長距離力である．

7.3　スピン s をパウリ行列 σ を使って表した場合に，スピンの成分間 s_x, s_y, s_z において，交換関係 $s_xs_y - s_ys_x = i\hbar s_z$ が成立することの証明は，次に示す演算のとおり

である．

$$s_x s_y = \frac{1}{2}\hbar\begin{bmatrix} 0 & 1 \\ 1 & 0 \end{bmatrix} \times \frac{1}{2}\hbar\begin{bmatrix} 0 & -i \\ i & 0 \end{bmatrix} = \frac{1}{4}\hbar^2\begin{bmatrix} 0\times 0 + 1\times i & 0\times(-i) + 1\times 0 \\ 1\times 0 + 0\times i & 1\times(-i) + 0\times 0 \end{bmatrix}$$

$$= \frac{1}{4}\hbar^2\begin{bmatrix} i & 0 \\ 0 & -i \end{bmatrix}$$

$$s_y s_x = \frac{1}{2}\hbar\begin{bmatrix} 0 & -i \\ i & 0 \end{bmatrix} \times \frac{1}{2}\hbar\begin{bmatrix} 0 & 1 \\ 1 & 0 \end{bmatrix} = \frac{1}{4}\hbar^2\begin{bmatrix} 0\times 0 + (-i)\times 1 & 0\times 1 + (-i)\times 0 \\ i\times 0 + 0\times 1 & i\times 1 + 0\times 0 \end{bmatrix}$$

$$= \frac{1}{4}\hbar^2\begin{bmatrix} -i & 0 \\ 0 & i \end{bmatrix}$$

$$\therefore s_x s_y - s_y s_x = \frac{1}{4}\hbar^2\begin{bmatrix} i & 0 \\ 0 & -i \end{bmatrix} - \frac{1}{4}\hbar^2\begin{bmatrix} -i & 0 \\ 0 & i \end{bmatrix} = \frac{1}{2}i\hbar^2\begin{bmatrix} 1 & 0 \\ 0 & -1 \end{bmatrix} = i\hbar s_z$$

なお，s_z は次の式で表される．

$$s_z = \frac{1}{2}\hbar\begin{bmatrix} 1 & 0 \\ 0 & -1 \end{bmatrix}$$

参考図書

1) 『量子力学 (I),(II)』小出昭一郎著，改訂版：1990 年，裳華房
本格的な内容の量子力学の本では数少ない初学者にわかりやすく説明した好著である．(II) には多粒子系，第二量子化，相対論的量子論も含まれている．

2) 『固体の場の量子論上，下』ハーケン著，1987,1998 年，吉岡書店
場の量子論を基礎の初歩から応用までをわかりやすく，しかも詳しく解説した欧米の本らしい好著である．(上) は基礎編，(下) は応用編．

3) 『量子力学 I,II』朝永振一郎著，1971,1983 年，みすず書房
I で量子論の誕生，前期量子論，マトリックス力学，II でシュレーディンガーの波動力学，多粒子系と波動場，と歴史の流れに沿って量子力学を比較的平易にまとめた歴史的な名著である．

4) 『古典場から量子場への道』高橋　康著，2006 年，講談社サイエンティフィク
場の量子論を学ぶ人の入門書で，場の概念をやさしく説明した後，場の量子化，場の量子論をわかりやすく解説した好著である．

5) 『スピンはめぐる』朝永振一郎著，1984 年，中央公論社
量子力学の誕生から成熟期にかけての科学者たちの活躍が，研究内容に逸話も挿入されていて，みごとに面白く描かれた名著である．

6) 『量子力学　基礎と物性』岸野正剛著，1997 年，裳華房
基礎事項をわかりやすく説明して量子力学を記述し，基礎のほか第二量子化や場の量子論についても説明している．応用として物性の量子論や超伝導について言及している．

7) 『今日から使える量子力学』岸野正剛著，2006 年，講談社
量子力学の必要性から説き起こして量子力学をやさしく説明している．フェルミ統計やボース統計などの量子統計についても言及している．

索　引

さ　行

た　行

な　行

は　行

ま　行

や　行

ら　行

著者略歴

岸野正剛《きしのせいごう》

1938年　岡山県に生まれる
1962年　大阪大学工学部精密工学科卒業
　　　　株式会社日立製作所中央研究所，姫路工業
　　　　大学教授，福井工業大学教授を経て
現　在　姫路工業大学名誉教授
　　　　工学博士

納得しながら学べる物理シリーズ 1
納得しながら量子力学　　定価はカバーに表示

2013年6月10日　初版第1刷

著　者　岸　野　正　剛
発行者　朝　倉　邦　造
発行所　株式会社　朝　倉　書　店
東京都新宿区新小川町 6-29
郵便番号　162-8707
電　話　03(3260)0141
FAX　03(3260)0180
http://www.asakura.co.jp

〈検印省略〉

中央印刷・渡辺製本

ISBN 978-4-254-13641-8　C 3342　Printed in Japan